Brian Bolt

W0310070

Eine

MATHEMATISCHE FUNDGRUBE

Ernst Klett Schulbuchverlag
Stuttgart Düsseldorf Berlin Leipzig

Die englische Originalausgabe erschien unter dem Titel
"Mathematical activities"
© Cambridge University Press 1982
Übersetzung: Sabine Lorenzen, Entringen

Bildquellenverzeichnis:

29 Cordon Art, NL-Baarn
38 National Railway Museum, York
118 AKG Archiv für Kunst und Geschichte, Berlin

CIP - Kurztitelaufnahme der Deutschen Bibliothek

Bolt, Brian:
Eine mathematische Fundgrube / Brian Bolt. [Übers.: Sabine Lorenzen]. - 1. Aufl. - Stuttgart : Klett, 1987
Einheitssacht.: Mathematical activities <dt.>
ISBN 3-12-722710-8

1. Auflage 1 7 6 5 4 3 | 1995 94 93 92 91

Alle Drucke dieser Auflage können im Unterricht nebeneinander benutzt werden. Sie sind untereinander unverändert. Die letzte Zahl bezeichnet das Jahr dieses Druckes.
© Ernst Klett Schulbuchverlag GmbH, Stuttgart 1987. Alle Rechte vorbehalten.
Umschlaggestaltung: Hitz & Mahn, Stuttgart
Druck: Druckerei Auer, Donauwörth

ISBN 3-12-722710-8

Inhalt

Die kursiven Seitennummern verweisen auf den Lösungsteil.

Vorwort

In den gegenwärtigen Schulsystemen mit ihrer Vorliebe für breit gefächerten Unterricht und einer großen Stoffülle besteht die Gefahr, daß die speziellen Interessen mathematisch begabter Schüler nur wenig gefördert werden. Meiner Meinung und auch der vieler Kollegen nach, wuchs unser eigenes Interesse an der Mathematik durch die Anregungen, die wir schon in frühem Alter von Lehrern oder Büchern erhielten. Dieses Interesse wurde selten durch den normalen Mathematikunterricht geweckt, sondern viel intensiver durch neue Ideen, ungewöhnliche Fragestellungen, Puzzles oder andere Rätsel.
Daß dieses Interesse weit verbreitet ist, zeigen schon die vielen Rätselrubriken in den unterschiedlichsten Zeitschriften. Leider liegen vielen Lehrern die nötigen Quellen für die Beschaffung solcher Aufgaben nicht vor, so daß ihren Schülern die entsprechenden Anregungen häufig fehlen.
Diese Überlegungen brachten mich schließlich dazu, einen wöchentlichen Mathematikklub ins Leben zu rufen. Jeden Samstag morgen traf ich mit interessierten 9- bis 12-jährigen Schülern zusammen. Das Wort „interessierte" betonte ich stärker als „begabte" und der Enthusiasmus, mit dem der Klub bei den Kindern aufgenommen wurde, übertraf meine Erwartungen bei weitem. So war auch ich noch motiviert, für dreißig oder mehr eifrige Kinder stets anregende Aufgaben zu finden.
In diesem Buch finden sich nun einige der Probleme, Rätsel und Untersuchungen aus den fünf Jahren dieses Klubs. Ein ähnlicher Klub für ältere Schüler an der Exeter School erforderte weiteres Suchen. Viele dieser Aufgaben sind für Schüler der Sekundarstufe I geschrieben, doch mit etwas Erfahrung und Geschick kann man sie auch mit mathematisch begabten Schülern anderer Altersstufen behandeln. Der Reiz sich mit einer neuartigen Aufgabe zu beschäftigen ist häufig unabhängig vom Alter.

Brian Bolt

School of Education
University of Exeter

Einleitung

Das räumliche Vorstellungsvermögen, mathematische Denkweisen und Einblicke in die verblüffenden Eigenheiten der Zahlenwelt sind nur einige Bereiche, die von den ausgewählten Aufgaben immer wieder variationsreich thematisiert werden.
Eine Mischung aus Rätsel, arithmetischen und geometrischen Aufgaben sowie mathematischen Untersuchungen soll den Leser stets aufs neue anregen.
Wo notwendig, befindet sich am Ende des Buches eine Lösung oder ein Kommentar zu den Aufgaben. Häufig ist an der Stelle auch ein weiterführender Literaturhinweis gegeben, allerdings auf die englischsprachigen Originaltitel. Im Anhang ist eine Liste deutschsprachiger Rätsel- und Knobelbücher aufgeführt.
Die Aufgaben in diesem Buch müssen nicht in einer bestimmten Reihenfolge gelesen werden, sie sind weitgehend unabhängig voneinander. Nur gelegentlich werden Hinweise auf andere Aufgaben gegeben.
Für einige Aufgaben wird ein Taschenrechner benötigt, der jedoch zumeist nur als Werkzeug benutzt wird, um der Arithmetik die Mühsal zu nehmen. So kann der Leser einige Zahleneigenschaften entdecken, die ansonsten hinter den Hürden vieler Rechenoperationen versteckt bleiben würden.
Für die Spiele werden in der Regel zwei Personen benötigt. Auch einige andere Aufgaben gewinnen an Reiz, wenn an ihnen mehrere Personen beteiligt sind, da so verschiedenste Ideen ein Problem lösen.
Der Umgang mit konkreten Modellen ist ein Anliegen vieler Aufgaben. Nur selten vermag eine Zeichnung die Vorstellung räumlicher Verhältnisse exakt zu vermitteln. Dabei werden keine fertigen Modelle herangezogen, diese sollen mit Schere, Pappe und Klebstoff selbst erstellt werden.

Aufgaben

1 Drei in einer Linie

Zunächst benötigt man kariertes Papier und einige Spielmarken. Ziel ist es nun, so viele Spielmarken wie möglich so auf die karierte Spielfläche zu legen, daß

1) nie mehr als eine Marke auf einem Feld liegt,
2) nie drei Marken in einer geraden Linie plaziert werden.

Die Abbildungen (a), (b) und (c) zeigen jeweils 3 x 3-Spielflächen, auf denen bereits zwei Spielmarken liegen. Wie können nun vier weitere Marken je Spielfläche so hinzugefügt werden, daß keine Dreier-Linie entsteht?

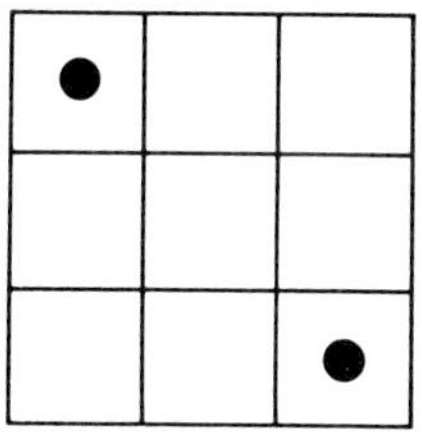
(a)

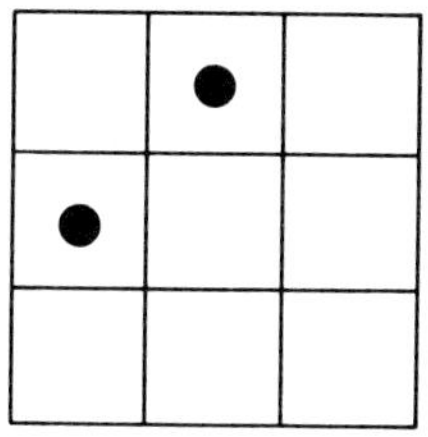
(b)

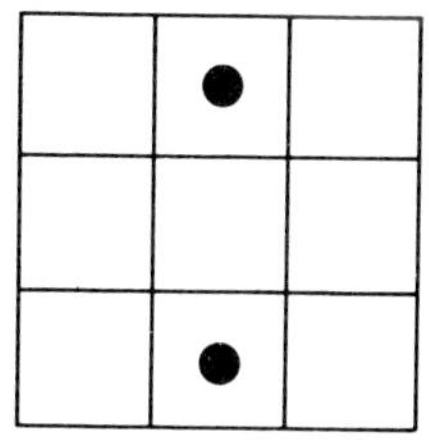
(c)

Bei Beachtung der Regel – niemals drei in einer Linie zu legen – ist es möglich, auf einer 4 x 4-Spielfläche acht Steine zu plazieren. Als Vorgabe liegen 4 Marken in der Mitte (d), in den Ecken (e) oder auf dem Feld verteilt (f).

Wie viele Spielmarken kann man noch zusätzlich auf dem Feld verteilen, bis drei in einer Linie liegen?

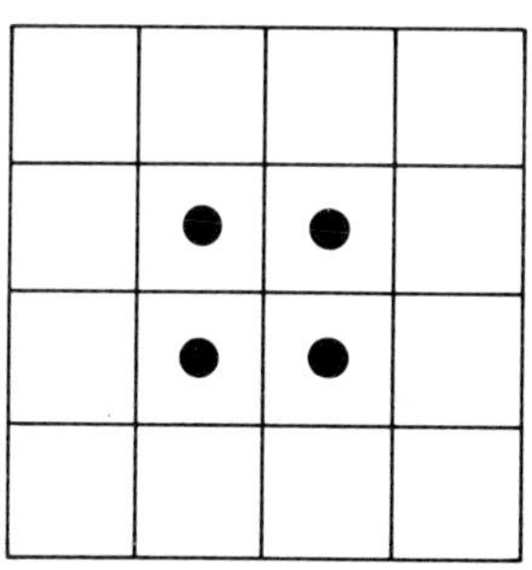
(d)

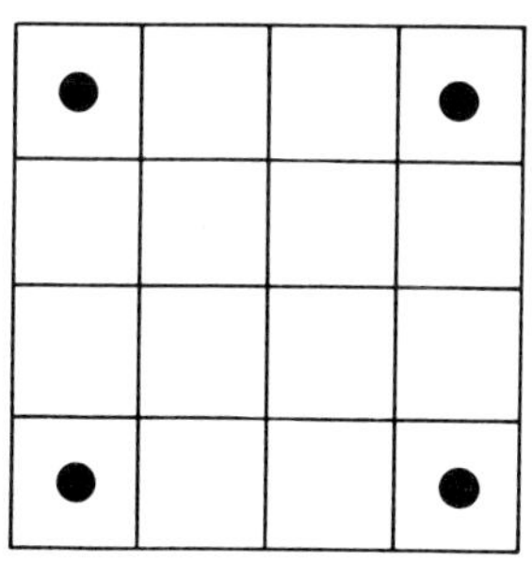
(e)

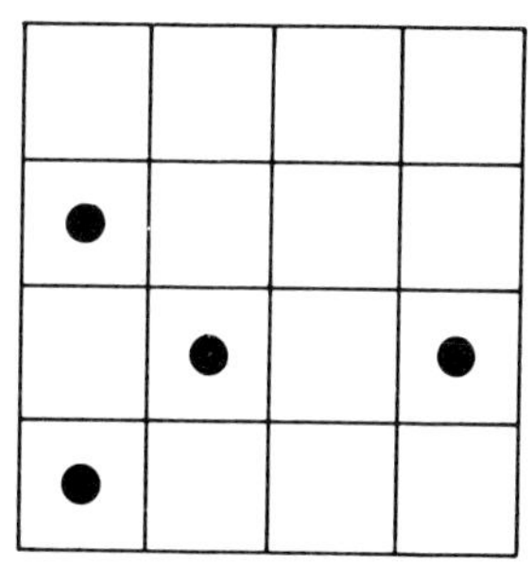
(f)

Versuchen Sie, die Aufgabe besser, d. h. mehr Steine unterzubringen, zu lösen, indem Sie den Anfang selbst gestalten.

Wenn Sie eine Möglichkeit gefunden haben, acht Spielmarken auf der 4 x 4-Spielfläche zu plazieren, versuchen Sie es doch einmal mit zehn auf einer 5 x 5-Fläche.

2 Bauern auf dem Schachbrett

Bei diesem klassischen Problem sind sechzehn Bauern so auf einem Schachbrett zu plazieren, daß sich nie drei in einer Linie befinden.
Im wesentlichen handelt es sich hier um die gleiche Situation wie in der vorhergehenden Aufgabe, doch fällt es einem nicht sofort ins Auge, wenn drei Bauern auf einer 8 x 8-Fläche in einer Linie stehen.
Die Abbildung zeigt einige solcher „Bauernlinien", die nicht unmittelbar erkennbar sind, nämlich *ABC*, *ECD* und *FCG*.
Sie meinen, Sie hätten sechzehn Bauern auf der 8 x 8-Fläche korrekt gesetzt, also ohne drei in eine Linie gebracht zu haben? Bitten Sie erst jemanden, Ihr Ergebnis zu überprüfen, ehe Sie im Lösungsteil nachschauen.

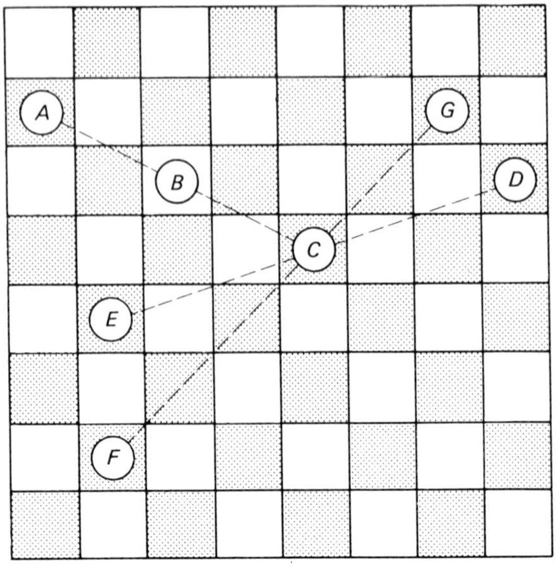

3 Drei verliert

Dieses Spiel kann mit Bauern oder Damesteinen auf einem Schachbrett oder mit Spielmarken auf kariertem Papier gespielt werden.
Die Spielsteine werden von den Mitspielern abwechselnd auf die Felder gesetzt. Verloren hat derjenige, dessen Stein eine Dreier-Linie vervollständigt.
Lange wird ein solches Spiel nie dauern; auf einer 8 x 8-Fläche können höchstens sechzehn Steine so plaziert werden, daß keine Dreier-Linie entsteht, weshalb das Spiel nach spätestens siebzehn Zügen entschieden ist. Die Kunst des Spieles liegt darin, Spielzüge zu wählen, die den Gegner zwingen, eine Linie zu komplettieren.
In der Abbildung sind nur zwölf Steine im Spiel, aber sie sind so gesetzt, daß der nächste Spieler eine Dreier-Linie bilden muß und somit verloren hat. Prüfen Sie doch einmal alle leeren Felder durch. Ein Lineal hilft dem Auge auf die Sprünge.

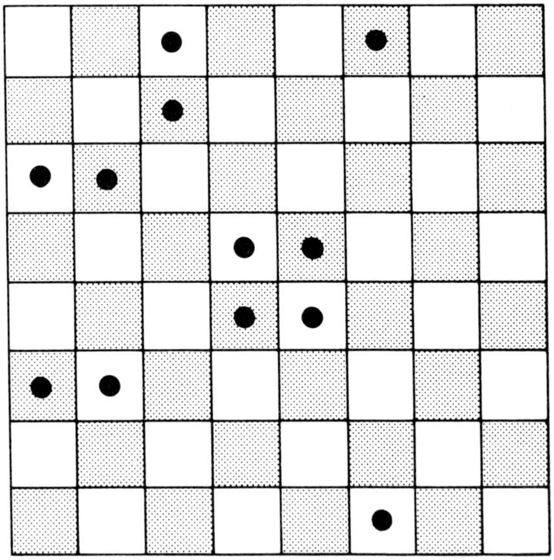

4 Eine kurvige Verfolgung

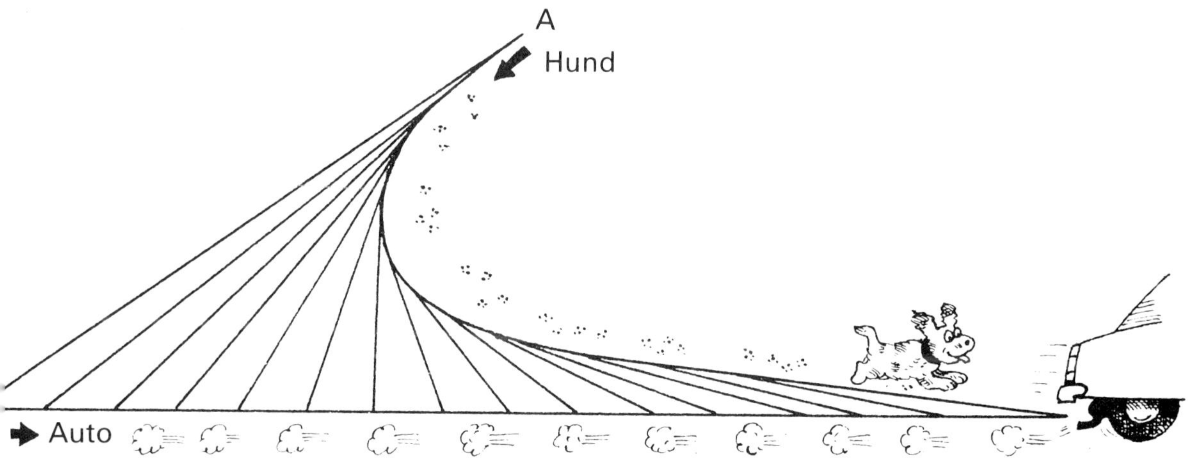

Sicher haben Sie schon einmal beobachtet, wie ein Hund ein Auto oder einen Radfahrer verfolgt. Haben Sie je bemerkt, welchen Weg er dabei nimmt? Der Hund denkt nicht voraus, sondern läuft normalerweise auf die Stelle zu, an der sich das Auto gerade befindet.
Die Zeichnung oben zeigt den Weg eines Hundes, der zu einem Auto läuft, das er zuerst im Punkt B bemerkt hat. Setzen wir einmal voraus, daß der Hund nur halb so schnell läuft wie das Auto, das sich mit konstanter Geschwindigkeit entlang der Geraden BC fortbewegt.

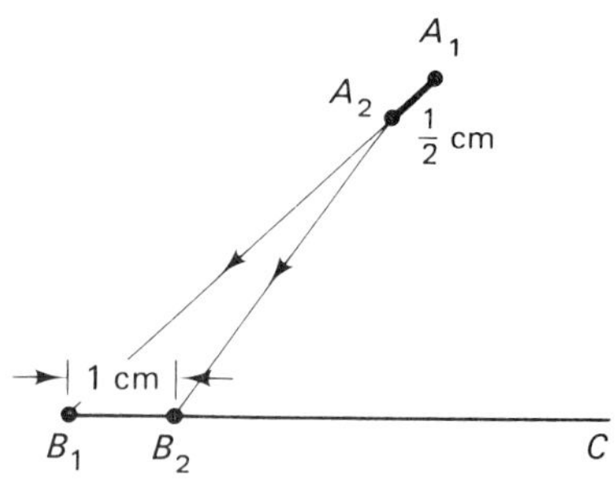

Der Weg kann in der folgenden Weise leicht konstruiert werden. Zeichnen Sie die Gerade B_1C als den Weg des Autos. Dann wählen Sie einen beliebigen Punkt A_1 als Startposition des Hundes.
Ziehen Sie nun die Gerade von A_1 nach B_1; dies ist die Richtung, in die der Hund zu rennen beginnt. Da ein Hund im Laufen nur schwer die Richtung ändern kann, wird er sie über eine kurze Strecke – bis A_2 – beibehalten. Dieses ist in der Zeichnung durch $\frac{1}{2}$ cm dargestellt.
Während nun der Hund von A_1 nach A_2 rennt, fährt das Auto von B_1 nach B_2, in der Zeichnung eine Strecke von 1 cm.
In A_2 ändert der Hund seinen Lauf in Richtung Auto, das sich im Moment der Richtungsänderung in B_2 befand, jetzt aber bereits auf dem Weg zu B_3 ist. Der Vorgang wird wiederholt, bis der Weg des Hundes deutlich erkennbar wird.
Versuchen Sie zuerst eine Zeichnung anzufertigen, die der hier gezeigten ähnelt. Finden Sie dann die Unterschiede heraus, wenn z. B. das Auto im Kreis fährt oder sich die Geschwindigkeiten von Hund und Auto ändern. Den Versuchen sind keine Grenzen gesteckt.

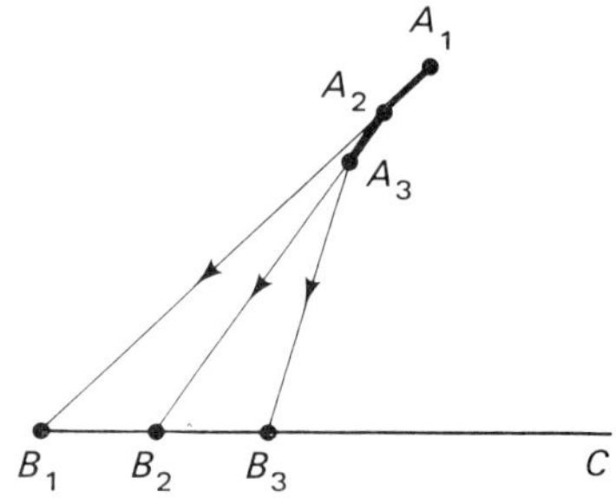

5 Das Clubtreffen der Brieftauben

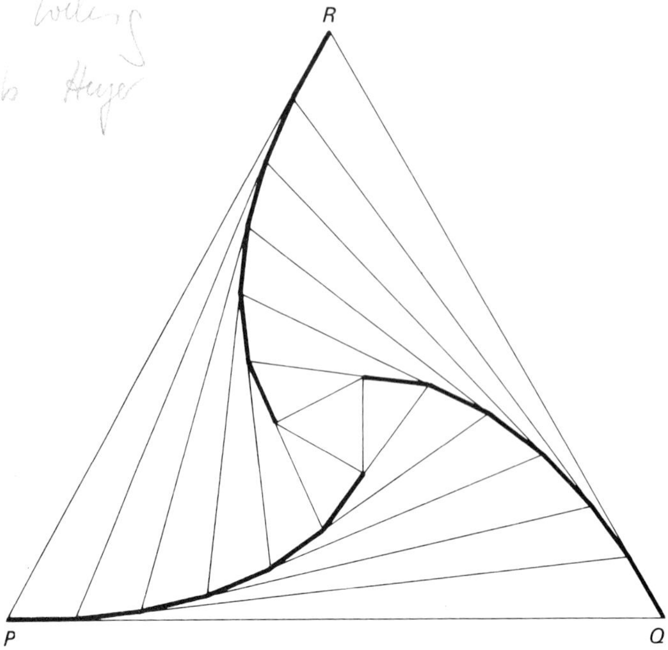

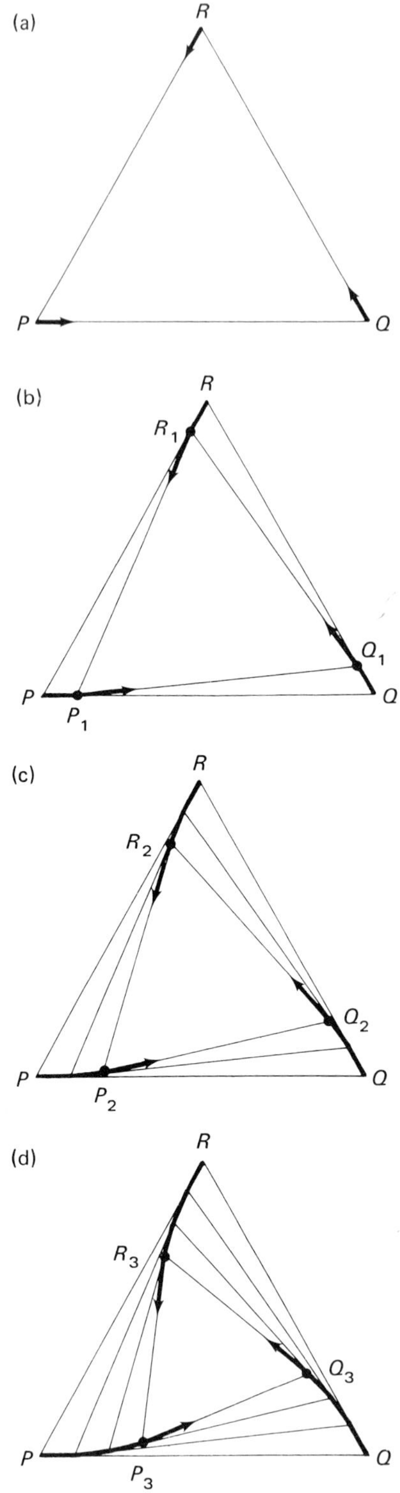

Diese interessante Zeichnung ist ein anderes Beispiel für Verfolgungskurven. Hier gilt es, sich drei Brieftauben *P*, *Q* und *R* vorzustellen, die jeweils 100 km voneinander entfernt an den Ecken eines gleichseitigen Dreiecks stationiert sind. Alle drei Brieftauben fliegen zur gleichen Zeit los. *P* mit Ziel auf *Q*, *Q* auf *R* und *R* auf *P*. In regelmäßigen Abständen ändern sie ihre Richtung in Anpassung an die jeweiligen neuen Positionen. In der Reihenfolge der Abbildungen (a) bis (d) wird gezeigt, wie der Weg der Brieftauben zu konstruieren ist.

Begonnen wird mit der Zeichnung eines gleichseitigen Dreiecks mit 10 cm Seitenlänge. Dann werden die Punkte P_1, Q_1, R_1 in 1 cm Entfernung von den Punkten *P*, *Q*, *R* markiert und zu dem Dreieck $P_1Q_1R_1$ verbunden. Als nächstes werden die Punkte P_2, Q_2, R_2 1 cm entfernt von der Punkten P_1, Q_1, R_1 abgetragen und zu dem Dreieck $P_2Q_2R_2$ verbunden. Dieses Vorgehen wird fortgesetzt, bis sich die Brieftauben in der Mitte treffen, wobei die Markierung der neuen Punkte immer auf den Seiten des zuletzt gezeichneten Dreiecks erfolgt.

Wie sähe die Zeichnung aus, wenn man mit vier Brieftauben aus den Ecken eines Quadrates starten würde?

6 Muster

Diese hübsche Figur entstand durch Zusammensetzen der letzten Aufgabe. Es können noch viele attraktive Abbildungen mit Hilfe der gleichen Ausgangsmuster konstruiert werden. Alles, was Sie dazu brauchen sind etwas Geduld und Sorgfalt und eine kleine Portion Kreativität.

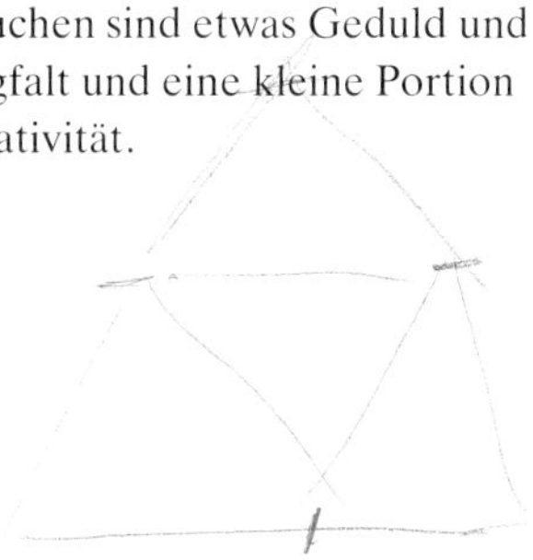

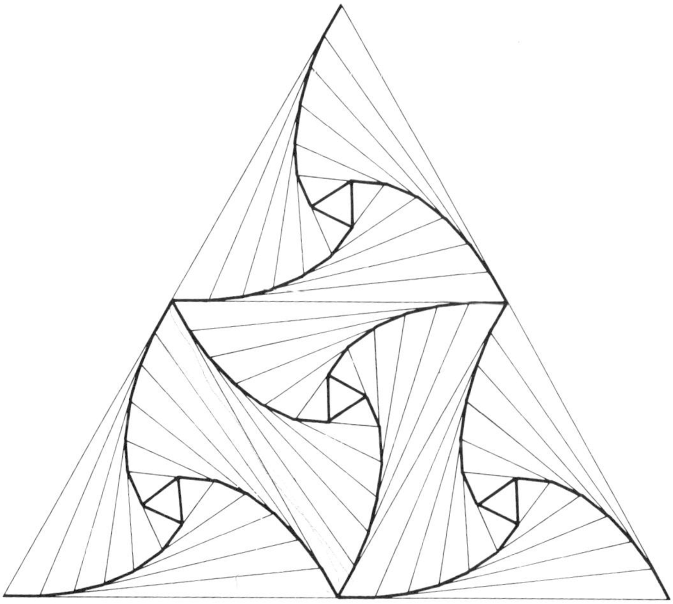

7 Zwei Hälften fügen sich zum Ganzen

Wie ist die schraffierte Figur *A* in zwei Teile zu zerlegen, damit daraus alle Figuren *B*, *C*, *D*, *E*, *F* und *G* zusammengefügt werden können?

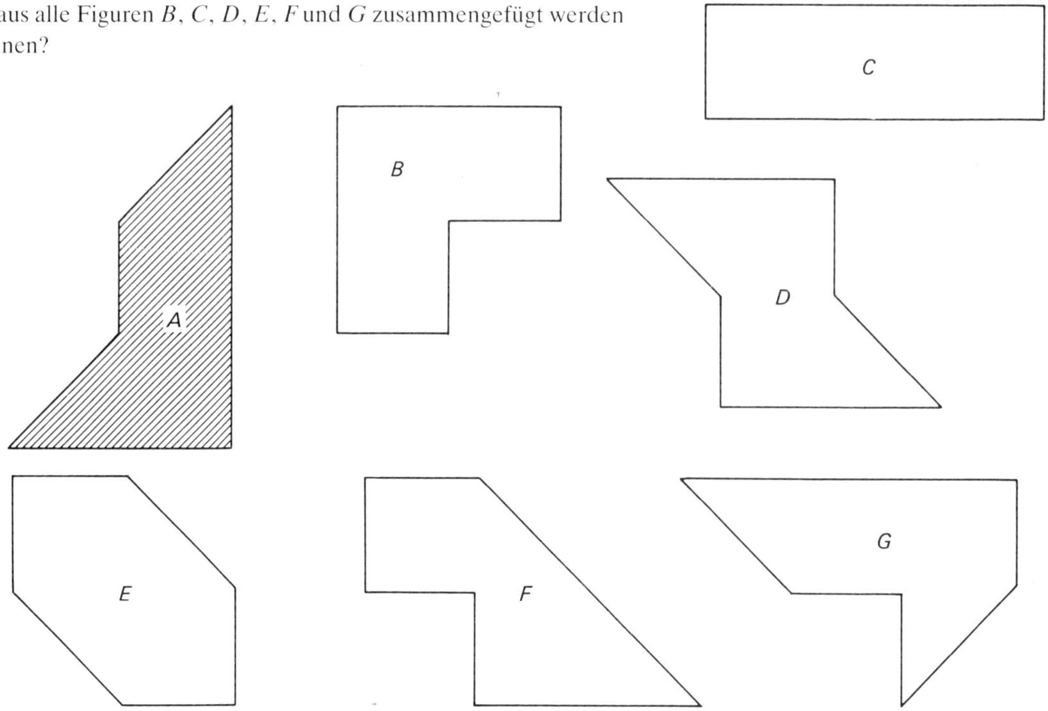

8 Bauen Sie sich einen eigenen Würfel

Jedes der drei Netze kann zu einem Würfel gefaltet werden. In jedem fehlen drei Ziffern, die nun so in die Quadrate eingesetzt werden sollen, daß sich die Ziffern der jeweils gegenüberliegenden Würfelseiten zu 7 addieren lassen.

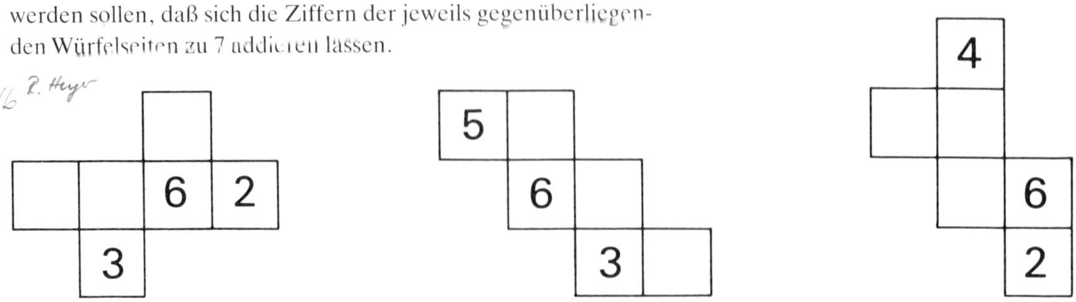

(a) (b) (c)

9 Streichholz-Dreiecke

Neun Streichhölzer sind so zu legen, daß die nebenstehende Figur entsteht. Wie gelingt es mit nur sechs Streichhölzern, ebenso vier Dreiecke von gleicher Form und Größe zu legen?

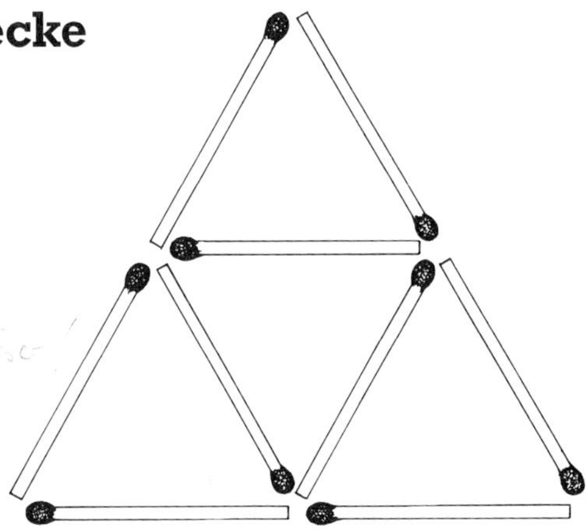

10 Die Schafställe des Bauern

Gemäß der Zeichnung benötigte ein Bauer dreizehn Zäune für sechs identische Schafställe. Unglücklicherweise wurde einer der Zäune beschädigt.

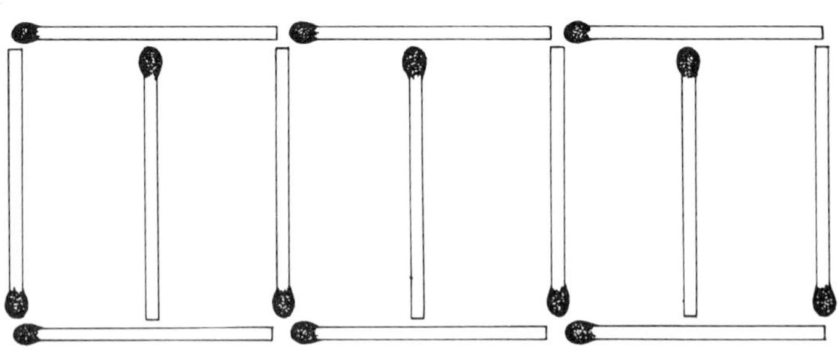

Zeigen Sie mit Streichhölzern, daß sechs identische Ställe auch durch zwölf Zäune abzugrenzen sind.

11 Eine Kartenfaltkunst

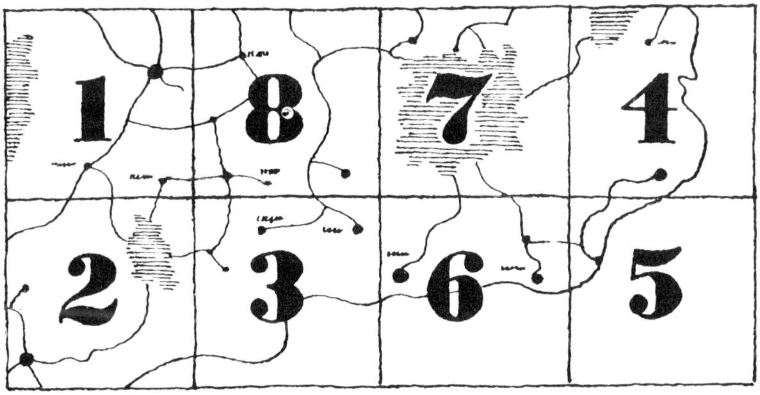

Eine Karte ist doppelt so lang wie breit. Sie kann auf verschiedene Weisen zu einem Quadrat auf ein Achtel der ursprünglichen Größe gefaltet werden. Numerieren Sie wie in der Abbildung die Quadrate auf einem Blatt Papier und probieren Sie möglichst viele Faltmöglichkeiten aus. Sie können jede Lösungsmöglichkeit festhalten, indem Sie die Reihenfolge notieren, in der die Zahlen zu liegen kommen.
Ein wahrer Geschicklichkeitstest ist es nun, die Karte so zu falten, daß sich die Zahlen in der Reihenfolge 1, 2, 3, 4, 5, 6, 7, 8 befinden.

Nun können Sie ein eigenes Geduldsspiel erstellen, wobei Sie eine Karte in ungewöhnlicher Weise falten und damit die Reihenfolge festlegen.

12 Eine pfiffige Flußüberquerung

Dies ist ein sehr altes Rätsel. Es erzählt von einem Schausteller, der mit einem Wolf, einer Ziege und einem Kohlkopf übers Land reiste. Einst kam er dabei an einen Fluß. Die einzige Hilfe, ans andere Ufer zu gelangen, war ein kleines Boot, das aber außer ihm nur entweder den Wolf, die Ziege oder den Kohlkopf transportieren konnte.
Unglücklicherweise konnte er nicht den Wolf mit der Ziege, beziehungsweise die Ziege mit dem Kohlkopf alleine lassen, da der Wolf die Ziege und diese den Kohlkopf gefressen hätte. Nach einer Weile des Überlegens erkannte der Schausteller, wie er mit dem Boot sich und all sein Hab und Gut sicher über den Fluß bringen könnte. Was war zu tun?

13 Streckung eines Kreises

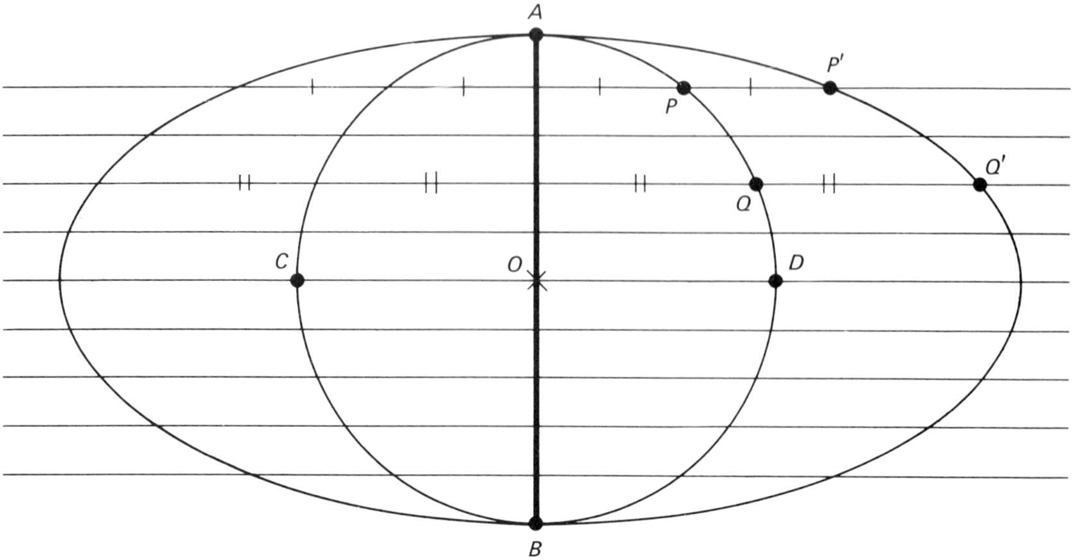

Zeichnen Sie in der Mitte eines Papierbogens einen Kreis mit einem Radius von 5 cm und bestimmen Sie einen Durchmesser AOB.
Als nächstes zeichnen Sie den Durchmesser COD im rechten Winkel zu AB ein und verlängern ihn auf dem Blatt.
Nun zeichnen Sie quer über das Blatt eine ganze Reihe von Geraden, parallel zu CD, jeweils mit 1 cm Abstand.
Der Kreis kann nun in Richtung der parallelen Linien auf das doppelte seiner Breite gestreckt werden, indem man Punkte abträgt, wie beispielsweise P' und Q', deren Entfernung zu AB doppelt so groß ist wie die von P und Q zu AB.
Die neue Figur, die entsteht, wenn man eine Kurve frei durch die Punkte P', Q', usw. zieht, wird *Ellipse* genannt.
Der Umfang dieser Ellipse entspricht dem $1\frac{1}{2}$ fachen Umfang des urspünglichen Kreises. Prüfen Sie das mit Hilfe einer Schnur nach.
Wie groß ist die Fläche innerhalb der Ellipse im Vergleich zu der des Kreises?
Zeichnen Sie sich eine Ellipse, die durch die dreifache Streckung eines Kreises in Richtung der parallelen Linien gebildet wird.
Was können Sie 1) über ihren Umfang, 2) über ihren Flächeninhalt sagen?
Untersuchen Sie die Figur, die Sie erhalten würden, wenn Sie den Kreis schrumpfen ließen, indem Sie Punkte auf den parallelen Linien auf der halben Strecke innerhalb des Kreises abtragen würden.

14 Die Ellipse

Sie mögen sich sicher schon einmal beim Anblick einer Ellipse gewundert haben. Tatsache ist, daß wir Kreise im Alltag meist als Ellipsen sehen, was mit dem Blickwinkel zusammenhängt. Während Grafiker dies berücksichtigen, haben Sie sicher schon auf Zeichnungen von kleinen Kindern gesehen, daß kreisförmige Gegenstände kreisförmig dargestellt werden. Der Blickwinkel wird nicht berücksichtigt.

Die Bögen von vielen alten Steinbrücken sind elliptisch konstruiert worden.

Der Weg, den ein Satellit um die Erde oder die Erde um die Sonne zurücklegt, ist ebenfalls eine Ellipse.

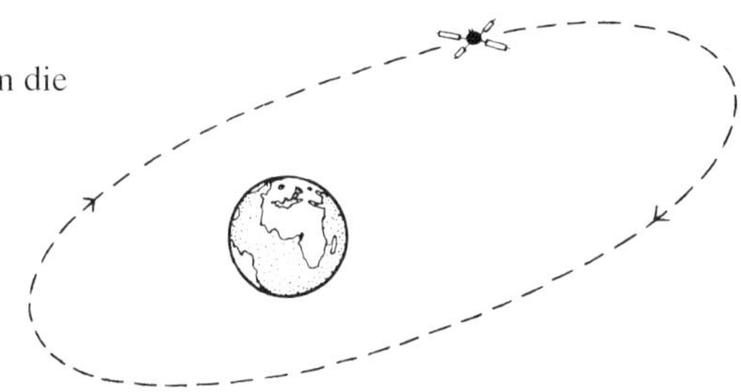

Wenn man einen runden Baumstamm schräg in einem Winkel durchsägt, so stellt die Schnittfläche ebenfalls eine Ellipse dar. Schneiden Sie doch einmal schräg durch ein Stück eines zylindrischen Holzpflocks, einer Papprolle oder einer Rolle aus Modellierton.

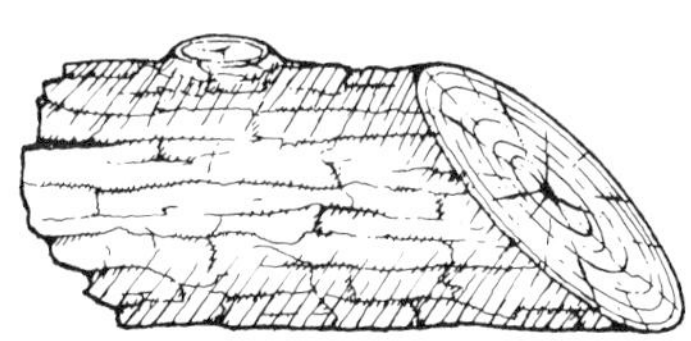

Betrachten Sie die Brücken in Ihrer Umgebung, und erstellen Sie davon eine Skizze mit Hilfe elliptischer Kurven.
Brunel zeichnete eine Eisenbahnbrücke über den Fluß Tamar in Saltash, bei der der Überbau von zwei massiven elliptischen Zylindern getragen wird – sie ist einen Besuch wert, sollten Sie je in ihre Nähe kommen.

15 Eine Ellipse – durch Falten gewonnen

Auf unliniertes Papier wird ein großer Kreis gezeichnet, z.B. mit 16 cm Durchmesser. Als nächstes wird der Kreis sorgfältig ausgeschnitten und ein Punkt *A* – etwa 2 cm vom Rand entfernt – abgetragen. Die tatsächlichen Längen sind nicht so wesentlich, doch versprechen die hier gewählten ein gutes Ergebnis. Es ist auch durchaus möglich, den Kreis mittels eines runden Gegenstandes, z.B. einer Blechdose oder einer Untertasse, zu zeichnen und einen beliebigen Punkt innerhalb des Kreises zu wählen. Nun ist der Kreis entlang einer Geraden, wie *PQ*, so zu falten, daß der Kreisrand gerade den Punkt *A* berührt. Wieder auseinandergeklappt, wird die Faltlinie eingezeichnet. Dieser Vorgang – falten und nachzeichnen – soll nun mehrmals wiederholt werden. Es dauert nicht lange, bis – zunehmend deutlicher – eine Ellipse erkennbar wird, die von all den Faltlinien umgeben ist.
Diese Linien sind die *Tangenten* der Ellipse und bilden – wie in der Zeichnung erkennbar – ihre *Umhüllung*.

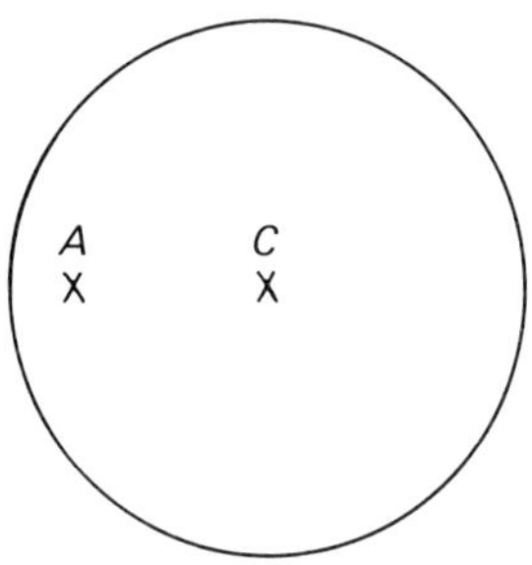

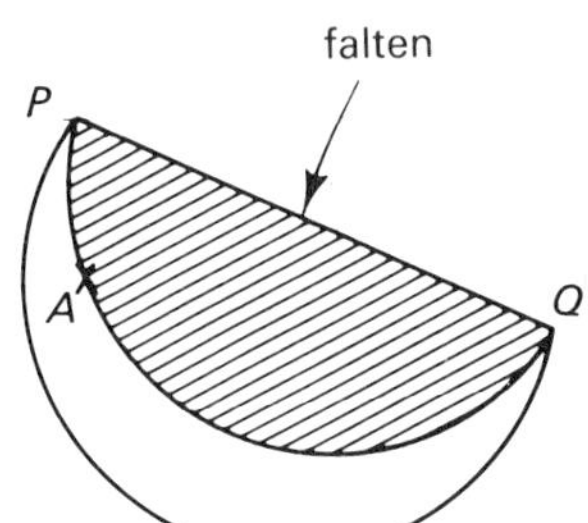

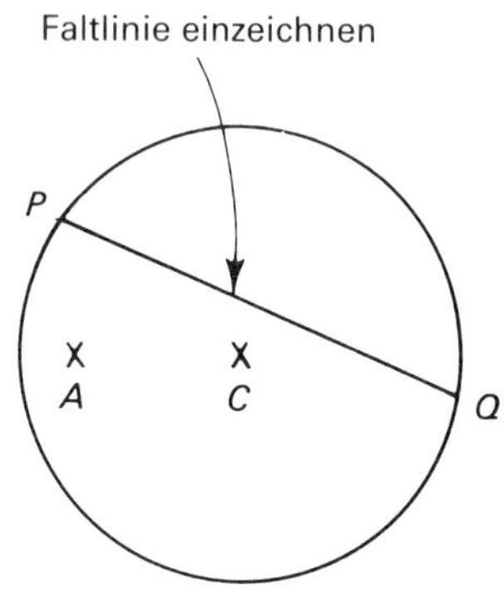

Untersuchen Sie das Ergebnis, wenn *A* näher am Mittelpunkt des Kreises liegt. Was erhält man, wenn *A* mit dem Mittelpunkt des Kreises übereinstimmt?
Beachten Sie, daß *A* und der Mittelpunkt *C* des Kreises symmetrisch in der Ellipse liegen. Sie werden die *Brennpunkte* der Ellipse genannt.
Wenn ein Satellit die Erde umkreist, so geschieht das auf einer elliptischen Bahn, mit der Erde als einem Brennpunkt, also einem Punkt wie *A* oder *C*, und nicht mit der Erde als Mittelpunkt der Ellipse.

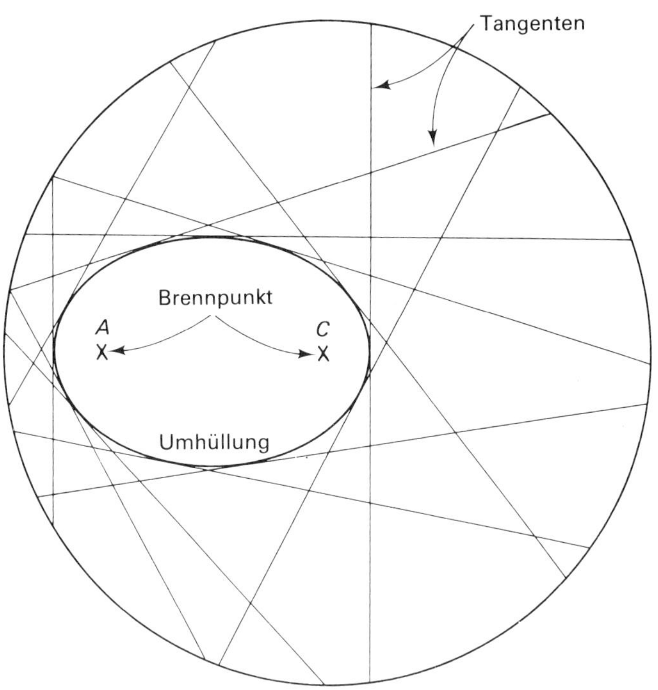

16 Eine Ellipse – mit Faden und Reißnägeln gewonnen

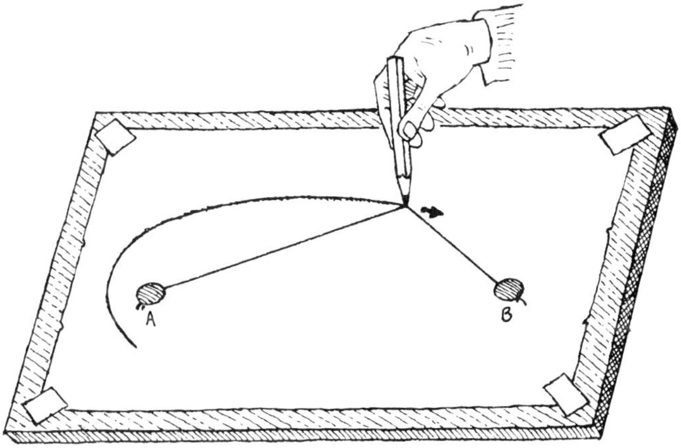

Befestigen Sie ein Blatt Papier auf einem Zeichenbrett und stecken Sie, beispielsweise 10 cm voneinander entfernt, zwei Reißnägel hinein. Nun nehmen Sie ein Stück Schnur oder einen festen Faden und binden ein Ende an den Reißnagel A. Als nächstes befestigen Sie das andere Ende so an B, daß die Fadenlänge zwischen A und B etwa 14 cm beträgt.
Nehmen Sie nun einen Bleistift, und bewegen Sie ihn mit stramm gespannter Schnur, um eine Ellipse zu zeichnen.
Untersuchen Sie die Wirkung von verschiedenen Schnurlängen.
Die Punkte A und B sind die Brennpunkte aller Ellipsen, die Sie auf diese Weise zeichnen können.
Was läßt sich für jede der gezeichneten Ellipsen über die Länge $AP + BP$ aussagen, wobei P ein beliebiger Punkt auf dem Rand der Ellipse ist?
Q sei ein beliebiger Punkt im Inneren der Ellipse. Welche Aussage kann dann über $AQ + BQ$ gemacht werden?

17 Die rutschende Leiter

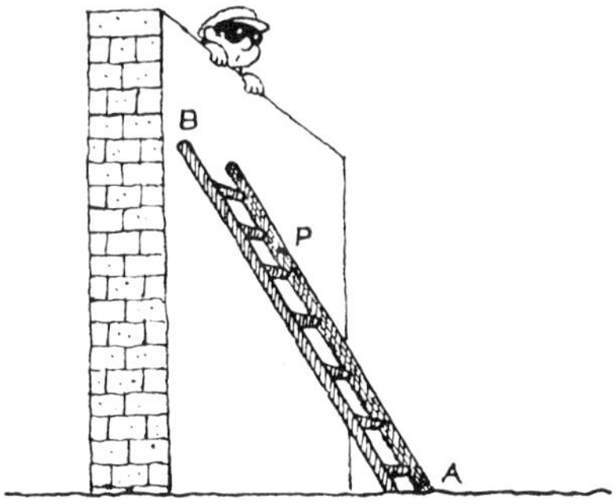

Wie verläuft der Weg von Punkt P, wenn die Leiter AB an der Wand herunterrutscht? Umblättern hilft weiter.

Sie können natürlich eine Leiter nehmen und mit ihr experimentieren, es dürfte jedoch weniger umständlich sein, die Leiterenden und den Punkt *P* auf einem Pappstreifen zu markieren. Um den Boden und die Wand darzustellen, zeichnen Sie die beiden Geraden *OX* und *OY*. Jetzt bleibt nur noch, den Pappstreifen so zu verschieben, daß sich *A* und *B* auf den Geraden *OX* bzw. *OY* bewegen, und mit einem Stift den Weg von *P* zu markieren.
Kommt Ihnen das Resultat bekannt vor?
Man stößt auf interessante Ergebnisse, wenn man sich dem Problem auf folgende Weise nähert.

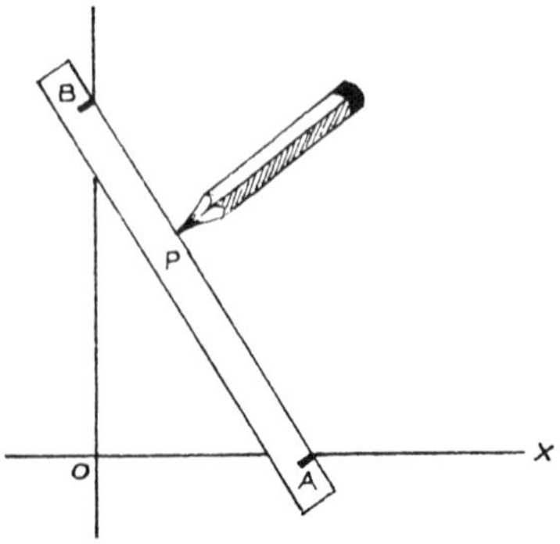

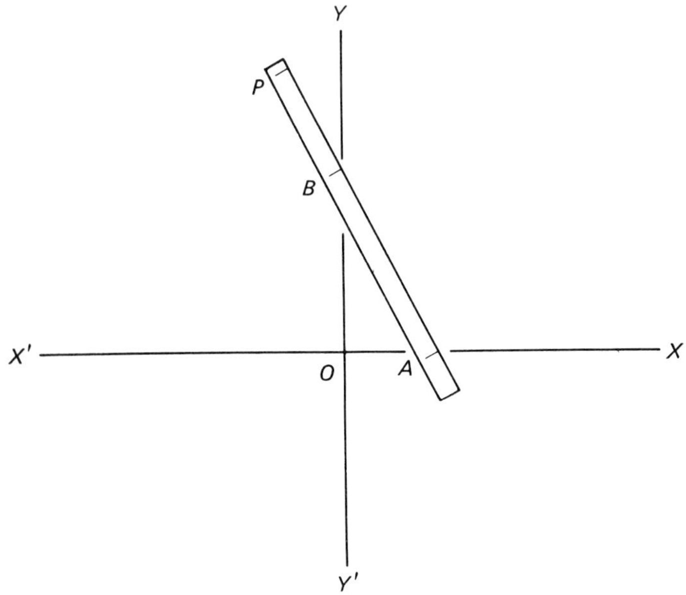

Auf einem Pappstreifen markiere man wie in der Abbildung die Punkte *A* und *B*, sowie den Punkt *P*, letzteren jedoch außerhalb von *AB*. Auf den zwei Geraden *X'OX* und *Y'OY* kann man nun den Weg von *P* verfolgen, wobei während der Bewegung des Pappstreifens *A* immer auf *X'OX* und *B* immer auf *Y'OY* bleibt. Anders als bei der Leiter kann *A* auf *OX'* und *B* auf *OY'* so bewegt werden, daß daraus ein symmetrischer Weg entsteht. Man kann nun mit unterschiedlichen Positionen für die Punkte *A*, *B* und *P* experimentieren, wie auch mit verschiedenen Winkeln zwischen den Geraden *X'OX* und *Y'OY*.
Aber warum sich nur streng an Geraden halten? Wie wäre es damit, die Gerade *Y'OY* durch einen Kreis zu ersetzen?

18 Das wachsende Netz

Hier handelt es sich um ein Spiel für zwei Personen; benötigt werden nur ein Blatt Papier und ein Stift. An beliebiger Stelle sollen auf dem Papier drei Punkte gekennzeichnet werden (a).

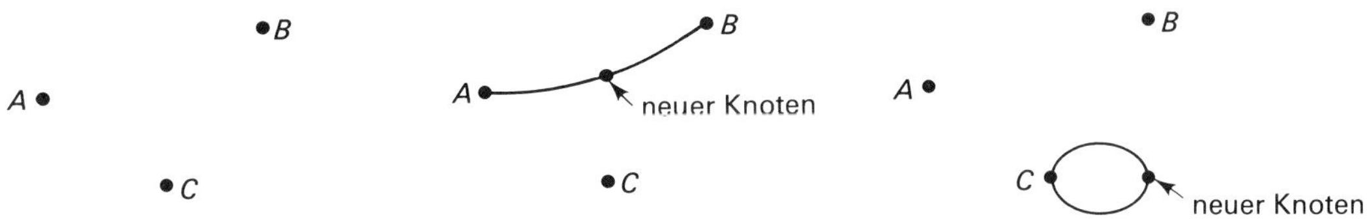

(a) (b) (c)

Diese Punkte werden im Verlauf des Spieles zu Knotenpunkten eines Netzes. Der erste Spieler verbindet zwei der Punkte durch einen Bogen und trägt in der Mitte des Bogens einen neuen Punkt ab (b). Es ist für den Spieler auch möglich, einen Bogen zu zeichnen, der am gleichen Punkt startet und endet, es darf nur nicht vergessen werden, den neuen Knotenpunkt in der Mitte des Bogens wie in (c) abzutragen.
Der nächste Spieler fügt dem Netz einen neuen Bogen hinzu, in dessen Mitte auch er wieder einen neuen Punkt abträgt. Er kann seinen Bogen zu jedem beliebigen Knotenpunkt führen, in dem noch keine drei Bögen enden.
Sobald in einem Knotenpunkt drei Bögen enden, ist er nicht mehr im Spiel und kann durch einen Kreis gekennzeichnet werden.
Die Zeichnungen in (d) zeigen einige Möglichkeiten des zweiten Spielers auf der Grundlage, die der erste Spieler durch Verbinden der Punkte *A* und *B* geschaffen hat.

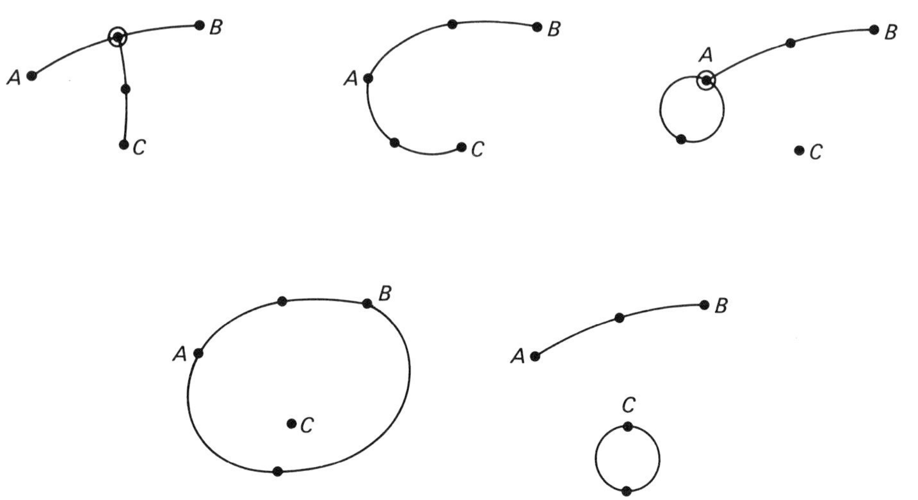

(d)

Ziel des Spieles ist es zu verhindern, daß der Mitspieler einen weiteren Bogen einzeichnen kann. Derjenige, der als letzter einen zulässigen Bogen zeichnet, hat gewonnen. Eine weitere Regel lautet: Die Bögen dürfen sich nicht kreuzen.
Es ist wichtig, diese Regel zu bedenken, da Knotenpunkte abgeschnitten werden können und so unbrauchbar werden, obwohl sie noch nicht drei Bögen vereinen.
Abbildung (e) zeigt ein so entstandenes Netz. Auch wenn in diesem Spielstadium die zwei Knotenpunkte *X* und *Y* noch nicht ausgeschieden sind, können sie dennoch nicht mehr benutzt werden. Probieren Sie das Spiel einmal mit einer Freundin oder einem Freund aus; später können Sie es dann wie folgt variieren:

1) Versuchen Sie zu erklären, warum das Spiel nach einer begrenzten Zahl von Schritten enden muß. (Wie vielen)?
2) Versuchen Sie, mit vier oder fünf Punkten als Ausgangssituation zu beginnen.
3) Untersuchen Sie die Wirkung von 4er-Knoten (d.h. Knotenpunkte, in denen vier Bögen enden) anstelle von 3er-Knoten.

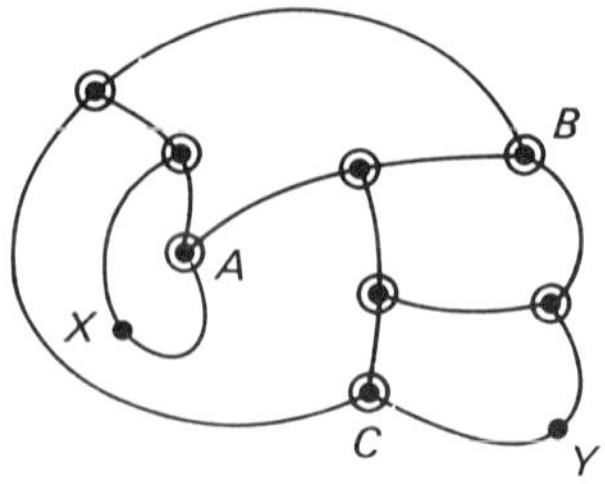

(e)

19 Würfelei

Bei den vier hölzernen Würfeln wurden einige Ecken ausgeschnitten.
Anschließend hatten nur noch zwei der Körper die gleiche Form.
Welche zwei sind es?

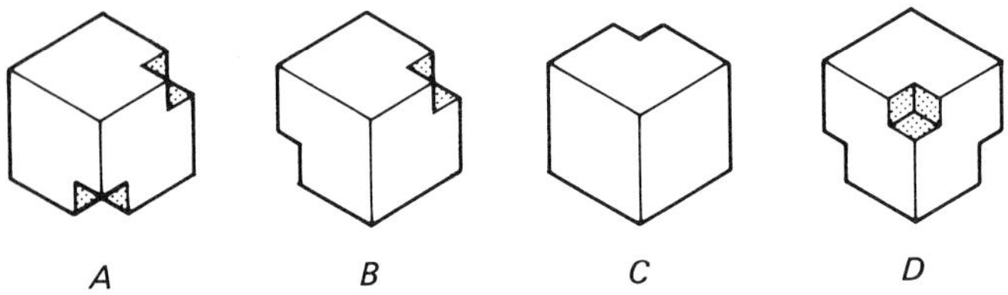

20 Streichholzquadrate

Es sollen drei der fünfzehn Streichhölzer so entfernt werden, daß nur noch drei Quadrate übrigbleiben.
Als nächstes sollen nur zwei der fünfzehn Streichhölzer entfernt werden, aber wieder drei Quadrate bestehen bleiben. (Diesmal müssen nicht alle Quadrate gleichgroß sein.)

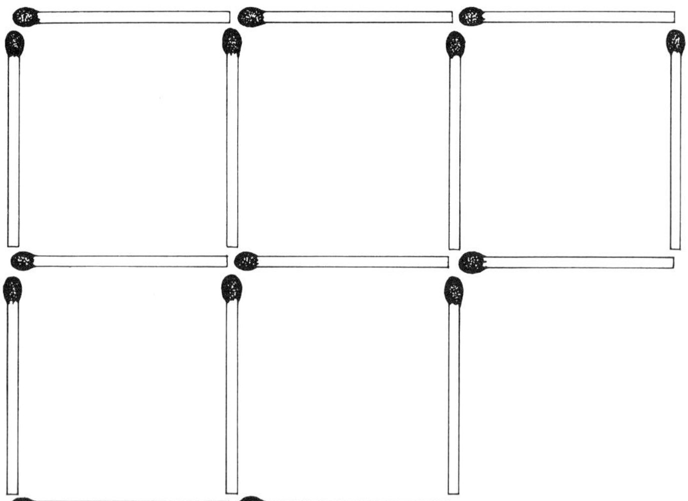

21 Das Quadrat-, Kreuz- und Kreis-Ding

In eine Metallplatte wurden drei Löcher geschnitten.
Wie müßte nun ein Holzblock geschnitzt werden, der sich nicht nur irgendwie durch jedes Loch führen läßt, sondern dabei auch jedes exakt ausfüllt?

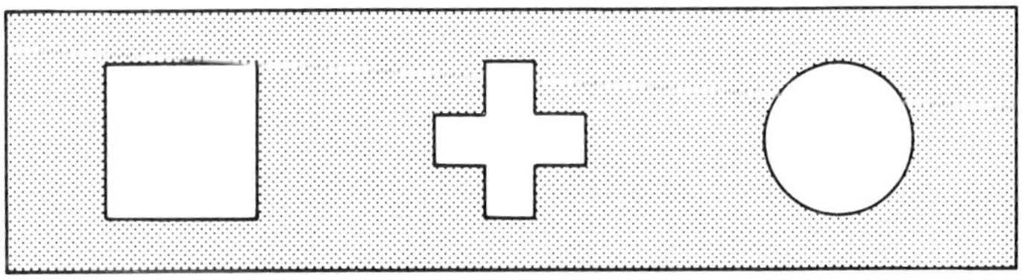

22 Der verwirrte Lokomotivführer

Die Abbildung zeigt einen kreisförmigen Schienenstrang am seitlichen Ende einer Hauptstrecke.
C stellt einen Viehwaggon dar, *S* einen Güterwagen mit Schafen, *E* eine Lokomotive und *FB* eine Fußgängerbrücke über die Schienen.

Die Güterwagen sollen nun so verschoben werden, daß Vieh- und Schafwaggon ihre Plätze tauschen und die Lokomotive wieder zurück auf die Hauptstrecke gelangt.
Die Höhe der Brücke erlaubt aber nur der Lokomotive die Durchfahrt, die Güterwaggons sind beide zu hoch.
Wie kann dem Lokomotivführer geholfen werden?

23 Der geschickte Milchmann

Ein Milchmann hat nur einen 5-Liter- und einen 3-Liter-Krug zur Verfügung, um die Milch aus der großen Milchkanne für seine Kundschaft abzumessen.
Wie kann er 1 Liter abmessen, ohne Milch zu verschwenden?

oder 8l
Ziel 4l abmessen

1. 3l in 5l
2 nochmal 3l → 5l → 1l in 3l

24 Die Truppe vor bissigen Problemen

Eine Truppe kam bei ihrem Marsch durch den Urwald an einen breiten und tiefen Fluß, an dem viele Krokodile auf der Lauer lagen. Am anderen Ufer standen zwei junge Eingeborene mit einem Kanu. Mit dem Boot konnten aber nur entweder ein Mann mit Gewehr und Ausrüstung oder zwei Jungen transportiert werden. Wie überquerte die Truppe den Fluß?

25 Kurven gleicher Breite

Es ist eine sehr alte Idee, Rollen mit rundem Querschnitt für die Fortbewegung schwerer Gegenstände zu Hilfe zu nehmen. So wird vermutet, daß sich schon die alten Ägypter für den Bau der Pyramiden solcher Rollen bedienten.
Wie weit könnte der unten abgebildete Block transportiert werden, wenn die Rollen um 1 Meter vorwärts rollen würden? Nein, „1 Meter" ist nicht die richtige Antwort.

Wem die richtige Antwort nicht schon beim Betrachten der Zeichnung klar wird, der könnte versuchsweise ein Buch auf drei Stiften vorwärts rollen.

Wenn ein Block auf runden Rollen transportiert wird, bewegt er sich vollkommen parallel zum Untergrund. So könnte man auf den Gedanken kommen, daß ein kreisförmiger Querschnitt der einzig brauchbare sei. Doch es gibt viele Formen, die, wenn sie gedreht werden, stets die gleiche Breite aufweisen. Zwei solcher Formen sind hier abgebildet.

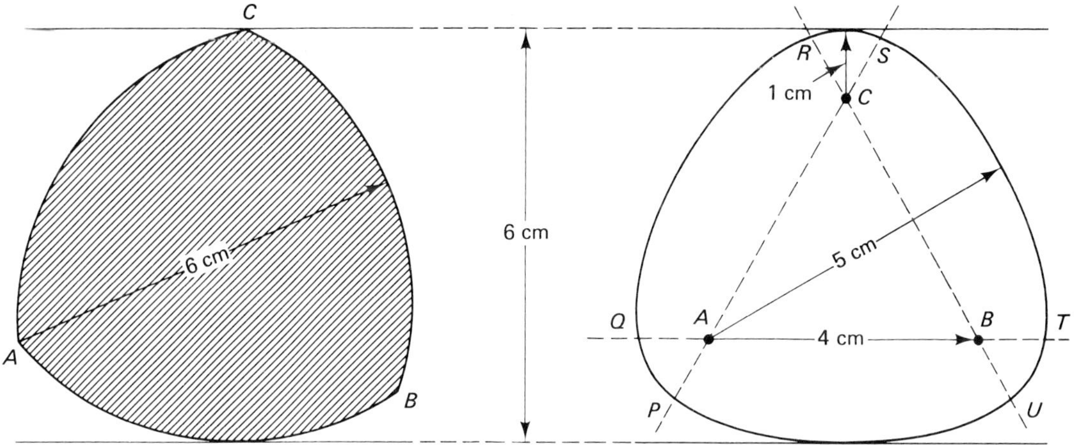

(a) (b)

Zeichnen Sie die Figuren auf Pappe und schneiden Sie sie aus.

Um die Figur (a) zu zeichnen, wird ein Zirkel auf 6 cm eingestellt und die Seite *BC* als Bogen um *A*, *AC* um *B* und schließlich *AB* um *C* abgetragen.
Die fertige Figur wird ausgeschnitten. Auf einem Blatt Papier werden nun zwei Parallelen mit 6 cm Abstand abgetragen. Die Figur sollte beide Geraden berühren und sich entlang einer Linie so abrollen lassen (hierbei kann ein entsprechend angelegtes Lineal helfen), daß dabei stets der Kontakt zu beiden Linien erhalten bleibt, gleich, wo sich jeweils die Ecken befinden.
Die zweite Figur (b) erhält man mittels der Hilfskonstruktion des gleichseitigen Dreiecks *ABC* von 4 cm Seitenlänge, wobei die Seiten noch um 1 cm in jede Richtung verlängert werden. Mit einem Zirkel (der Radius soll 5 cm betragen) werden nun die Bögen *ST* um *A*, *QR* um *B* und *UP* um *C* gezeichnet. Schließlich werden mit dem Zirkel, Radius 1 cm, noch die Bögen *PQ* um *A*, *TU* um *B* und *RS* um *C* gezeichnet. Auch diese Figur kann zwischen parallelen Linealen mit 6 cm Abstand geprüft werden.
Wenn man die Figuren in entsprechender Weise in ein Quadrat von 6 cm Seitenlänge legt, werden stets alle vier Seiten gleichzeitig berührt. Diese Erkenntnis wurde bei der Herstellung von Spezialbohrern, mit denen sich fast-quadratische Löcher (c) bohren lassen, technisch verwertet.

(c)

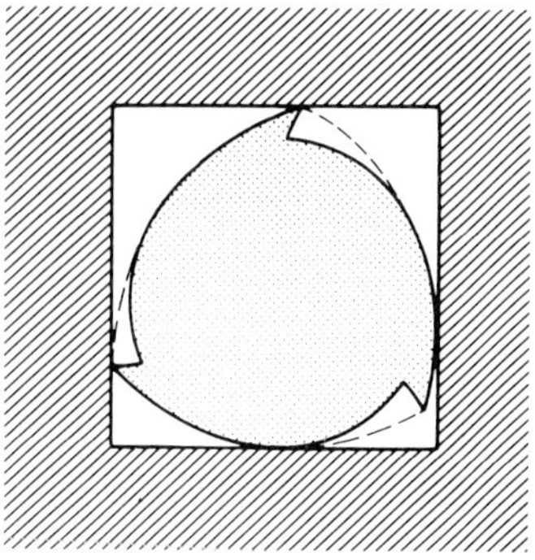

Das englische Fünfzig-Pence-Stück ist ebenso eine Kurve konstanter Breite (versuchen Sie es in einem größeren Maßstab zu zeichnen), und auch der von Felix Wankel entwickelte Kreiskolbenmotor besitzt die gleiche Eigenschaft (e). Obwohl jedoch diese Figuren durchaus akzeptable Rollen darstellen, wären sie als Räder nicht zu gebrauchen. Warum? Könnte noch irgendeine andere Figur, außer einem Kreis, als Rad benutzt werden?

(d)

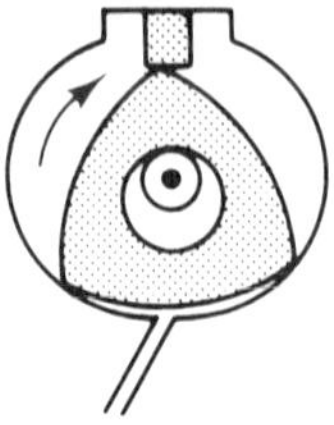
(e)

26 Das Möbius-Band

Zunächst soll ein Streifen Papier *ABCD* von 30 cm Länge und 2 cm Breite so zu einem Band geklebt werden, ohne vorher verdreht worden zu sein, daß die Ecken *A* auf *D* und *B* auf *C* stoßen.

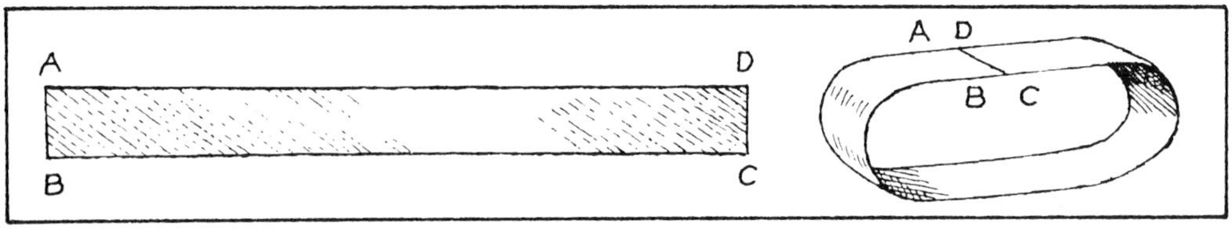

(a)

Das Band hat zwei leicht zu unterscheidende Oberflächen – am besten gestaltet man die Innenseite in einer anderen Farbe.
Wie viele Ränder hat das Band?
Was würde mit dem Band passieren, wenn man es wie in (b) der Länge nach durchschneiden würde?

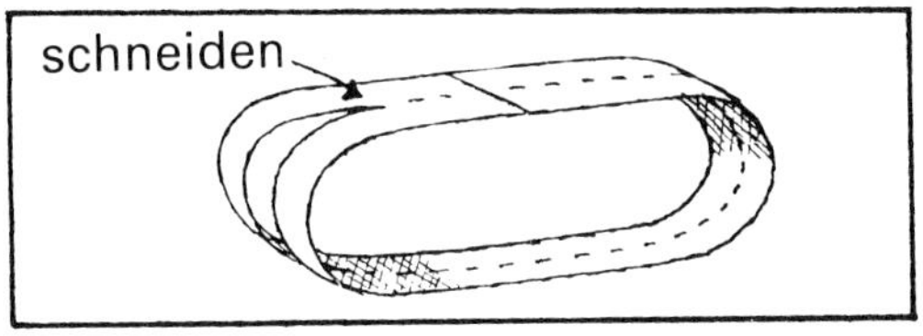

(b)

Die Antworten zu den bisherigen Fragen waren recht einfach, doch wird Sie folgendes sicher überraschen, sofern es Ihnen nicht schon einmal begegnet ist.

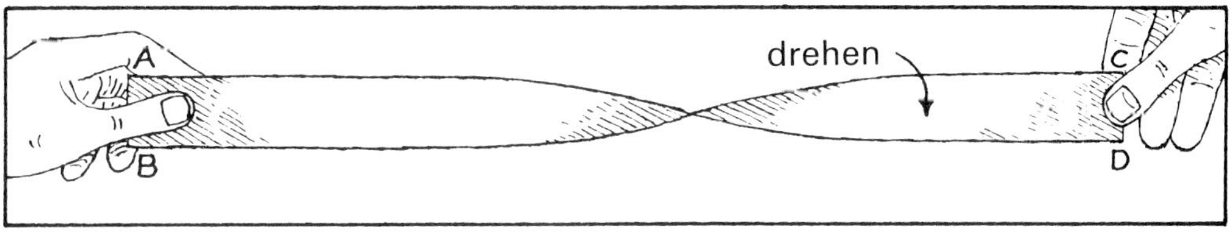

(c)

Bei einem anderen Papierstreifen $ABCD$ wird vor dem Zusammenkleben ein Ende so um 180° gedreht, daß nun die Ecken A und C, sowie B und D aufeinandertreffen, wie in (d) gezeigt.

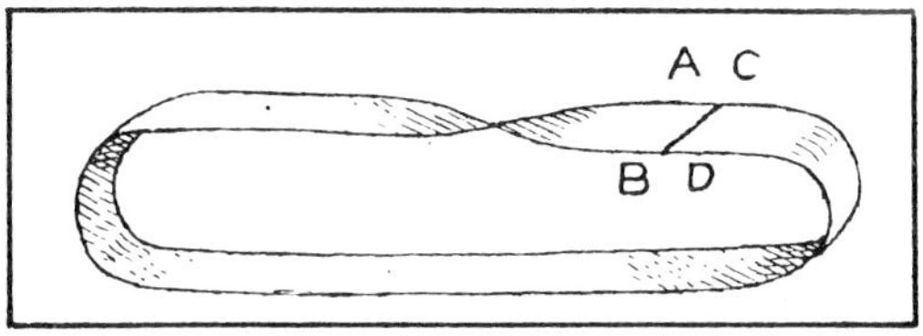

(d)

Bei dieser neuen Bandform handelt es sich um das sogenannte Möbius-Band mit seinen vielen faszinierenden Eigenschaften. Bei dem Versuch, die Innenseite zu färben, wird man feststellen, daß es nur eine Seite gibt. Diese Tatsache wird von Technikern ausgenutzt, wenn Bänder Maschinenteile miteinander verbinden, da hier eine gleichmäßige Abnutzung gewährleistet ist.
Wie viele Ränder hat das Band?
Doch nun zu einer anderen Überraschung! Dazu muß das Band in der Mittellinie der Länge nach durchgeschnitten werden.
Was kann man feststellen? Beschreiben Sie das Ergebnis, indem Sie die Zahl der Teile und der Drehungen festhalten.
Ein anderes Möbius-Band soll auch der Länge nach durchgeschnitten werden, diesmal jedoch nur ein Drittel der Breite vom Rand entfernt (e). Nachdem Sie zweimal rund um das Band geschnitten haben, sollten Sie wieder an den Ausgangspunkt gelangt sein.

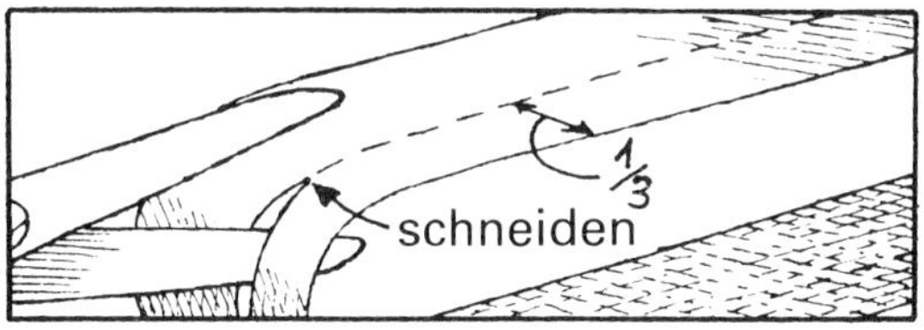

(e)

Wie sieht das Ergebnis diesmal aus? Haben Sie es vorausgesehen? Halten Sie wieder das Ergebnis fest.
Experimentieren Sie mit anderen Bändern, die mehr Verdrehungen aufweisen, und notieren Sie die Ergebnisse.
Läßt sich ein allgemeiner Schluß ziehen?

27 Innen oder Außen

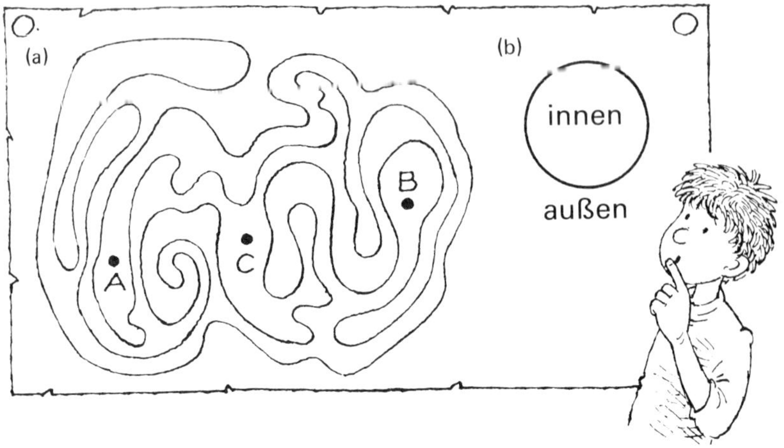

Sie mögen vielleicht überrascht sein zu erfahren, daß die Abbildung (a) eine *einfach* geschlossene Linie genannt wird. Dies beruht auf der Tatsache, daß sie sich nicht selbst überkreuzt. Stellt man sich die Linie als eine in Schlaufen gelegte Schnur vor, so läßt sie sich in einen Kreis zurückverwandeln. Die andere Eigenschaft, die diese Art von Kurve definiert, ist das Vorhanden-sein einer einfachen Innen- und Außenseite, wie beim Kreis in (b). Welche der Punkte A, B und C liegen innerhalb und welche außerhalb der Kurve in (a)?

(c)

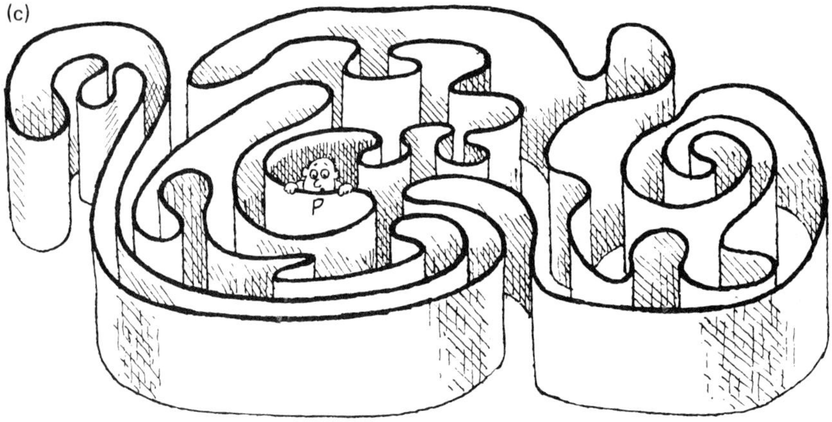

Die einfach geschlossene Kurve in (c) zeigt eine etwas ungewöhnliche Gefängnismauer. Der Gefangene in P findet die Mauern sehr verwirrend und erkennt nicht, daß er nur einmal eine Mauer überwinden müßte, um ins Freie zu gelangen. Zeigen Sie, daß er bei jedem Fluchtversuch immer eine ungerade Anzahl von Mauern überqueren müßte, ehe er kein Hindernis mehr vor sich hat. Wie ist das zu erklären?

Dies ist alles schön und gut, solange die Gefängnismauer auf einer Oberfläche wie der Erde steht. Doch nehmen wir einmal an, wir würden auf einer Oberfläche wie einem Rettungsring leben (vgl. (d)). In einem solchen Fall wäre es möglich, kreisrunde Umgrenzungen zu errichten, ohne mit ihnen jemanden einsperren zu können. Wie sieht eine solche Umgrenzung aus?

(d)

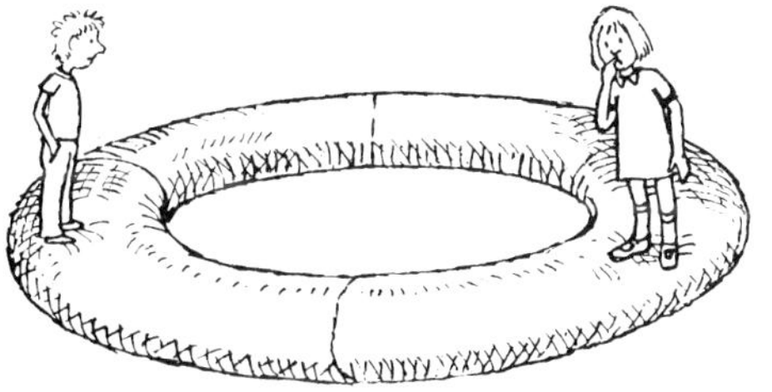

28 Rolle vorwärts

Ein Packkarton mit der quadratischen Seitenfläche $ABCD$ wird über einen Warenhausflur transportiert, indem er zunächst so über A gekippt wird, daß DC oben liegt, dann über B usw., wie in der Abbildung gezeigt.

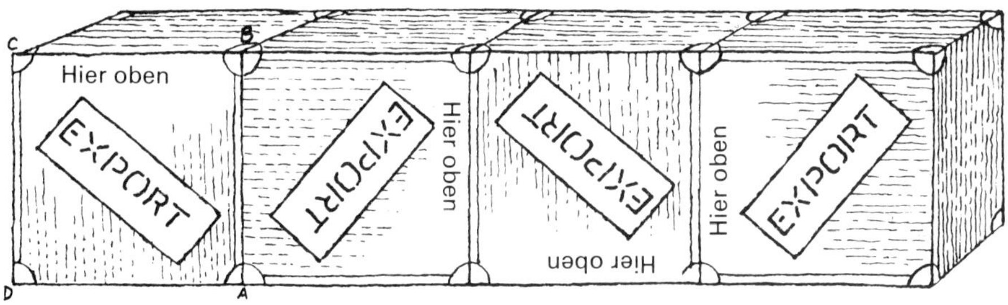

Es gilt nun, den Weg von B zu verfolgen, während der Karton über den Flur „gerollt" wird.
Es kann hilfreich sein, ein quadratisches Stück Pappe als Modell für den Karton auszuschneiden und es entlang einer Linealkante rollen zu lassen.
Wie verläuft der Weg 1) vom Mittelpunkt von AB, 2) vom Mittelpunkt des Quadrates?
Untersuchen Sie die Wege von Punkten in anderen Figuren, die entlang einer Horizontallinie bewegt werden.

29 Wie dreht sich das Rad

Wenn Sie aufgefordert werden, die Bewegung der hier gezeigten Räder zu beschreiben, werden Sie vielleicht antworten, sie drehen sich im Uhrzeigersinn. Doch sagt eine solche Beschreibung wenig über die Richtung aus, in die sich verschiedene Punkte bewegen. In (a) dreht sich das Rad um eine feste Achse, während es in (b) auf einem Untergrund rollt. In (c) ist ein Rad, z.B. eines Zuges, dargestellt, das auf einer Schiene läuft. Kennzeichnen Sie auf den Rädern die Bewegungsrichtung der Punkte *A*, *B*, *C*, *D* und *O* in der abgebildeten Situation. Ein Pappmodell leistet dem Vorstellungsvermögen gute Dienste.

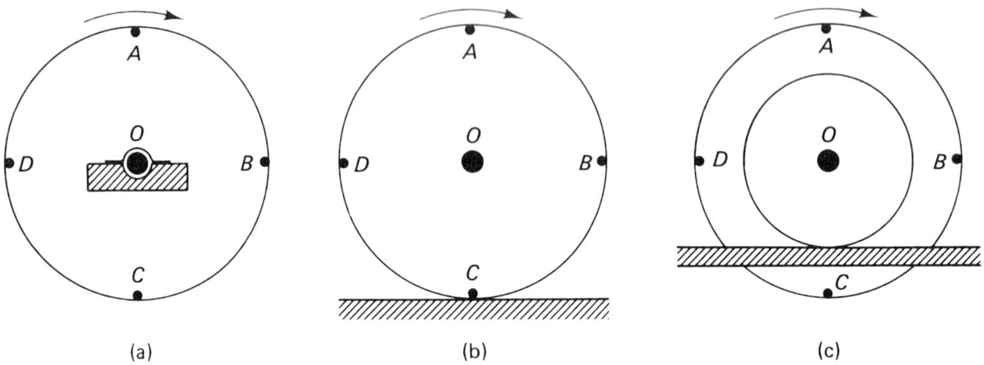

30 Zahnräder

Viele Maschinen benutzen ineinandergreifende Zahnräder, um die Bewegung einer rotierenden Welle auf eine andere zu übertragen. Die Zeichnungen unten zeigen hierfür einige Beispiele, wobei die Ziffern für die jeweilige Anzahl der Zähne stehen. In welche Richtung und um welchen Winkel dreht sich nun *B*, wenn *A* eine vollständige Drehung im Uhrzeigersinn vollzieht?

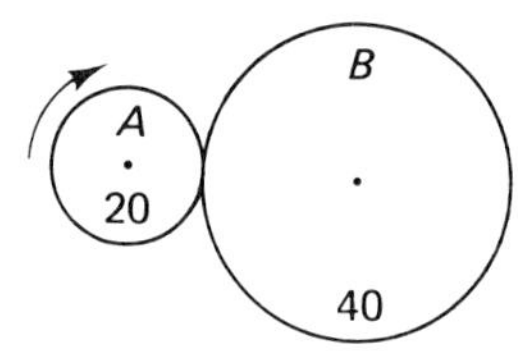

B machte eine halbe Umdrehung entgegen dem Uhrzeiger

(a)

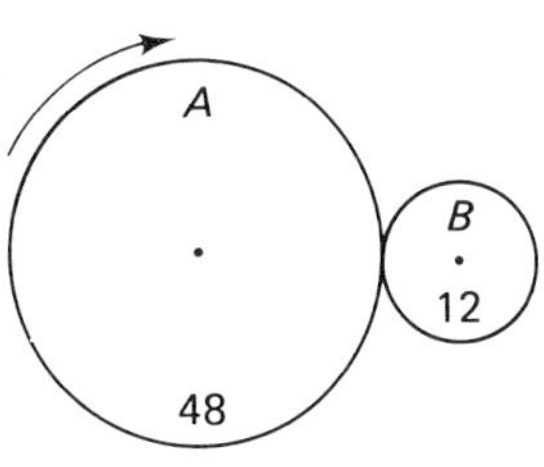

(b)

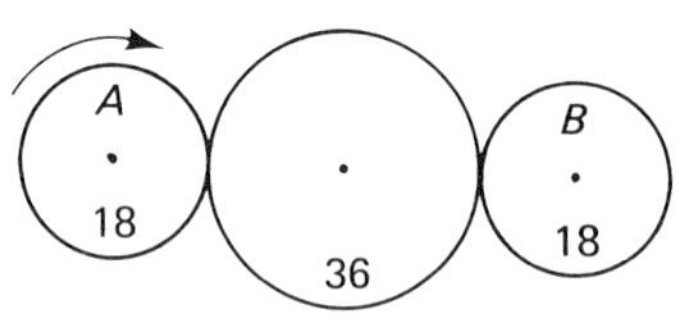

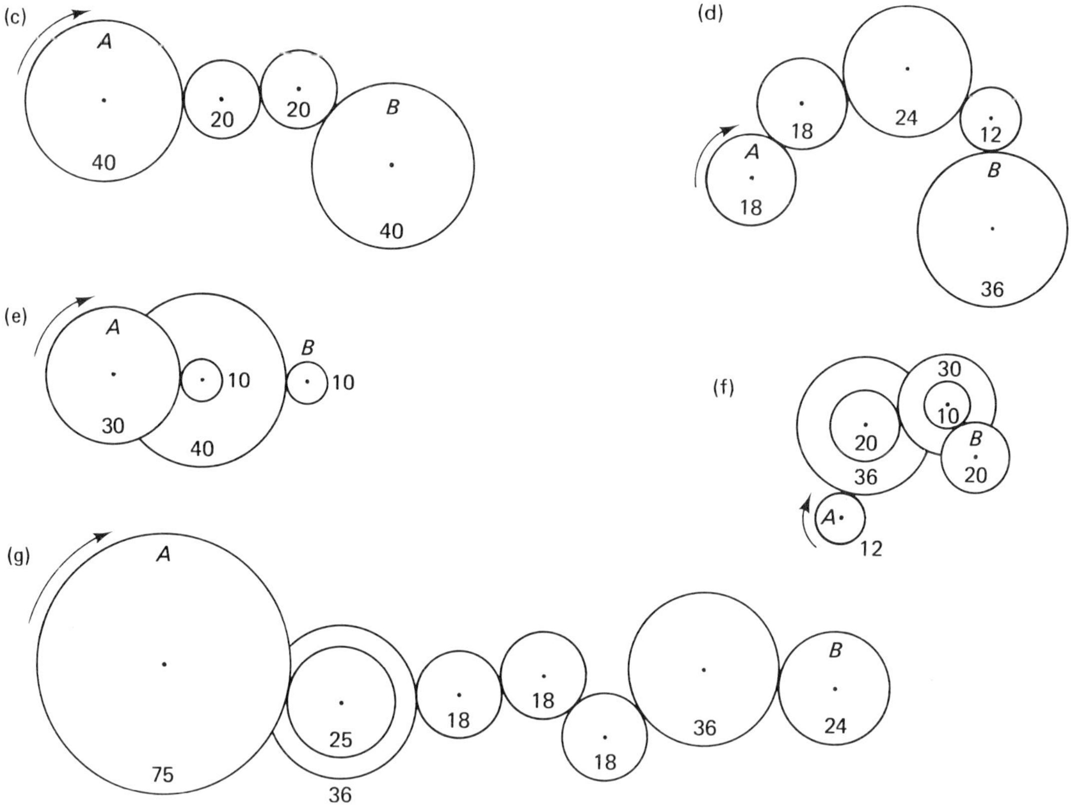

Haben Sie die Regeln erkannt, die die Drehungen der Zahnräder bestimmen?
Untersuchen Sie nun Zahnräder, z. B. von einem Handbohrer, einem Schneebesen, einer Uhr, einer Winde, einem Handmixer, einem Spielzeug.
Manchmal wird die äußere Welle schneller angetrieben, manchmal auch die innere.
Nehmen Sie Zahnräder mit 60, 36, 12 und 24 Zähnen und zeichnen Sie Zahnradketten, bei denen sich

1) die äußere Welle 6 mal so schnell wie die innere dreht.
2) die äußere Welle mit nur $\frac{1}{15}$ der Geschwindigkeit der inneren Welle dreht.
3) die Bewegungen des Minuten- und des Stundenzeigers einer Uhr korrekt verknüpfen.

Wie sind die Zahnradketten zu verändern, um die Bewegungsrichtung der äußeren Welle umzukehren?

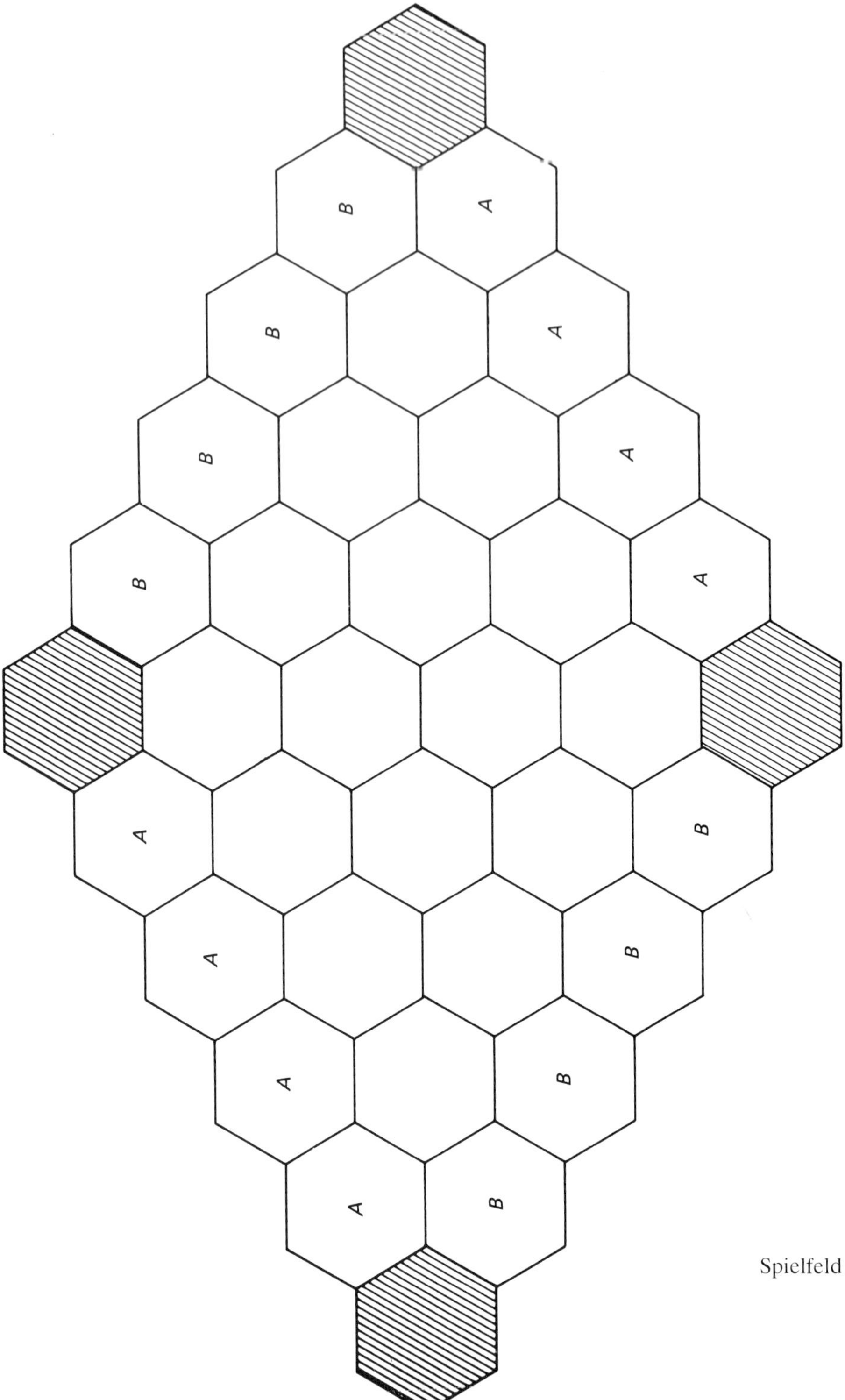

Spielfeld für Hex

31 Hex

Hex ist ein Brettspiel und wurde 1942 von dem dänischen Mathematiker Piet Hein erfunden. Ein typisches Brett hat, wie hier gezeigt, die Form einer Raute und besteht aus aneinanderliegenden Sechsecken. Dieses hier hat – für den Anfänger – sechs Sechsecke an jeder Seite; Erfahrene spielen auf einem Brett mit elf Sechsecken entlang jeder Seite.
Ein Spieler benutzt die schwarzen, der andere die weißen Spielsteine. (Irgendwelche kleinen unterscheidbaren Gegenstände, wie Knöpfe, farbige Nägel, Zeichenstifte oder Münzen, leisten dasselbe.) Die Spieler setzen abwechselnd ihre Spielsteine auf beliebige freie Sechsecke. Ziel des Spieles ist es, vom einen Ende des Brettes zum anderen eine durchgehende Kette aus Spielsteinen aufzubauen. „Schwarz" spielt von *A* nach *A*, „Weiß" von *B* nach *B*. Jeder Spieler versucht, sowohl seine eigene Kette zu vervollständigen als auch die Schritte des Gegners zu blockieren.
Die Zeichnungen (a) und (b) zeigen die Ergebnisse zweier Spiele.
Die Eck-Sechsecke können vom Spiel ausgeschlossen oder zu den Seiten beider Spieler gehörig erklärt werden.
Das Spiel bietet mehr, als es zunächst erscheinen mag. Fordern Sie Ihre Freunde heraus. Viel Spaß, und probieren Sie es auch einmal auf einem größeren Brett!

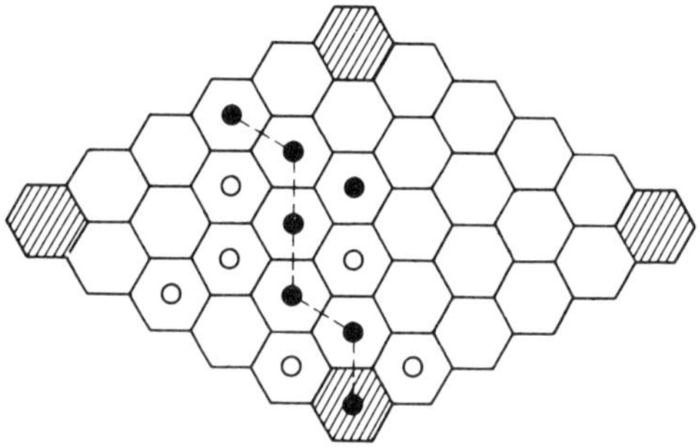

(a)

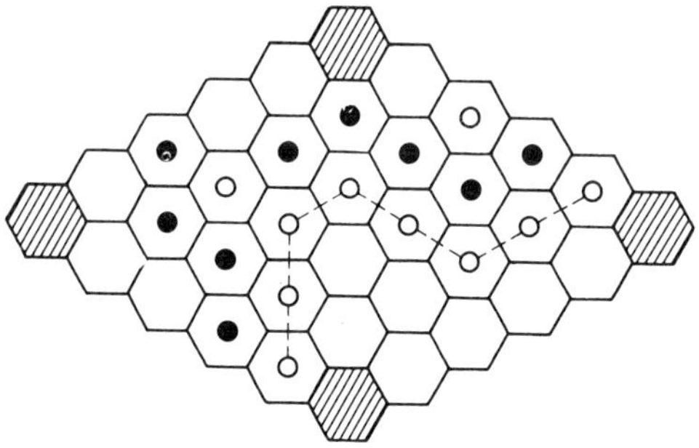

(b)

32 Der Tanz der Springer

Zwei weiße und zwei schwarze Springer werden in die Ecken eines 3 x 3-Feldes auf einem Schachbrett plaziert.
Wie können die weißen und schwarzen Springer mit möglichst wenig Zügen ihre Plätze tauschen?

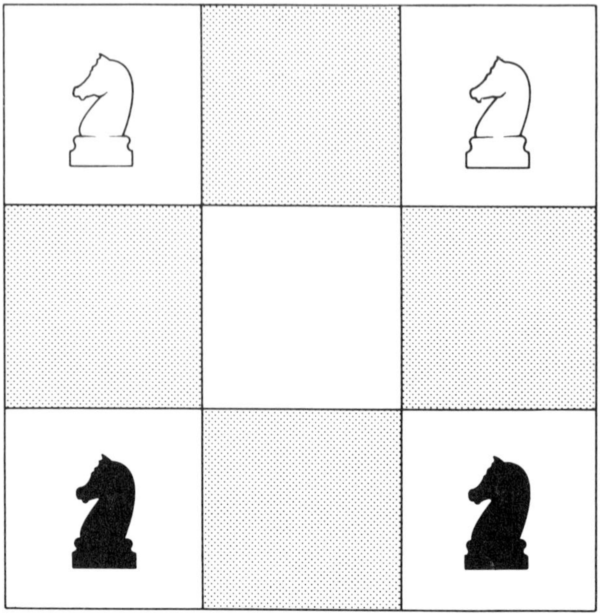

33 Die Nebengleise

Zur Eisenbahnstrecke *BC* gehören zwei sehr kurze Nebengleise *BA* und *CA*. Auf jedem Nebengleis steht ein einzelner Waggon, in der Zeichnung mit T_1 und T_2 bezeichnet. Auf *BC* befindet sich die Lokomotive. Wie muß nun die Lokomotive fahren, so daß mit ihrer Hilfe die Waggons die Plätze tauschen und sie selbst auf *BC* zurückkehren kann? Bevor Sie loslegen: das Schienenstück in *A*, welches beiden Nebengleisen gehört, ist nur lang genug für einen einzelnen Waggon, aber zu kurz für die Lokomotive. Demnach kann die Lokomotive, wenn sie entlang *CA* einfährt, nicht in Richtung *AB* herausfahren. Die Waggons können aneinander oder an jedes Ende der Lokomotive angehängt werden – den Prellbock wegzuschieben ist jedoch nicht erlaubt!

34 Der vielfarbige Würfel

Stellen Sie sich vor, Sie hätten acht 1-cm-Würfel. Wie müßten die Seiten angemalt werden, um mit ihnen sowohl einen roten als auch einen blauen 2-cm-Würfel zusammensetzen zu können? Wie stellt sich das gleiche Problem bei 27 1-cm-Würfeln? Können die Würfel so gefärbt werden, daß sie sich nicht nur zu einem roten oder blauen, sondern auch zu einem gelben 3-cm-Würfel zusammenfügen lassen?

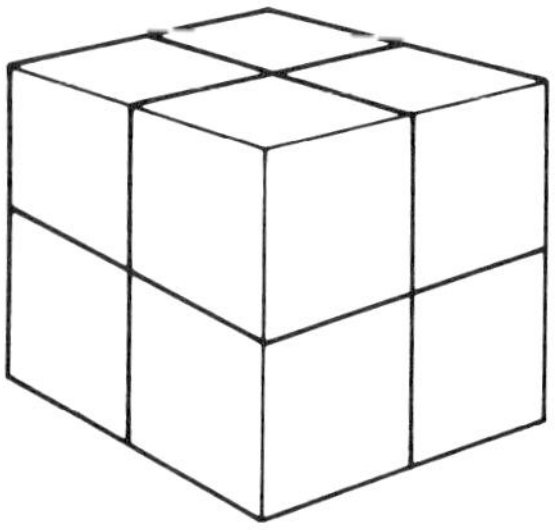

35 Der eifersüchtige Ehemann

Nach einem Hochwasser sehen sich drei frischgebackene Ehepaare von Wasser umringt. Sie benutzen für ihre Flucht aus dem Ferienhotel ein Boot, das immer nur drei Personen gleichzeitig transportieren kann. Jeder Ehemann ist jedoch so eifersüchtig, daß er seiner Gattin nicht erlaubt, sich ohne seine Gegenwart alleine mit einem anderen Mann (oder Männern) in dem Boot oder an einem Ufer aufzuhalten.
Wie gelingt es den Paaren, mit möglichst wenig Bootsfahrten ans andere Ufer in Sicherheit zu gelangen? Schwimmen oder Helikopterfliegen sind nicht erlaubt!
Nun lösen Sie das Problem mit fünf verheirateten Paaren, die der Rettung bedürfen.

36 Das Verlängerungskabel

Ein Raum ist 7,50 m lang, 3 m breit und 3 m hoch. In der Mitte einer Seitenwand, in A, befindet sich eine Steckdose 25 cm über dem Boden. Um A mit B, das sich in der Mitte der gegenüberliegenden Wand, jedoch 25 cm unterhalb der Decke, befindet, zu verbinden, benötigt man ein Verlängerungskabel.
Der Sicherheit halber kann das Kabel nicht einfach quer durch den Raum gespannt, sondern muß an den Wänden des Raumes befestigt werden. Wie lang ist das kürzeste Kabel, das benötigt wird, um die Aufgabe zu bewältigen? Nein, 10,50 m ist nicht die richtige Antwort.

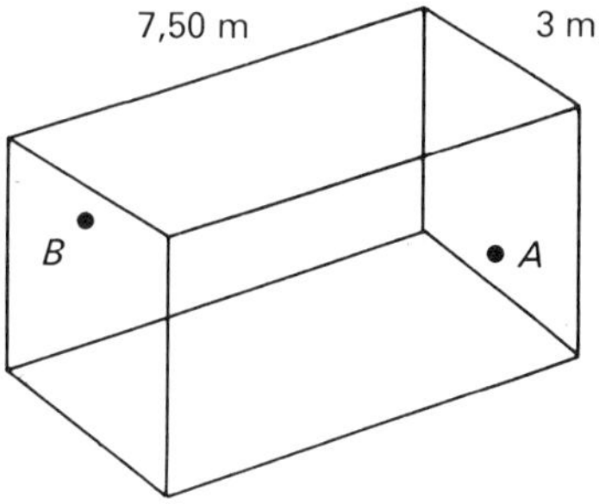

37 Der wirtschaftliche Gärtner

Ein Gärtner liebte es, das Beste aus seinen Pflanzen zu machen. Als er eines Tages ein Rosenbeet anlegte, bemerkte er, daß er sieben Rosenbüsche in Form von sechs Geraden aus je drei Büschen gepflanzt hatte. Wie konnte ihm das gelingen?
Mit sich selbst zufrieden, suchte der Gärtner nun nach weiteren interessanten Zusammenstellungen, bis er schließlich eine Möglichkeit fand, zehn Rosenbüsche so zu pflanzen, daß sie in fünf Geraden aus je vier Büschen zu stehen kamen.
Finden Sie seine Anordnungen heraus.
Ertüfteln Sie noch andere „wirtschaftliche" Arrangements.

38 Umfang und Flächeninhalt

Konstruieren Sie auf einem Pinboard möglichst viele Figuren mit einem Umfang von 12 Längeneinheiten.
Notieren Sie jede neue Variante auf kariertem Papier.
Die beiden gezeigten Beispiele besitzen jeweils 5 Flächeneinheiten. Ermitteln Sie die Flächeninhalte bei Ihren Figuren.
Welches Dreieck mit einem Umfang von 12 Längeneinheiten ist ebenfalls auf dem Pinboard darstellbar?
Welche anderen nicht-rechtwinkligen Formen sind möglich?

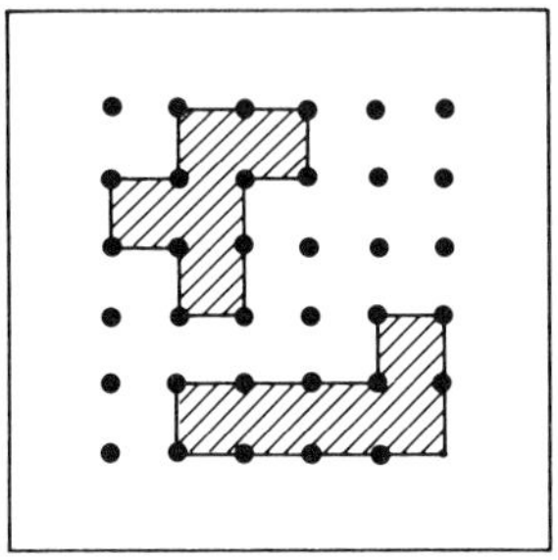

39 Parkette

Das schraffierte Viereck wurde mehrmals gezeichnet, um ein Fliesenmosaik aufzubauen.
Bilden Sie Fliesenmuster aus den anderen vorgegebenen Figuren.
Finden Sie weitere Formen, aus denen sich Fliesenmosaike herstellen lassen.

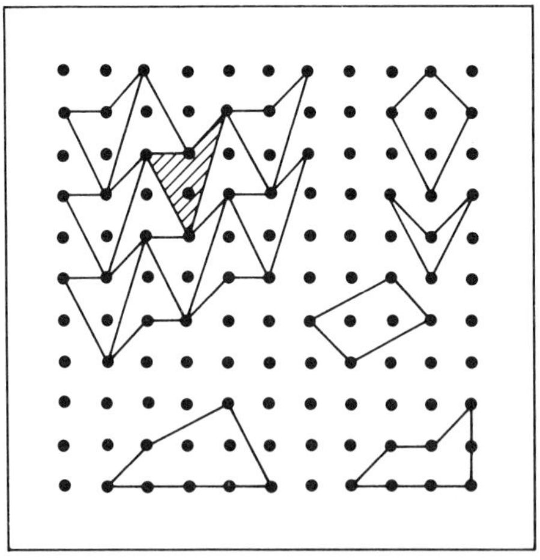

40 Parkette und Kunst

Der Grafiker M. C. Escher faszinierte durch seine Parkette aus Vögeln, Fischen und vielen anderen Figuren. Beginnen Sie mit einem einfachen Parkett aus Rechtecken oder anderen Vierecken, und versuchen Sie anschließend ein sich wiederholendes Muster zu zeichnen.

41 Figuren mit gleichem Flächeninhalt

Erklären Sie, warum die schraffierten Figuren einen Inhalt von 2 Flächeneinheiten besitzen, wenn eine Flächeneinheit mit einem Quadrat auf einem Pinboard gleichgesetzt wird.
Entwerfen Sie auf einem 3 x 3-Pinboard möglichst viele verschiedene Figuren, die aus zwei Flächeneinheiten aufgebaut sind. Notieren Sie Ihre Ergebnisse auf kariertem Papier.
Inwiefern würde Ihre Antwort bei einem 5 x 5-Pinboard anders aussehen?

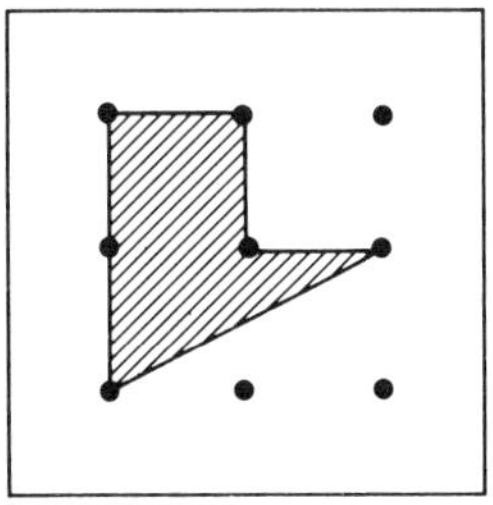

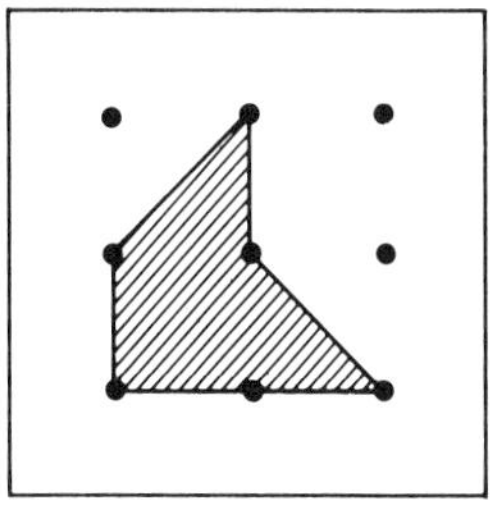

42 Flächen auf einem Pinboard

Die zwei auf einem 5 x 5-Pinboard gezeigten Figuren (a) umschließen jeweils einen Stift.
Konstruieren und notieren Sie noch andere Figuren, die auch nur jeweils einen Stift beinhalten.
Ermitteln Sie den Flächeninhalt (A) jeder Figur, und bilden Sie eine Formel für das Verhältnis von A zu der Anzahl der Stifte (r) auf der Umfangslinie der Figur.
Beispiel: Die auf Pinboard (b) gezeigte Figur wird von 12 Stiften begrenzt und umschließt einen Stift.
Entwerfen Sie von 12 Stiften eingefaßte Figuren, die 0, 1, 2, 3, 4, 5, 6, 7, 8,... Stifte „beinhalten". Gibt es eine Beschränkung für die Anzahl der inneren Stifte, wenn der Rand aus 12 Stiften besteht?
Bilden Sie eine Formel für das Verhältnis von den Flächeninhalten (A) der Figuren mit 12 Randstiften zu der Anzahl der inneren Stifte (i).
Es existiert eine Beziehung, bekannt als der Satz von Pick, die für jedes beliebige Vieleck, das auf einem Pinboard entworfen werden kann, den Flächeninhalt (A) aus der Anzahl seiner Grenzstifte (b) und der Anzahl seiner inneren Stifte (i) angibt.
Nutzen Sie die Ergebnisse, die Sie bis jetzt erhalten haben, um die Aussagen des Pick'schen Satzes zu erkennen. Überprüfen Sie Ihre Vermutungen an einem neuen Vieleck.

(a)

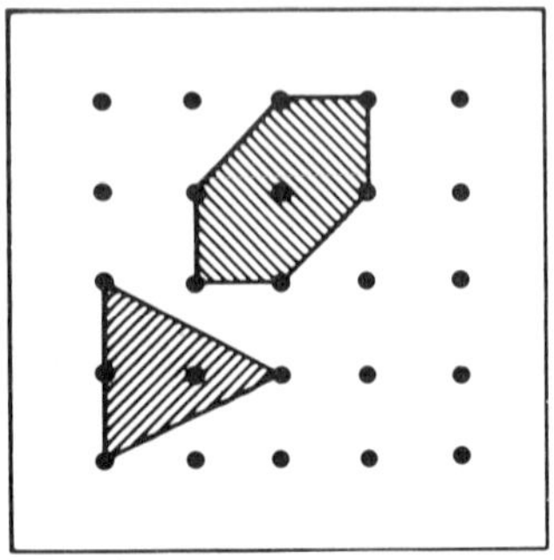

(b)

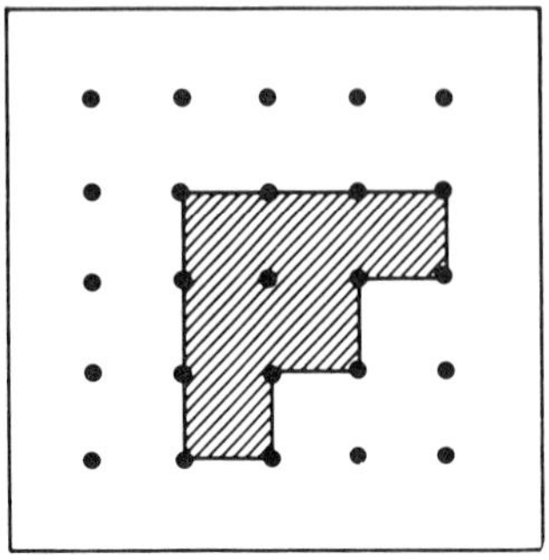

43 Wege auf einem Pinboard

Auf dem 5 x 5-Pinboard in Abbildung (a) wurde von A nach B ein Band gezogen, das auf seinem Weg jeden Stift einmal berührt. (Diagonal verlaufende Wege sind nicht erlaubt.) Versuchen Sie selbst weitere Wege ähnlicher Art zu finden. Gibt es auch symmetrische Wege?
Was können Sie über die Länge solcher Wege aussagen? Wie sieht die Verallgemeinerung für ein $n \times n$-Brett aus?
Finden Sie nun die auf einem 3 x 3-Brett möglichen Wege von A nach B, wobei jetzt auch diagonale Wege zugelassen sind, weiterhin jedoch alle Nägel einmal berührt werden müssen (wie in (b)).
Welches ist 1) der kürzeste und 2) der längste Weg? Überkreuzungen sind nicht erlaubt.
Wie verläuft der längste Weg, wenn er sich überkreuzen darf?
Versuchen Sie einmal, diese Frage auch für ein 5 x 5-Brett zu beantworten.

(a)

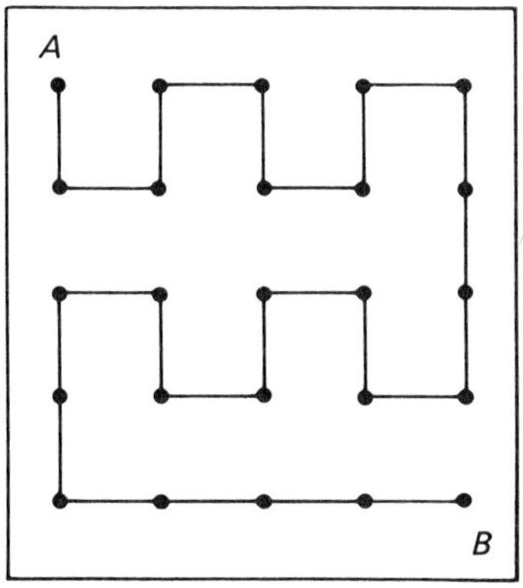

(b)

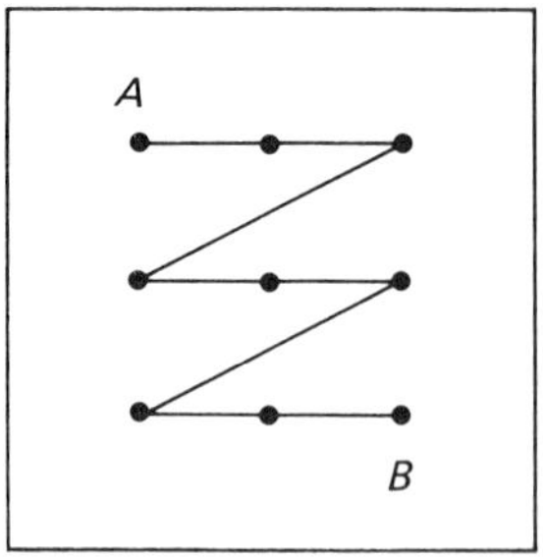

44 Zickzack

Hier benötigen Sie eine Spielfläche aus einem 7 x 7- oder 9 x 9-Punkte-Feld. Begonnen wird am mittleren Punkt *S*.
Der erste Spieler zeichnet eine Verbindungslinie zum nächsten Punkt rechts, links, ober- oder unterhalb.
Der zweite Spieler schließt seine Verbindungslinie entsprechend an, um den Weg kontinuierlich fortzusetzen.
Die Spieler bewegen sich also abwechselnd. Ziel des Spieles ist es nun, den eigenen Stützpunkt (*A* für den ersten Spieler, *B* für den zweiten) zu erreichen, ohne auf dem Weg dorthin die einzelnen Punkte des Feldes mehr als einmal zu berühren.
Wer sein Ziel als erster erreicht, hat gewonnen.

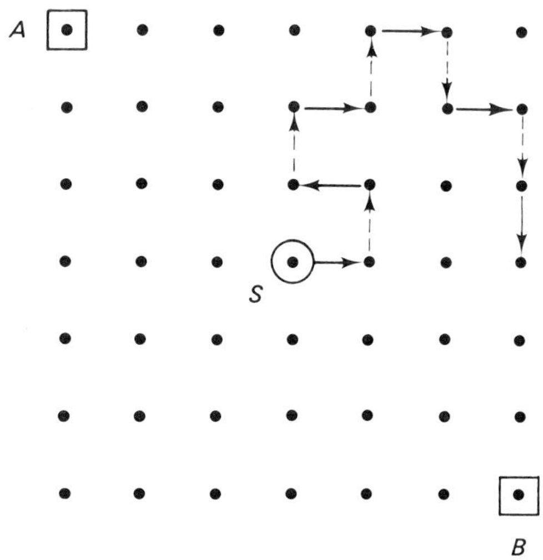

45 Wie viele Dreiecke sind möglich?

Wie viele Dreiecke können auf einem 3 x 3-Pinboard gespannt werden?

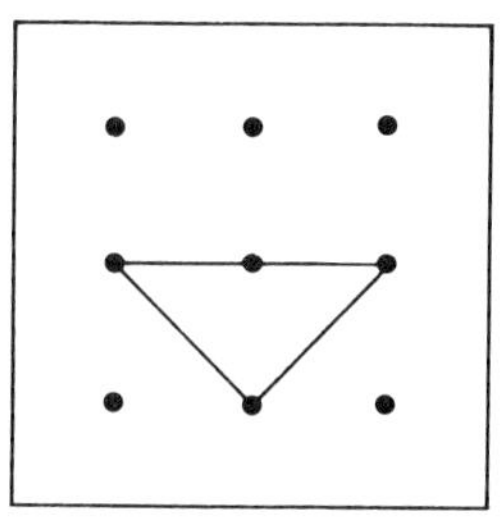

46 Wie viele Dreiecke sind erkennbar?

Die Figur besteht aus vielen Dreiecken, von denen sich einige überlappen.
Kopieren Sie sich die Zeichnung, und finden Sie eine systematische Vorgehensweise, um die Anzahl der Dreiecke zu bestimmen.

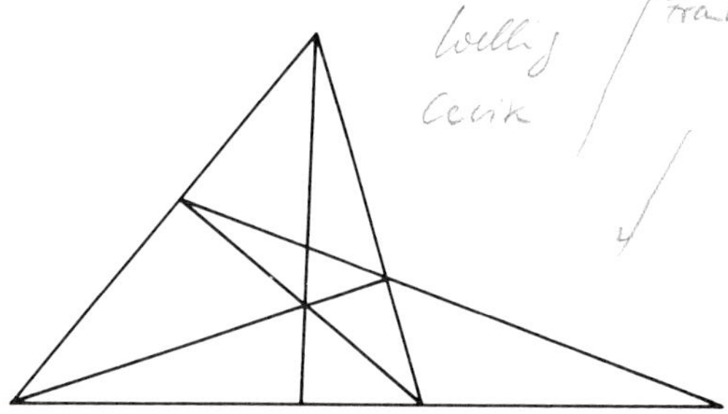

47 Die unfreundlichen Motorboote

Zwei funkgesteuerte Motorboote liegen in 200 Metern Entfernung voneinander an den Punkten *A* und *B* nahe der Seemitte verankert. Beide Boote werden vom selben Funker so gesteuert, daß sie sich mit gleicher Geschwindigkeit bewegen. Allerdings weist das Boot *B* einen Fehler im Steuermechanismus auf und bewegt sich von daher stets mit einem gegenüber A um 90° gedrehten Kurs. Wie muß der Funker die Boote steuern, wenn sie sich begegnen sollen?

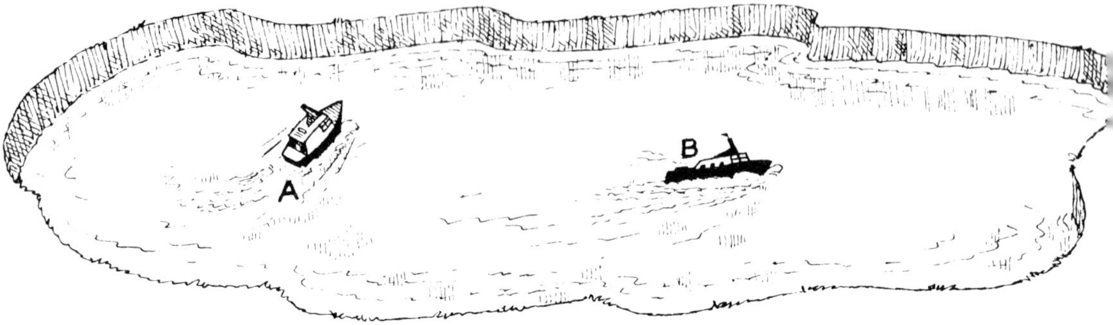

48 Kreuz und Quer

Die Zeichnung (a) stellt die Karte eines Straßennetzes dar. Ein Straßenbau-Ingenieur möchte nun, ausgehend von *A*, jede Straße einmal befahren und nach *A* zurückkehren. Wie kann er das bewerkstelligen?

Das Netz (b) kann nicht mit einem Stift nachgezogen werden, ohne eine Linie zweimal zu befahren oder den Stift abzuheben und an einem anderen Punkt wieder aufzusetzen.
Finden Sie eine Lösung, das Netz so zu zeichnen, daß der Stift möglichst selten neu angesetzt werden muß.

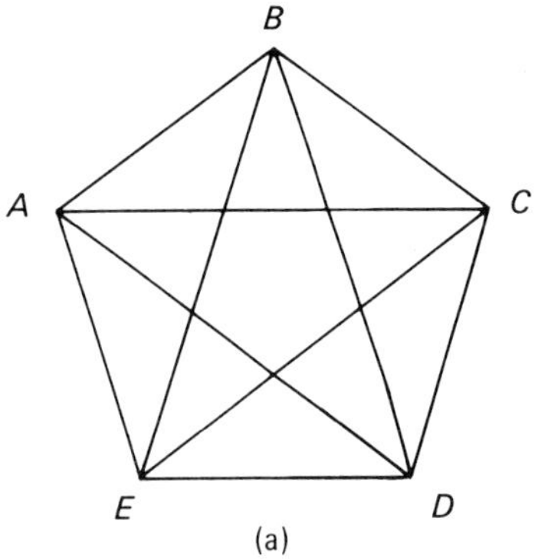

(a)

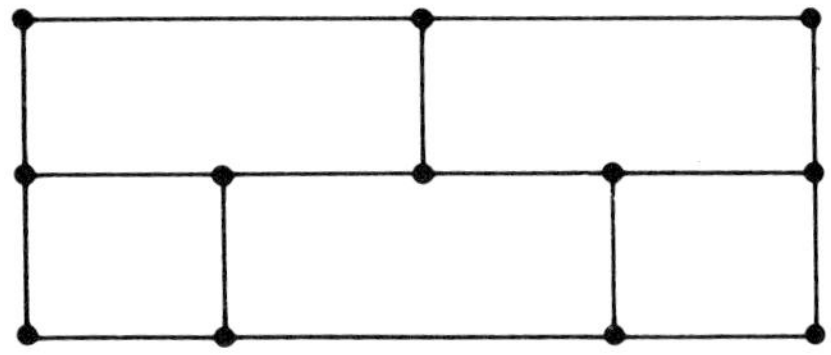
(b)

49 Im Dutzend mächtiger

Wie können zwölf Springer so auf einem Schachbrett plaziert werden, daß jedes Feld entweder besetzt ist oder bedroht wird?

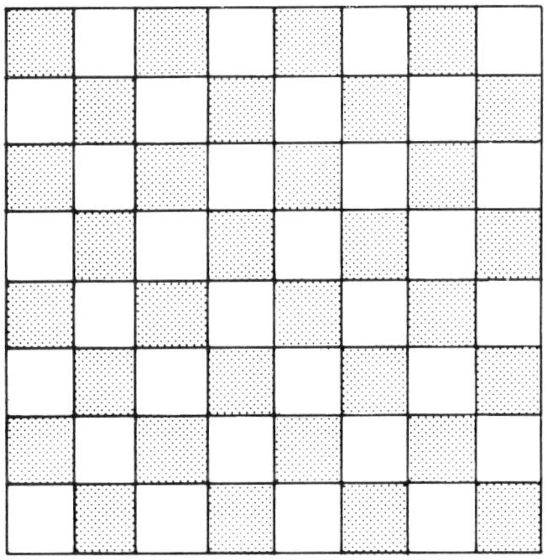

50 Das Umsetzen der Züge

Die Zeichnung zeigt den Plan eines Eisenbahnnetzes einer größeren Stadt. Jeder kleine Kreis stellt einen Bahnhof dar, und die Zahlen kennzeichnen die Züge. In der unteren Station befindet sich kein Zug.
Wie müssen die Eisenbahnen geleitet werden, um letztendlich in umgekehrter Reihenfolge zum Stehen zu kommen, wenn stets nur ein Zug in den jeweils freien Bahnhof einfahren darf? Demnach soll 1 in der Position von 7, 2 in der von 6 usw. landen.
Die erste Standortveränderung erfolgt also durch 1, 2, 7 oder 6. Die Umkehrung der Bahnstandorte kann in lediglich fünfzehn Schritten vollzogen werden.

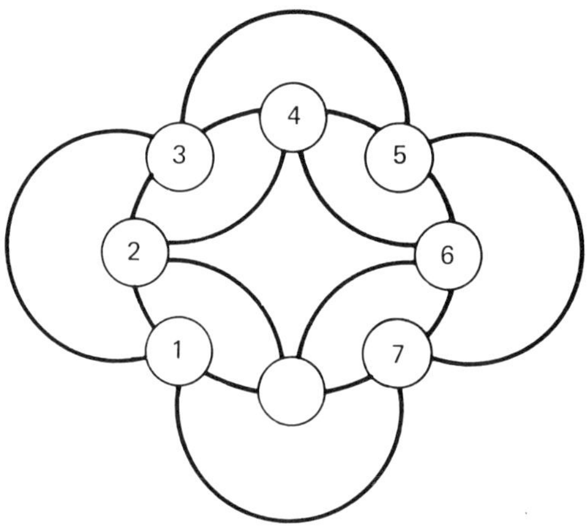

51 Parallelogramm-Verbindungen

Für diese und die folgenden Aufgaben benötigt man einige Streifen starker Pappe, Briefverschlüsse, Reißnägel und ein Zeichenbrett. (GEO-Streifen oder Metallbaukasten-Streifen wären ideal.)
Je ein Ende zweier gleichlanger Streifen *DA* und *CB* soll mit Hilfe von Briefverschlüssen aus Messing an einem längeren Streifen *AB* befestigt, und die anderen Enden *D* und *C* sollen mit Reißzwecken so auf ein Zeichenbrett geheftet werden, daß *ABCD* ein Parallelogramm darstellt. Die Streifen müssen sich dabei frei in *A*, *B*, *C* und *D* bewegen können.

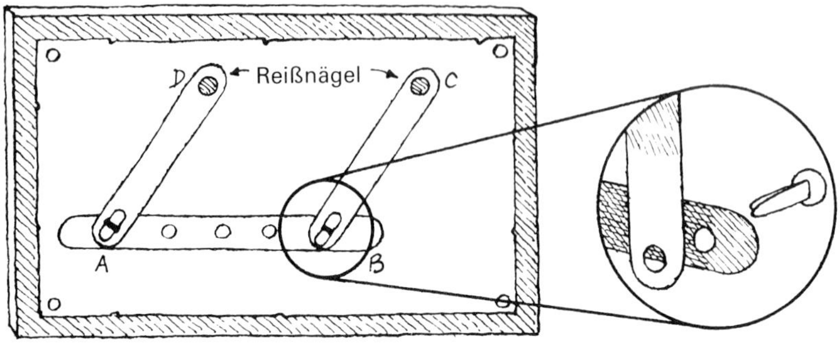

Bewegen Sie die Verbindung, und beschreiben Sie den Weg des Stabes *AB*.
Welchen Weg vollzieht *A*?
Stecken Sie einen Stift in ein Streifenloch zwischen *A* und *B*, und verfolgen Sie seinen Weg. Wie sieht er aus im Vergleich zum Weg von *A*?
Wenn sich *AD* um einen Winkel von 30° dreht, um welchen Winkel dreht sich dann *BC*?
Diese Fragen mögen sicherlich einfach erscheinen, doch beschreiben ihre Antworten die Eigenschaften eines Parallelogramms und somit den Grund für die vielfältige Verwendung dieses Prinzips in den verschiedensten Gegenständen, bei denen es darauf ankommt, daß sich einzelne Teile parallel zueinander bewegen. In den folgenden Zeichnungen ist eine Auswahl solcher Anwendungsbereiche zu finden. Betrachten Sie die Zeichnungen, und versuchen Sie zu erklären, wozu jeweils die parallele Bewegung dient.

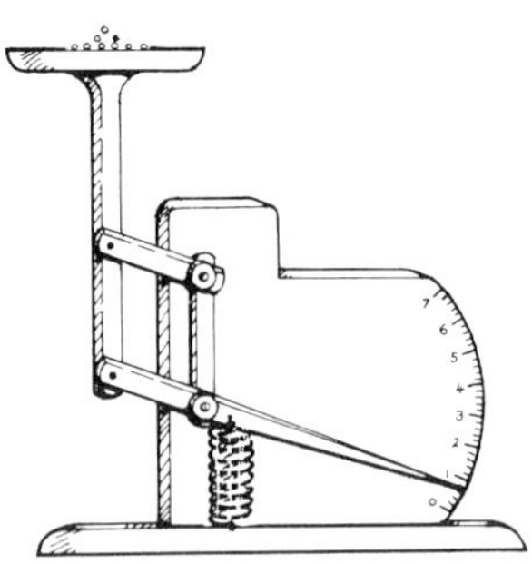

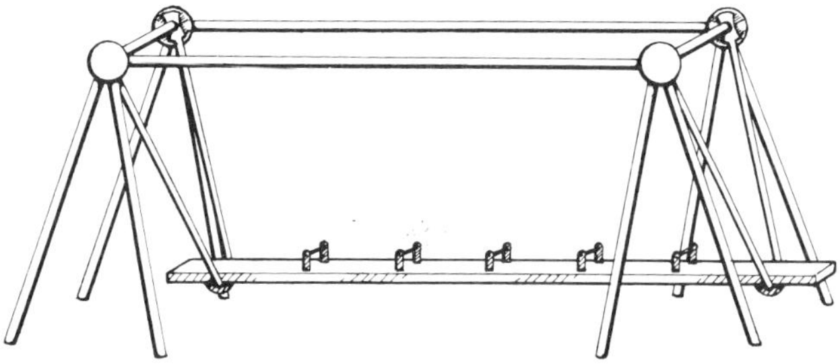

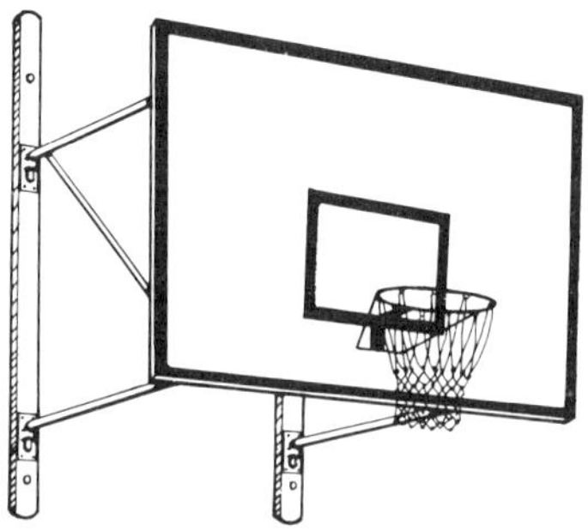

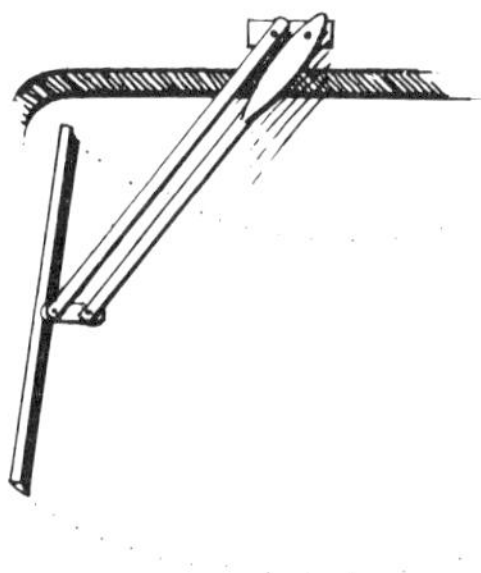

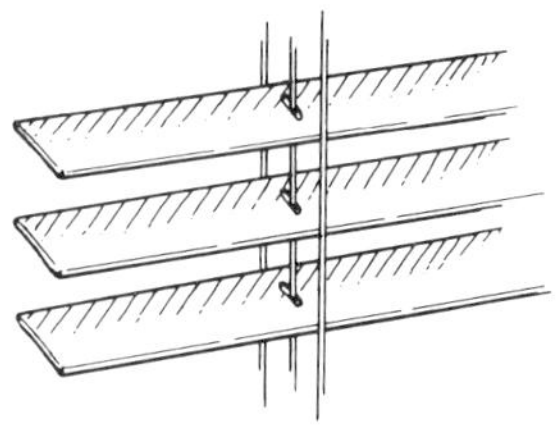

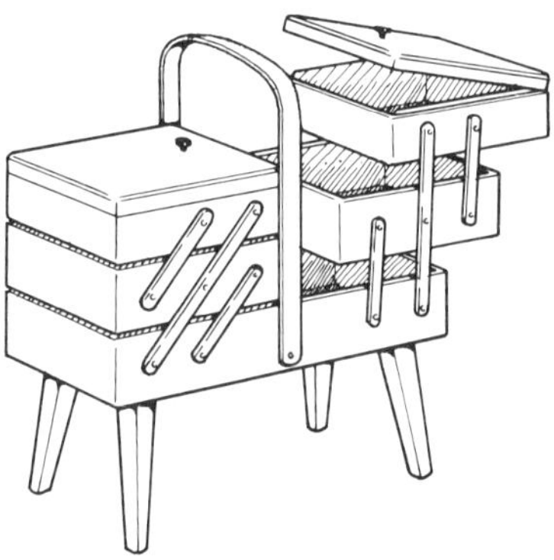

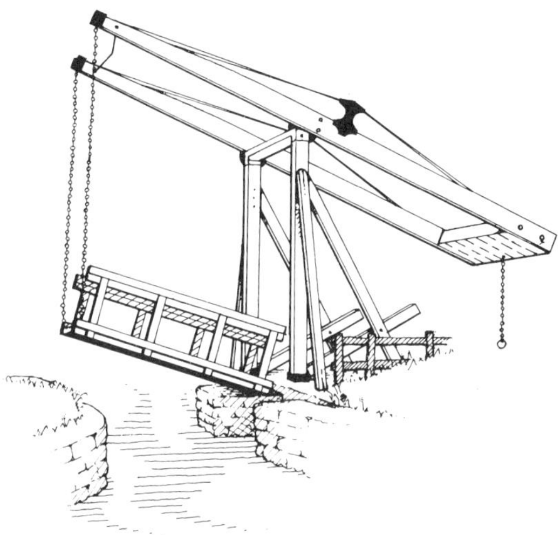

Warum haben z. B. einige Busse und Züge eine Parallelogramm-Verbindung an ihren Scheibenwischern anstelle des einfacheren Mechanismus, wie ihn die meisten Autos besitzen? Basteln Sie Modelle, und vergleichen Sie, wie jeweils die Windschutzscheiben gewischt werden.
Versuchen Sie eine Überraschungskarte zu entwerfen (d. h. eine Karte, bei deren Öffnen ein Bild oder eine Figur 'aufsteht').

52 Schaukelpferde

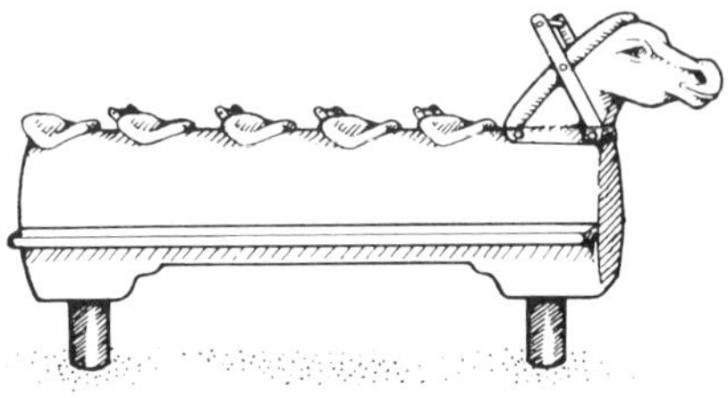

Kinder-Schaukelpferde sind, vermutlich um die Bewegung eines Pferdes zu simulieren, auf prinzipiell zwei Arten entworfen worden. Die eine Art besitzt Kufen, während für die andere eine Trapez-Verbindung verwandt wird.

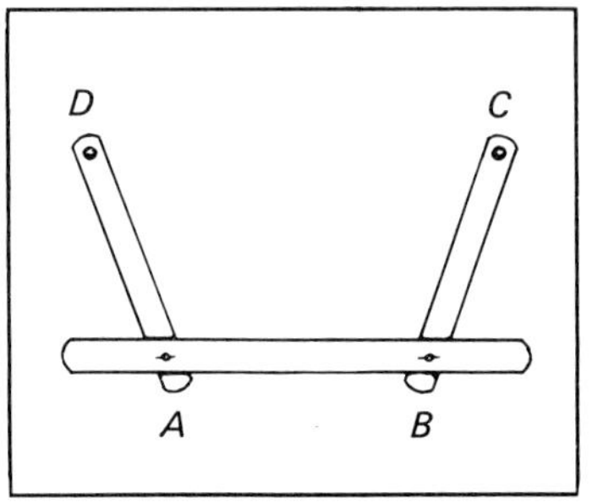

Basteln Sie eine Trapez-Verbindung, wie nebenstehend gezeigt, indem Sie wie in der vorhergehenden Aufgabe Pappstreifen mit Reißnägeln und Briefklemmen auf einem Zeichenbrett befestigen. Nun schieben Sie AB vor und zurück und beobachten die Bewegung. Wenn sich AB, von der gezeigten Position ausgehend, nach rechts bewegt, wandert A nach oben und B nach unten, was AB eine Schaukelbewegung verleiht. Viele Schaukelpferde auf Kinderspielplätzen basieren auf diesem Mechanismus. Die Punkte D und C entsprechen den Spitzen von zwei im Boden befestigten Pfählen. Zwei Stangen verbinden nun diese Punkte sowie die Punkte A und B, die sich im Körper des Pferdes befinden, womit sie das Trapez $ABCD$ bilden.
Man kann nun ein attratives Modell eines solchen Schaukelpferdes aus Pappe erstellen und hierfür D und C auf einem Stück Pappe mit Briefklemmen befestigen. Der Körper des Pferdes muß groß genug sein, um die Streifen AD und BC zu verdecken; eine schöne Geschenkidee!
Wie verläuft die Bewegung eines solchen Schaukelpferdes im Vergleich zu der eines richtigen Pferdes oder der eines Schaukelpferdes auf Kufen?
Ohne Einzelbilder aus einem Film mit Pferdeaufnahmen wird es schwierig sein, die Bewegung eines echten Pferdes mit der eines Spielzeuges zu vergleichen, doch ist es mit Hilfe von Modellen sicher möglich, den Effekt einer Trapez-Verbindung mit dem von Kufen zu vergleichen.
Beginnen Sie mit dem Modell einer Trapez-Verbindung, und versuchen Sie, ein Pferd auf Kufen zu zeichnen und auf die gleiche Weise zu bewegen.
Schaukelstühle wurden üblicherweise mit Kufen konstruiert, doch sollte es für einen Praktiker kein Problem darstellen, auch für diesen Zweck eine Trapez-Verbindung zu entwerfen, die nicht nur weicher in ihren Bewegungen wäre, sondern auch weniger strapazierend für den Bodenbelag!

53 Wendekreise

Autos werden so entworfen, daß sie auch noch an engen Stellen manövrierfähig sind. Die relativ kleinen Wendekreise wären unmöglich, wenn nicht der Steuermechanismus entsprechend sorgfältig durchdacht worden wäre. In der Zeichnung rechts wendet das Auto um den Punkt *O*. Damit das Rad ohne Reibung rollen kann, muß es sich entlang einer Linie bewegen, die im rechten Winkel zu der Geraden steht, welche den Punkt *O* und den Radmittelpunkt verbindet. Dies kann nur erreicht werden, wenn die Fronträder *A* und *B* während der Wendung nicht parallel zueinander stehen. Der Winkel zwischen den Reifen *A* und *B* ist abhängig vom Radius des Wendekreises und vergrößert sich in dem Maße, wie der Radius sich verringert. Interessanterweise ist der Mechanismus, der dies ermöglicht, die gleiche Trapez-Verbindung, wie sie schon beim Schaukelpferd benutzt wurde. Erstellen Sie sich ein Pappmodell und heften Sie es auf ein Zeichenbrett. Bewegen Sie *CD* nach links, und beobachten Sie, wie sich die Räder *A* und *B* nach rechts drehen und dabei ihre parallele Stellung aufgeben. Die Länge von *AB* und *DC* ist abhängig vom Radstand des Wagens. Experimentieren Sie doch einmal mit verschiedenen Längen. Der vorhandene Mechanismus ist an einem Auto nicht so leicht zu erkennen, aber schauen Sie sich einmal einen Traktor an, wenn Ihnen das nächste Mal einer begegnet.

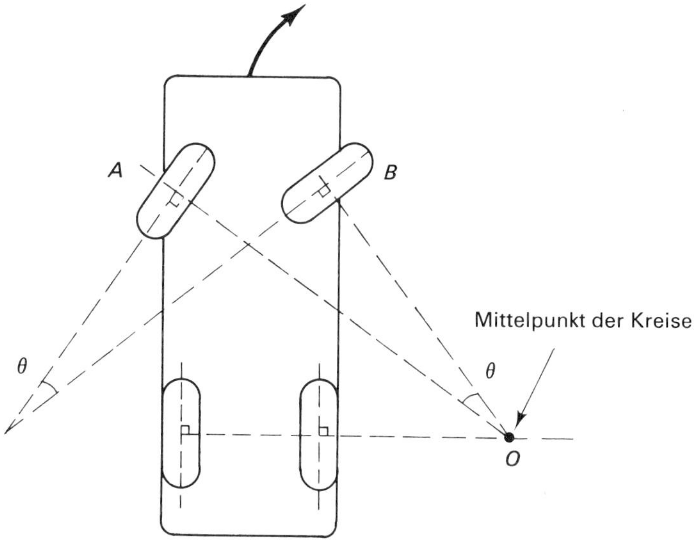

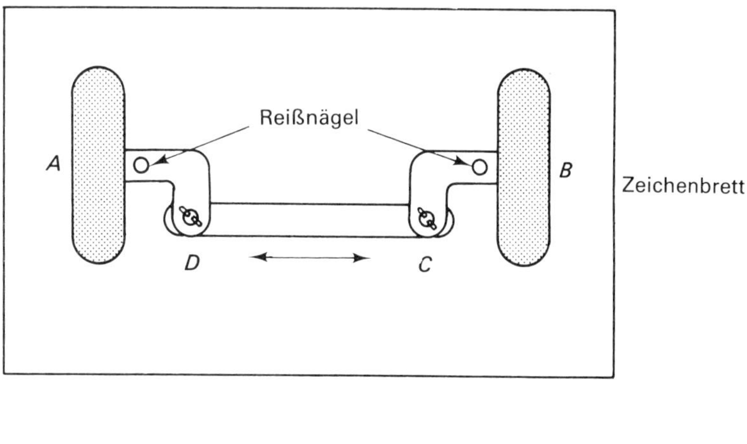

54 Die Suche nach geradlinigen Bewegungen

Gegen Ende des 18. Jahrhunderts und während des 19. Jahrhunderts wurde im Verlauf der industriellen Revolution eine wahre Vielfalt an mechanischen Konstruktionen entwickelt. Viele von ihnen waren mit der Entstehung der Dampfmaschine verbunden. Ein für die Mechaniker zentrales Konstruktionsproblem war die Entwicklung eines Mechanismus für geradlinige Bewegungen mit möglichst geringer Reibung. Die vielen Lösungen mögen einen Mathematiker wenig befriedigt haben, da sie keine exakt geraden Linien ergaben, aber sie funktionierten, und darauf kam es ja in der Praxis an.

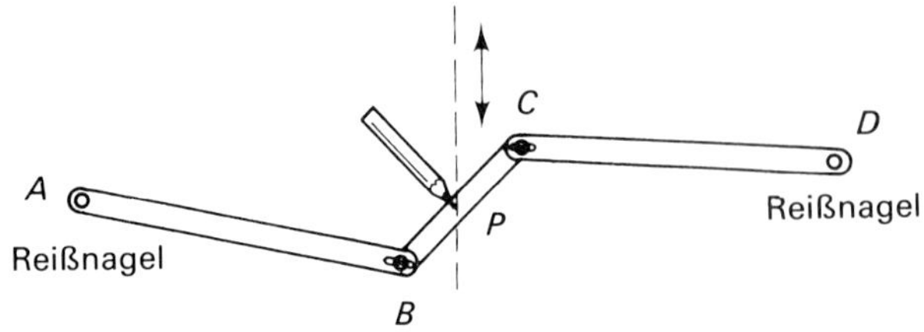

(a)

James Watt war 1784 einer der ersten mit einer praktischen Lösung. Er benutzte zwei gleichlange Stangen AB und CD und eine weitere, wesentlich kürzere, die sie verband (vgl. (a)). A und D sind fixe Drehpunkte. Wird nun die Verbindung BC auf- und abbewegt, so verfolgt P, der Mittelpunkt von BC, einen Weg, der eine Gerade zu sein scheint. Wenn Sie allerdings BC so weit wie möglich bewegen und den gesamten Weg von P verfolgen, werden Sie feststellen, daß er von einer Geraden weit entfernt ist!

Ein gutes Beispiel für diese Verbindung, die als Watts Parallel-Bewegung bekannt ist, kann im Yorker Eisenbahnmuseum an einer großen Dampfmaschine besichtigt werden, die ursprünglich dafür genutzt wurde, beladene Güterwagen einen Hang hochzuziehen.

1850 entwickelte Tchebycheff eine ähnliche Verbindung, um der geradlinigen Bewegung näher zu kommen. In diesem Fall sind die Stangen *AB* und *CD* gleichlang und überkreuzen einander (vgl. (b)). Die Entfernungen *BC* und *AD* verhalten sich wie

$AB : BC : AD = 5 : 2 : 4$

Stellen Sie einmal die Verbindung mit Hilfe von Pappstreifen her, und verfolgen Sie den Weg von *P*, dem Mittelpunkt von *BC*, mit einem Stift.
Will man den gesamten Weg verfolgen, müssen sich die Streifen, wie gezeigt, überlappen, um der Verbindung die freie Beweglichkeit von der überkreuzten in die nicht gekreuzte Stellung zu ermöglichen.
Untersuchen Sie die verschiedenen Wege, die durch die Benutzung längerer Streifen für *BC* entstehen können.

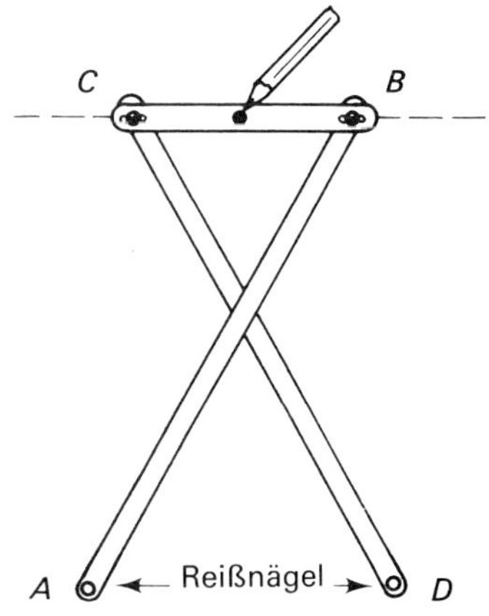

(b)

55 Kopfstand

Eine der elementaren Abbildungen einer Figur ist die Drehung um einen Winkel von 180°. Dies kann mit einer Vielzahl von Zeichengeräten geschehen. Die Zeichnungen (a), (b) und (c) zeigen drei solche auf Rhomben basierende Verbindungen. Für ihre Herstellung benötigen Sie zwei verschiedene Streifengrößen, wobei die eine die doppelte Länge der anderen aufweisen muß. Punkt *A* muß immer am Zeichenbrett fixiert werden. Zeichnen Sie nun eine Figur wie *S*, und führen Sie *P* dann den Umriß von *S* entlang. Sie werden bemerken, daß *Q* den Weg von *S*' nachzieht, und so das Bild von *S* nach einer 180°-Drehung um *A* ergibt. Versuchen Sie andere Verbindungen herzustellen, die das gleiche Resultat erzielen.

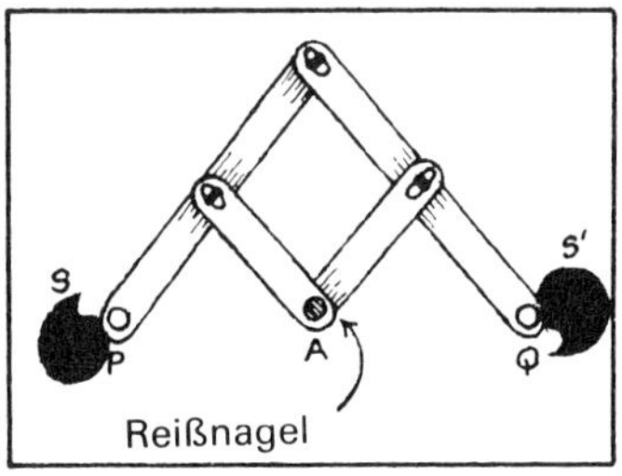

(a)

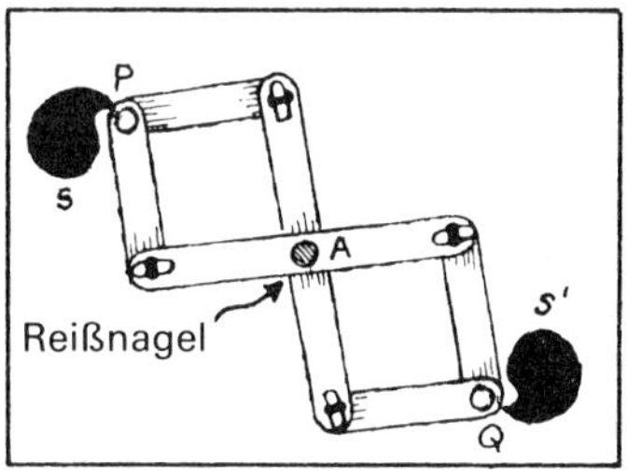

(b)

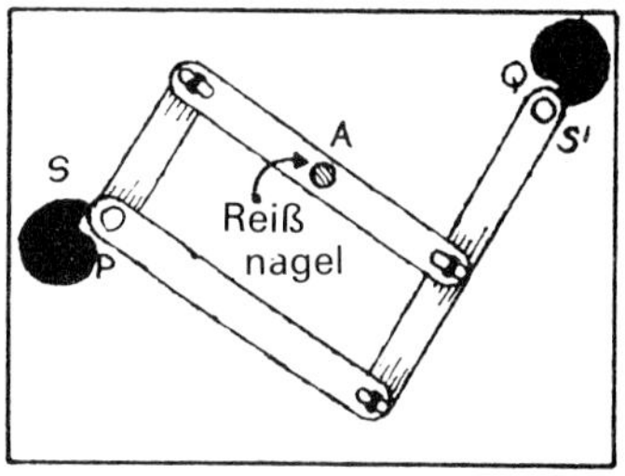

(c)

Die kompliziert aussehende Verbindung in (d) ist das Ergebnis der Verknüpfung zweier 180°-Drehungen vollziehender Verbindungen. *A* und *B* sind fixierte Drehpunkte. Wenn *P* den Umriß von *S* nachzieht, zeichnet *Q S'*, das halb gedrehte Bild um *A*, und *R S''*, das halb gedrehte Bild von *S'* um *B*.
Das Resultat ist die Übertragung von *S* in *S''* durch die zweimalige Übersetzung von *A* nach *B*.

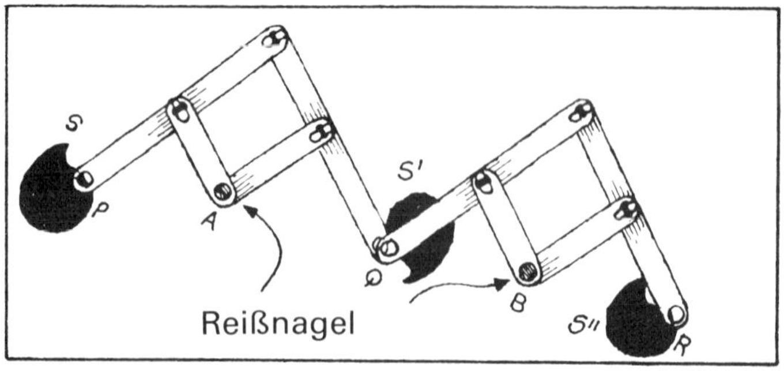

(d)

56 Springer-Geraden

Dieses Spiel für zwei basiert auf Springer-Zügen wie beim Schach. Man kann es mit Hilfe von Stiften und kariertem Papier spielen oder bunte Spielsteine auf einem in Felder unterteiltem Spielbrett benutzen.
Gespielt wird auf einer 5 x 5-Spielfläche.
Der erste Spieler kennzeichnet einen Kreis (im Beispiel von (a) 0_1 genannt), worauf der zweite Spieler ein Kreuz (X_2) markiert, das einen Springer-Zug vom zuletzt durch den ersten Spieler markiertem Feld entfernt liegt. Der erste Spieler setzt wiederum einen Kreis (0_3) in ein Feld, welches einen Springer-Zug von X_2 entfernt ist. Das Spiel wird fortgeführt, indem die Spieler abwechselnd einen Kreis oder ein Kreuz hinzufügen, jeweils einen Springer-Zug vom vorhergehenden Spielzug entfernt, bis keine weiteren Züge mehr möglich sind. Abbildung (a) zeigt einen Spielstand nach sechs Zügen.
Ziel des Spieles ist es, Geraden aus Kreisen oder Kreuzen zu bilden und so viele Punkte wie möglich zu sammeln, wobei

drei Kreise in einer Geraden 1 Punkt,
vier Kreise in einer Geraden 2 Punkte,
fünf Kreise in einer Geraden 3 Punkte

ergeben.
Dasselbe gilt für Kreuze. Abbildung (b) zeigt ein Beispiel. Zusätzlich erhält der Spieler des letzten Zuges einen Sonderpunkt.

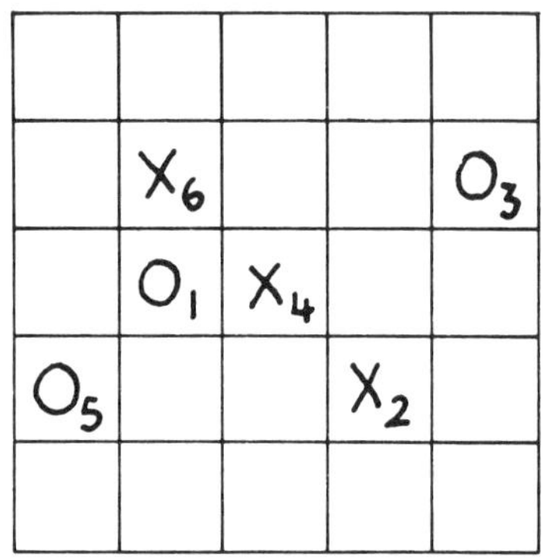

(a)

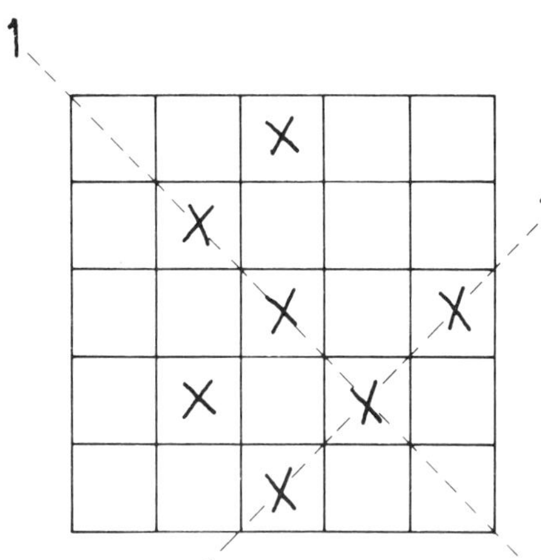

(b) 2 Punkte für Kreuze

Die Abbildungen (*c*) – (*f*) zeigen ein paar typische Spiele. Die Züge wurden numeriert, so daß man dem Spiel gut folgen kann.

	X_{10}			
X_4		X_2	O_9	
O_1	X_8	O_5		
X_6	O_3			
		O_7		

(c) 2-2 unentschieden

Kreise:	zwei 3er-Geraden:	2 Punkte
Kreuze:	X_{10} letzter Zug:	1 Punkt
	eine 3er-Gerade:	1 Punkt

			O_9	X_{14}
	X_{10}	O_7		
	O_1	X_4	O_{13}	X_8
O_3		O_{11}	X_6	
	O_5	X_2		X_{12}

(d) 3 : 4 Sieg für die Kreuze

Kreise:	eine 4er-Gerade:	2 Punkte
	eine 3er-Gerade:	1 Punkt
Kreuze:	X_{14} letzter Zug:	1 Punkt
	eine Gerade aus 4:	2 Punkte
	eine Gerade aus 3:	1 Punkt

O_3		O_{11}		O_5
X_8		X_4		X_{10}
	X_2	O_9	X_6	
	O_7			
O_1				

(e) 2 : 0 Sieg für die Kreise

Kreise:	O_{11} letzter Zug:	1 Punkt
	eine 3er-Gerade:	1 Punkt

		O_7		O_{13}
	O_3	X_{12}		X_8
O_{11}		O_1	X_6	
X_2		X_4	O_9	
	X_{10}			O_5

(f) 4 : 2 Sieg für die Kreise

Kreise:	0_{13} letzter Zug:	1 Punkt
	eine 4er-Gerade:	2 Punkte
	eine 3er-Gerade:	1 Punkt
Kreuze:	eine 4er-Gerade:	2 Punkte

Dieses Spiel wurde ursprünglich von einer Kindergruppe eines Mathematikklubs erdacht, die aufgefordert worden war, ein Spiel mit Kreisen und Kreuzen zu entwickeln. Ihnen hatte das Spiel gefallen. Spielen Sie es selbst, und erfinden Sie ein neues.

57 Vierlinge

Zeigen Sie, wie die Figur rechts in vier kongruente Teile zerlegt werden kann.

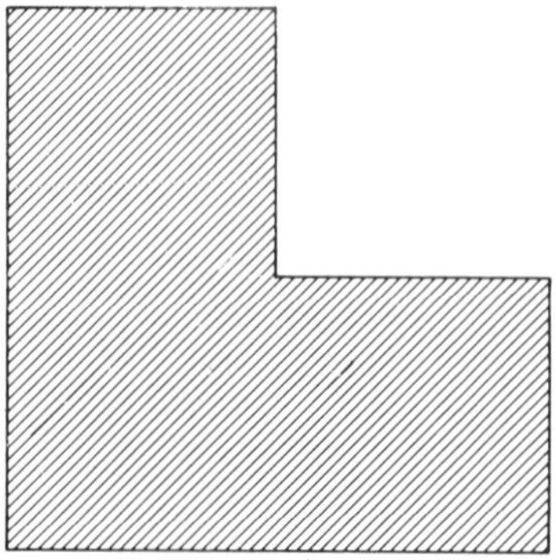

58 Das vervollständigte Quadrat

Zeichnen Sie sorgfältig die hier auf kariertem Papier gezeigten fünf Umrisse ab. Schneiden Sie sie aus, und zeigen Sie, wie sie zusammengelegt werden müssen, um ein Quadrat zu bilden. Verzweifeln Sie nicht – es ist möglich!

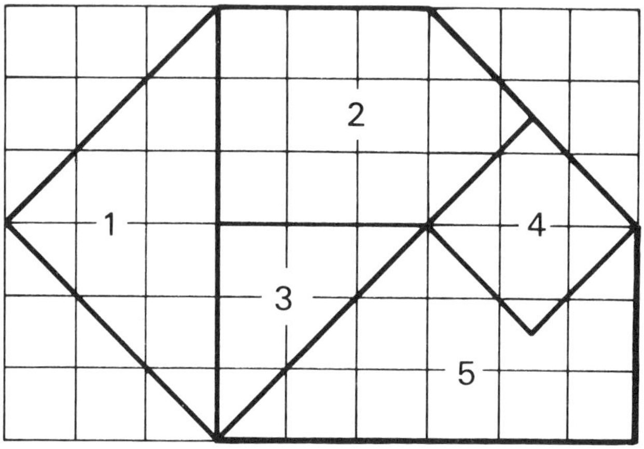

59 Ein rollender Penny

Ein Penny *A* wird, ohne umzukippen, um einen zweiten Penny *B* gerollt, bis er zum Ausgangspunkt zurückgekehrt ist.
Wie viele Umdrehungen vollzieht Penny *A*?

60 Der Jäger

Ein Jäger folgte seiner Beute 3 Meilen südwärts, 3 Meilen ostwärts und nach weiteren 3 Meilen, die ihn wieder an seinen Ausgangspunkt zurückbrachten, erlegte er sie vielleicht. Was war seine Beute?

61 Vier Punkte in einer Ebene

Setzen Sie vier Punkte so in eine Ebene, daß zwischen ihnen nur zwei mögliche Entfernungen existieren.
Hier wird ein Beispiel dargestellt. Es gibt aber noch fünf weitere Kombinationen. Finden Sie sie heraus!

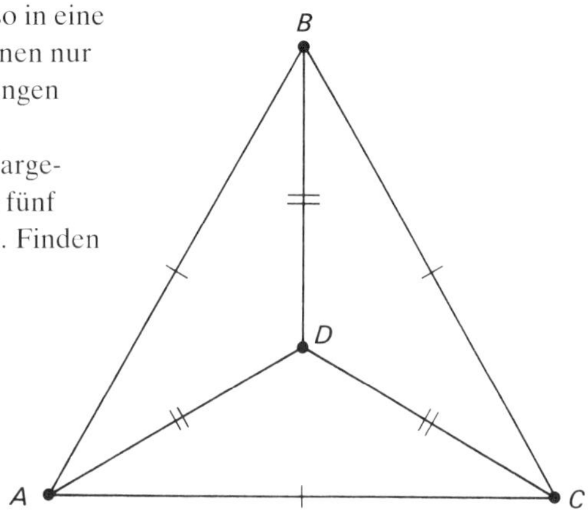

$AB = BC = CA$
$AD = BD = CD$

62 Der Buchstaben-Würfel

Für bestimmte Wortspiele benutzt man Würfel mit Buchstaben auf jeder Seite. Unten sind drei verschiedene Lagen eines Würfels dargestellt. Welcher Buchstabe liegt gegenüber von H?

63 Basteln Sie ein Faltspiel

Dieses Faltspiel ist eine interessante Anordnung von gleichseitigen Dreiecken, die so gefaltet sind, daß immer sechs von ihnen ein Sechseck bilden. Dieses Sechseck kann in eine neue Form gebracht werden, indem man zwei aneinandergrenzende Dreiecke zusammendrückt und die mittleren Dreiecke auseinanderzieht. Wenn Sie das Spiel gebastelt haben, markieren Sie die in der Mitte des sichtbaren Sechsecks liegenden Ecken der Dreiecke mit einem Symbol, zum Beispiel einem Herzen oder einem Karo oder den Buchstaben eines Sechs-Buchstaben-Wortes. Dann biegen Sie es und kennzeichnen das Zentrum des neuen Gebildes mit anderen Symbolen. Sie werden überrascht sein, wie viele verschiedene Zentren Sie finden können! Mit viel Geduld kann man Teile eines Bildes, z. B. aus einer Weihnachtskarte ausgeschnitten, wie Sägezähne in der Mitte zusammenstecken.

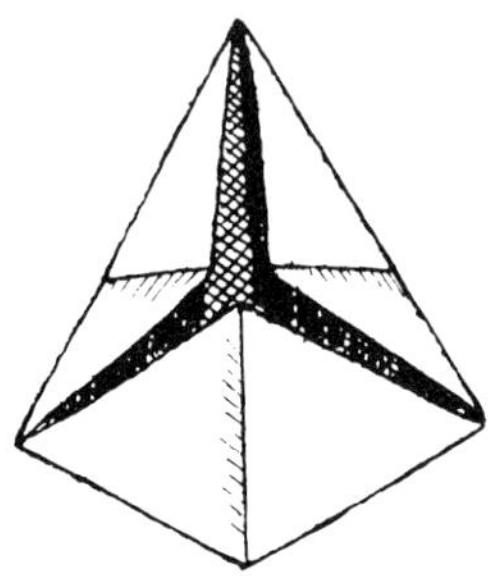

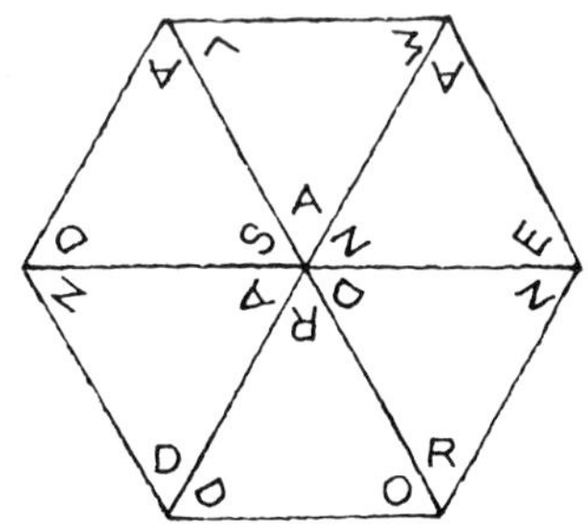

Nun zur Konstruktionsanleitung.

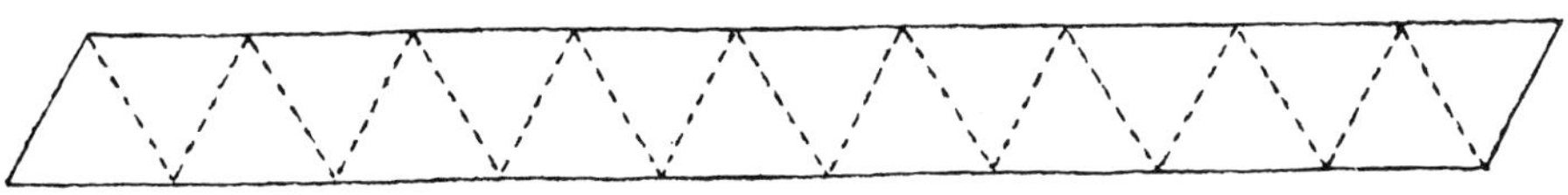

(a)

Auf einen dünnen Papierstreifen müssen wie in (a) achtzehn gleichseitige Dreiecke gezeichnet werden, wobei 5 cm pro Dreiecksseite als handliches Maß zu empfehlen sind.
Die punktierten Seiten müssen nun eingekerbt, die Dreiecke einseitig mit 1, 2, 3, 1, 2, 3,... numeriert und die Enddreiecke wie in (b) am Außenrand markiert werden.

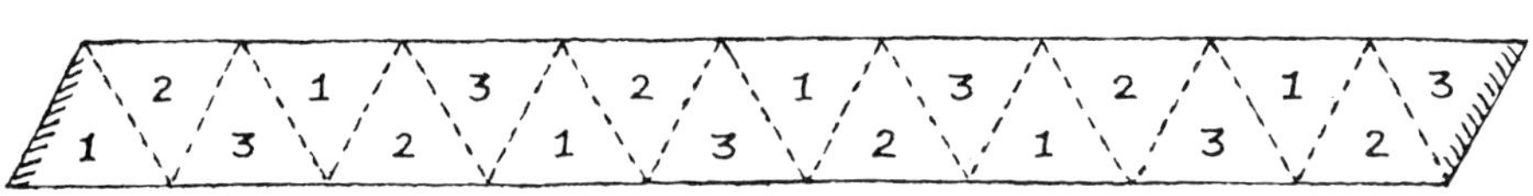

(b)

Dann wird der Streifen umgedreht und genau wie in der Zeichnung (c) mit 4, 4, 5, 5, 6, 6,... durchnumeriert.

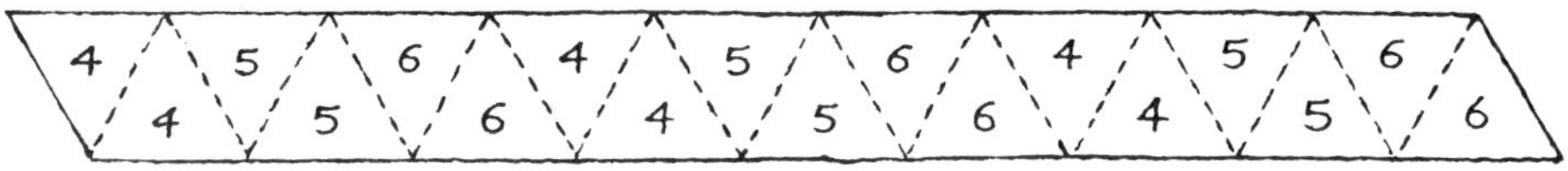

(c)

Als nächstes wird der Streifen gefaltet, wobei Dreieck 4 auf Dreieck 4, 5 auf 5, 6 auf 6 usw. wie in (d) zu liegen kommt und er dadurch das Aussehen wie in (e) erhält.

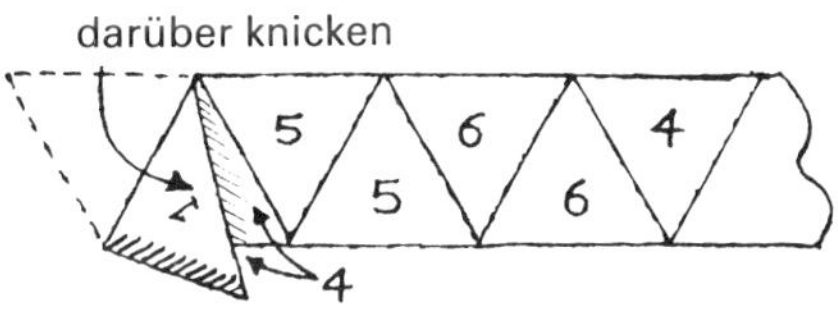

(d)

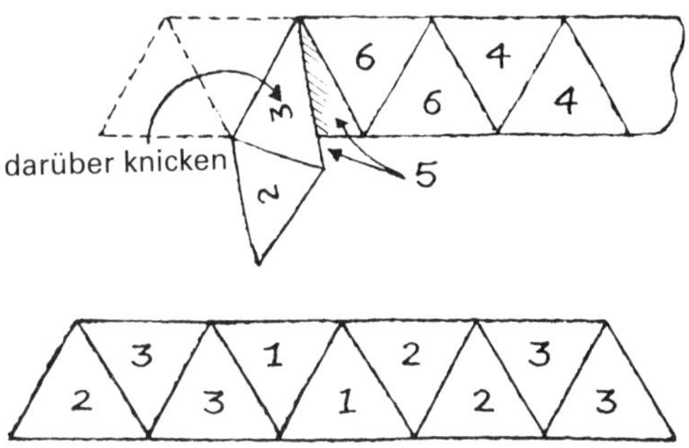

(e)

Nun wird der Streifen nochmals gefaltet, und zwar so, daß alle Dreiecke einer Zahl oben liegen, wie in (f) gezeigt.

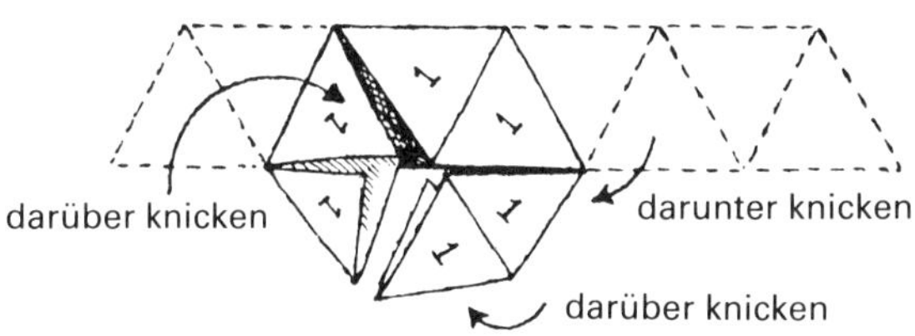

(f)

Jetzt müssen nur noch die beiden markierten Außenränder zusammengeklebt werden.

64 Die Teilung von Perigal

Der berühmte Satz des Pythagoras über ein rechtwinkliges Dreieck *ABC* besagt, daß die Fläche des Quadrates über der Hypothenuse *AC* der Summe der Flächen der Quadrate über den beiden Katheten *AB* und *BC* entspricht.
Von Perigal existiert eine hübsche Darstellung dieser Aussage, die sich wie folgt rekonstruieren läßt.
Zunächst zeichnet man ein rechtwinkliges Dreieck *ABC* und fügt dann auf jeder Seite ein Quadrat hinzu.
Der Mittelpunkt des Quadrates *ABDE* wird ermittelt, indem man die Diagonalen abträgt (gestrichelte Linien). Nun werden die Geraden *XY* und *UV* eingezeichnet, wodurch das Quadrat in vier gleiche Teile zerlegt wird. Die Geraden verlaufen durch den Mittelpunkt des Quadrates und parallel zu den Seiten des Quadrates über *AC*.
Man zerschneidet das Quadrat *ABDE* in die vier markierten Teile und legt sie in die Ecken des Quadrates über *AC*. In der Mitte bleibt dann ein Quadrat frei, das exakt der Größe des Quadrates über *BC* entspricht.

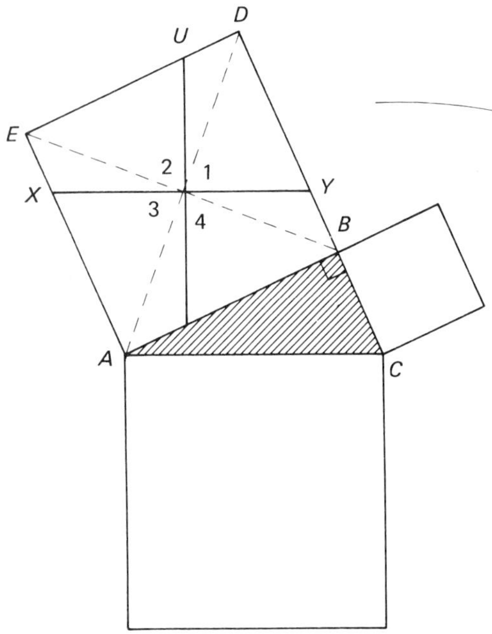

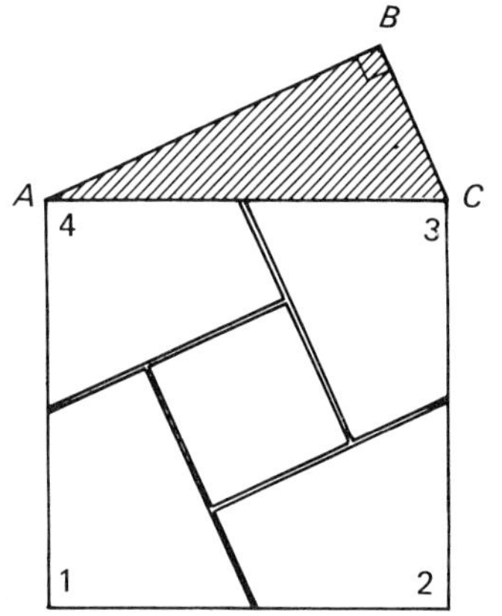

65 Verwirren Sie Ihre Freunde mit einem Tetraeder

Stellen Sie sich ein in gleiche Teile zerlegtes Tetraeder (also eine Pyramide auf Dreiecksbasis) vor (a). Die Punkte A, B, C und D stellen jeweils die Mittelpunkte der Seiten dar.
Das gezeigte Tetraeder ist regelmäßig, d.h., alle Flächen sind gleichseitige Dreiecke, und die Schnittfläche $ABCD$ muß demnach ein Quadrat sein.
Ihnen mögen diese Halb-Tetraeder-Figuren vielleicht schon als räumliches Puzzle begegnet sein. Interessant daran ist, daß es häufig für unmöglich gehalten wird, die zwei Hälften zu einem Tetraeder zusammenzusetzen.
Um die Halb-Tetraeder-Figuren herzustellen, benötigt man etwas Pappe.
In (b) wird eine mögliche Schablone für die Figur gezeigt. Beginnen Sie mit der Konstruktion eines gleichseitigen Dreiecks mit einer Kantenlänge von 18 cm. Mit der Markierung von Punkten in 6 cm Abständen, ist der größte Teil der Schablone schon fertiggestellt, es muß nur noch das Quadrat an der Spitze hinzugefügt werden.
Vor dem Ausschneiden markieren Sie die Randstreifen (hier schraffiert) und kerben alle Faltlinien mit der Zirkelspitze ein. (Um eine identische Schablone für die andere Hälfte zu erstellen, drücken Sie am besten an den Ecken der bereits fertigen Schablone die Zirkelspitze in eine darunterliegende zweite Pappe.) Schneiden Sie die Schablone aus, und falten Sie sie in die gewünschte Form.

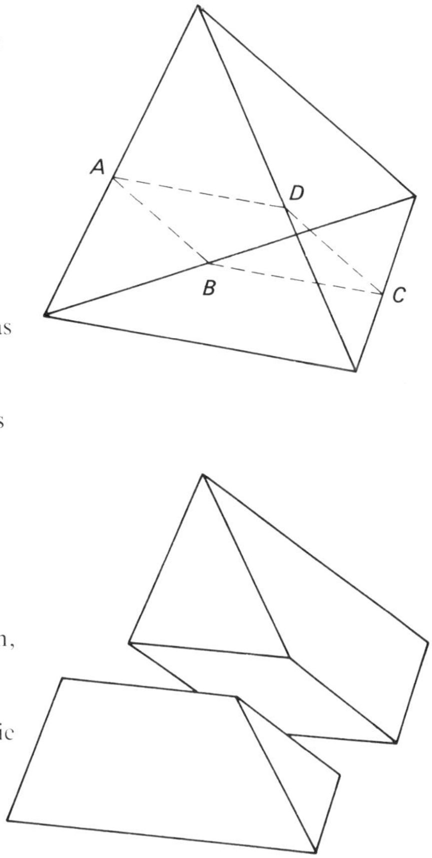

(a)

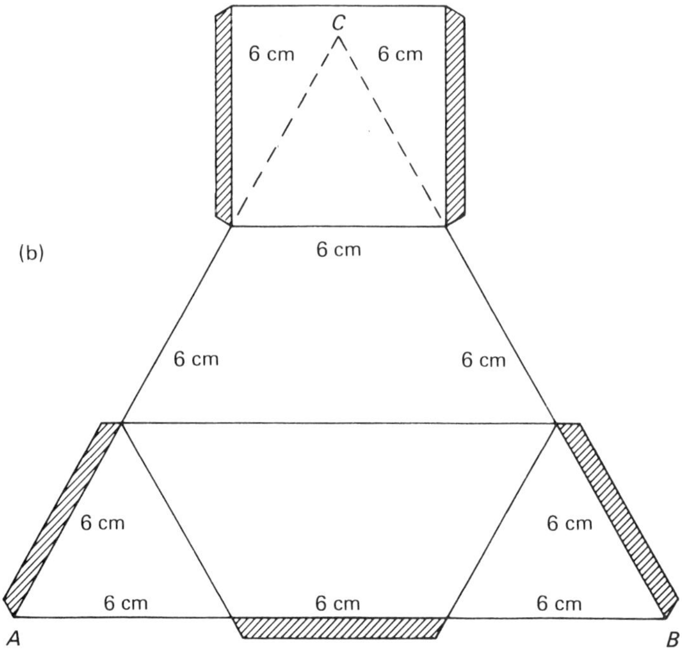

(b)

66 Der Kegel, der den Berg hinaufrollt

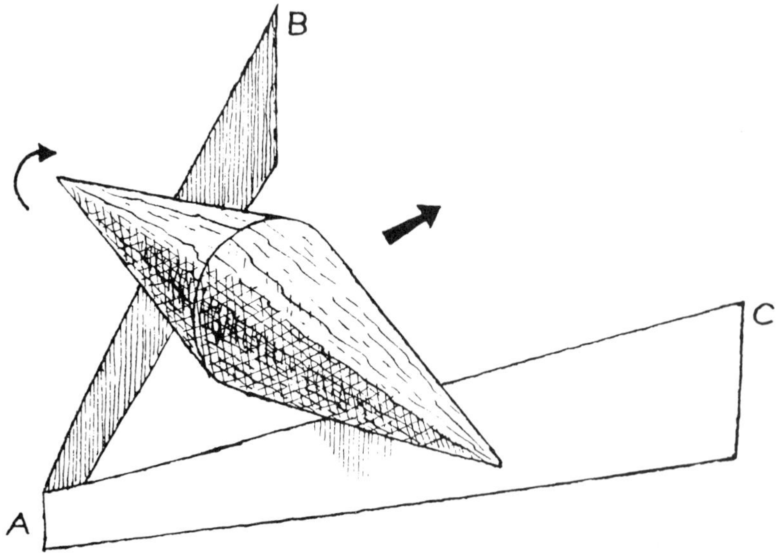

Wenn ein Doppelkegel wie in der Abbildung auf zwei Schienen *AB* und *AC* gelegt wird, scheint es, als würde er bergauf rollen. Tatsache ist: Die Schienen neigen sich aufwärts, laufen dabei aber auseinander. So verlagern sich die Berührungspunkte der Kegel mit den Schienen immer mehr zu den Kegelspitzen hin, mit dem Effekt, daß die Mitte des Doppelkegels tiefer zu liegen kommt, während der Kegel die Schienen scheinbar "hinauf" rollt. Am besten funktioniert es mit schweren Holz- oder Metallkegeln (Kennen Sie jemanden, dem eine Drehbank gehört?), aber es klappt auch, wenn Sie die Kegel aus Pappe herstellen.

Schneiden Sie sich zwei Kreisviertel aus Pappe zurecht – je größer, desto besser – und verbinden Sie sie zu einem Doppelkegel. Die Schienen können dann aus Pappe oder aus zwei entsprechend befestigten Linealen sein. Sollte es nicht funktionieren, so verringern Sie zunächst den Steigungsgrad der Schienen, und/oder vergrößern Sie den Winkel zwischen ihnen.

67 Konstruktionen mit Zirkel und Lineal

Um eine Strecke AB (a) in zwei gleiche Teile zu zerlegen, benötigt man einen Zirkel. Zunächst wird mit einem Radius größer als die Hälfte von AB ein Bogen um A gezogen. Als nächstes wird mit demselben Radius, aber dem Mittelpunkt in B, ein weiterer Bogen gezogen, der den ersten in X und Y schneidet. XY wird zu einer Geraden verbunden. Der Punkt M, die Schnittstelle von XY und AB, kennzeichnet die Mitte von AB.

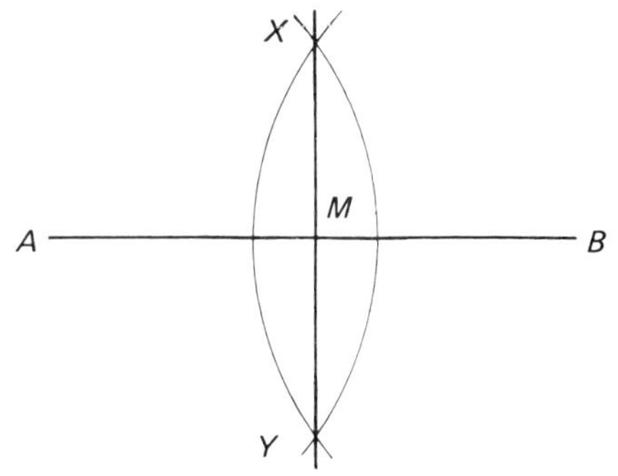

(a)

Um einen Winkel PQR (b) in zwei gleiche Teile zu zerlegen, nimmt man einen Zirkel und zieht einen Bogen mit dem Mittelpunkt in Q, um PQ in S und RQ in T zu schneiden. Als nächstes wird ein Bogen gezogen, dessen Mittelpunkt in T liegt und dessen Radius größer als die Hälfte von TS ist. Um diesen in Zs zu schneiden, wird ein Bogen mit demselben Radius, aber dem Mittelpunkt in Ss, gezogen. QZ wird zu einer Geraden verbunden und teilt den Winkel PQR in zwei gleiche Teile.

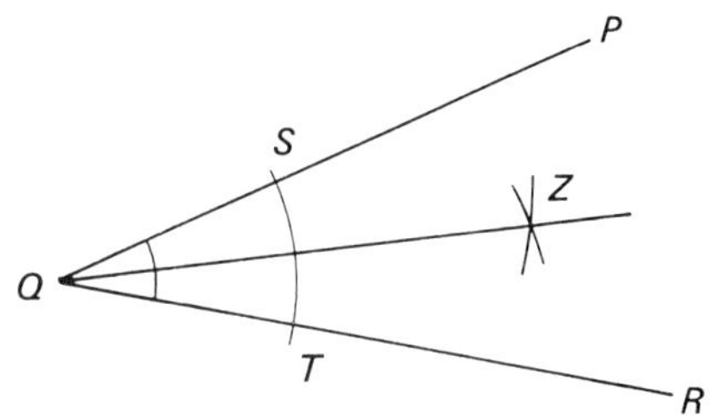

(b)

Um eine Gerade durch einen Punkt A senkrecht zu einer gegebenen Geraden l zu konstruieren (c), benutzt man einen Zirkel und zieht mit ihm einen Bogen um den Mittelpunkt A, der die Gerade l in den zwei Punkten X und Y schneidet. Nun zieht man einen Bogen mit dem Mittelpunkt in X und einem Radius größer als die Hälfte von XY. Dieser wird in W geschnitten, indem ein Bogen mit demselben Radius, aber dem Mittelpunkt in Y, gezogen wird. Die Verbindung von A und W ergibt die gesuchte – senkrecht zu l verlaufende – Gerade.

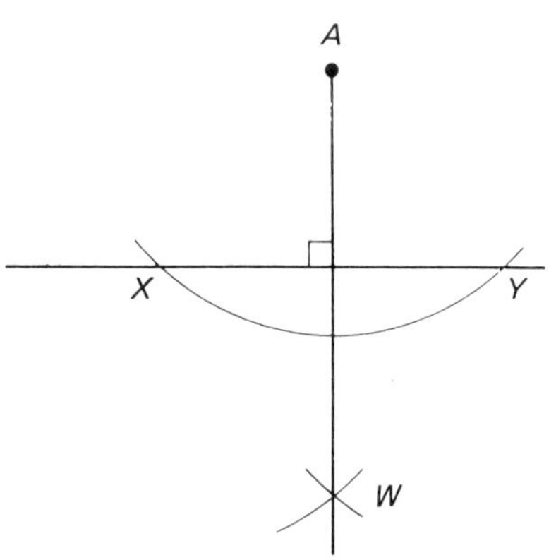

(c)

Um ein gleichseitiges Dreieck (d) zu konstruieren, wählt man irgendeinen Punkt *A* als Mittelpunkt und zieht mit einem beliebigen Radius einen Bogen α. Man wählt auf diesem Bogen einen Punkt *B* als Mittelpunkt und zieht mit demselben Radius einen Bogen β, der, ausgehend von *A*, in *C* den Bogen α schneidet. Zur Kontrolle wählt man *C* als Mittelpunkt und müßte nun einen Bogen γ von *A* nach *B* ziehen können.
Nun versuchen Sie einmal, folgendes zu konstruieren:
1) ein Quadrat
2) ein regelmäßiges Sechseck
3) ein regelmäßiges Achteck
4) Winkel von 45°, 30°, 75°, $52\frac{1}{2}$°.

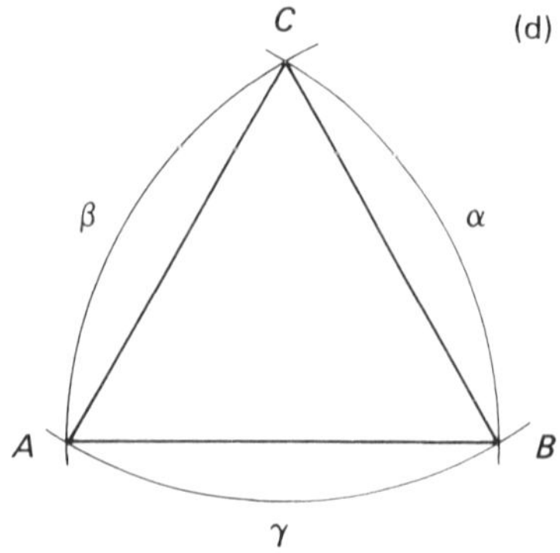

68 Um-, In- und Ankreise

Hier wird gezeigt, wie sich eine Anzahl besonderer Kreise, die mit Dreiecken in Verbindung stehen, konstruieren lassen.

Der Umkreis

Zeichnen Sie ein Dreieck *ABC* – möglichst mit spitzen Winkeln – und tragen Sie die drei Mittelsenkrechten ab. Sie sollten sich alle im Punkt *O* treffen. Andernfalls versuchen Sie es noch einmal, und prüfen Sie, ob Ihr Stift gespitzt ist bzw. die Geraden präzise durch die Schnittpunkte verlaufen. Wenn Sie nun Ihren Zirkel im Punkt *O* ansetzen, werden Sie den Kreis ziehen können, der *A*, *B* und *C* schneidet und der als Umkreis des Dreiecks *ABC* bekannt ist.
Wo liegt *O*, wenn das Dreieck 1) einen rechten Winkel, 2) einen stumpfen Winkel besitzt?

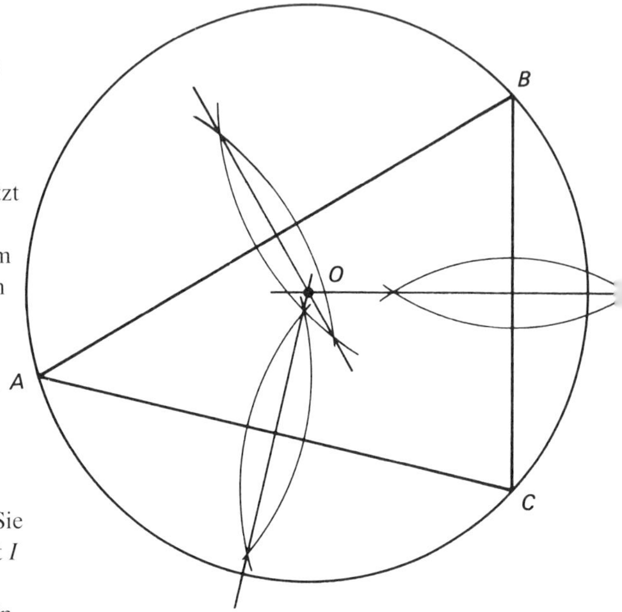

Der Inkreis

Zeichnen Sie ein Dreieck *PQR*. Konstruieren Sie seine Winkelhalbierenden. Sie sollten im Punkt *I* zusammentreffen. Setzen Sie Ihren Zirkel in *I* an, und stellen Sie den Radius des Zirkels so ein, daß ein Kreis gezogen werden kann, der jede Seite des Dreiecks *PQR* berührt. Hier spricht man vom Inkreis.

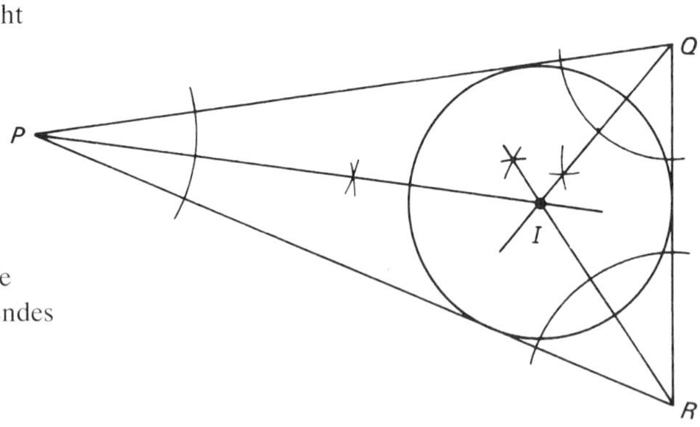

Außer diesen Konstruktionen lassen sich die beiden Mittelpunkte auch durch entsprechendes Falten bestimmen – versuchen Sie es doch einmal.

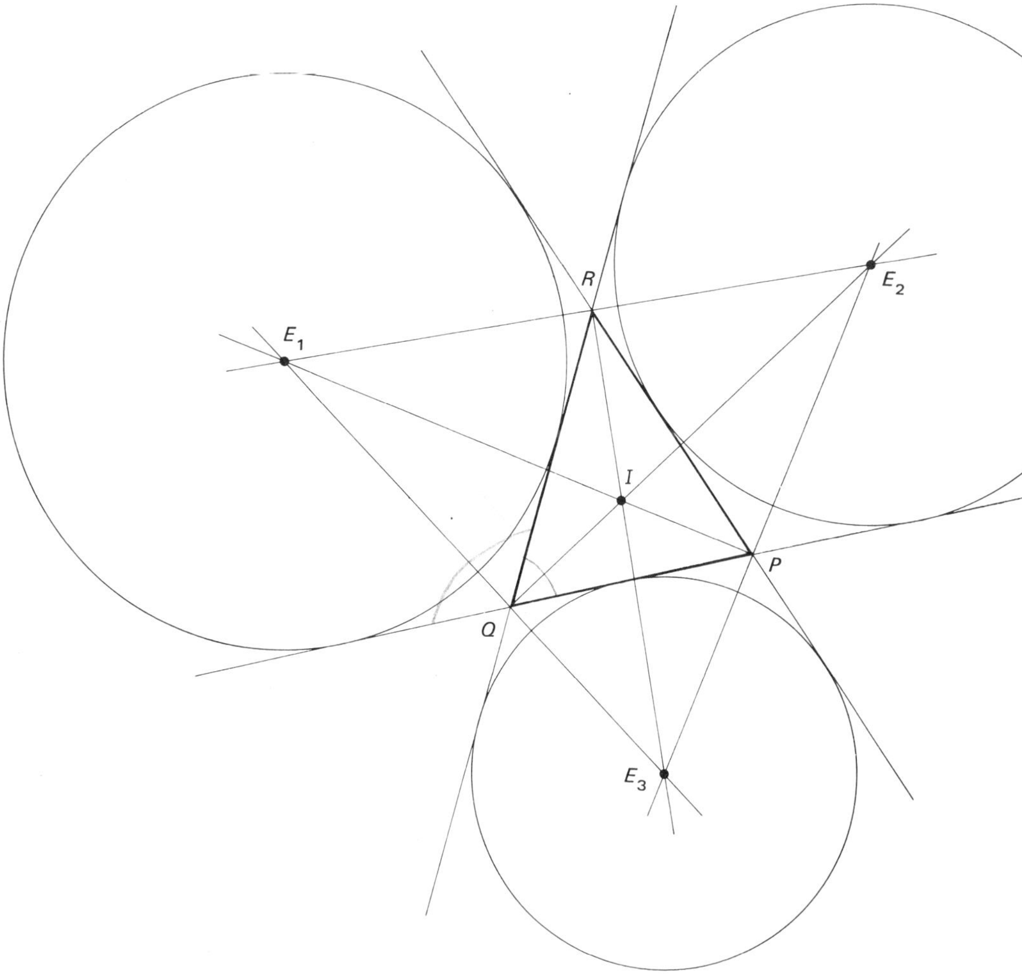

Die Ankreise

Auf den ersten Blick mag die Zeichnung sehr kompliziert aussehen, doch kann sie auch als Erweiterung der vorhergehenden über den Inkreis angesehen werden. Beginnen Sie auf die gleiche Art und Weise, aber zeichnen Sie das Dreieck *PQR* möglichst in die Mitte Ihres Blattes und in einer Größe, die noch genügend Raum für die späteren Kreise läßt. Verlängern Sie die Seiten des Dreiecks *PQR* in beide Richtungen. Den Punkt E_1 findet man über die Verlängerung der Winkelhalbierenden des Innenwinkels von *P* und über die Abtragung von QE_1 und RE_1, den Winkelhalbierenden der Außenwinkel von *Q* und *R*. Wenn Sie E_1 gefunden haben, nehmen Sie ihn als Mittelpunkt für einen neuen Kreis, der eine Seite von *PQR* in der gezeigten Weise berührt. Dieser ist dann einer der drei *Ankreise* des Dreiecks. Nun konstruieren Sie die beiden anderen.

69 Piranhas, Krokodile und Fischadler

Dies ist ein dreidimensionales Spiel für zwei Spieler.
Jeder Spieler verfügt über

1) drei 4 x 4-Spielbretter, entsprechend den Gebieten "unter Wasser", "auf dem Wasser" und "in der Luft";
2) Dschungelbewohner: bestehend aus drei Piranhas, zwei Krokodilen und sechs Fischadlern.

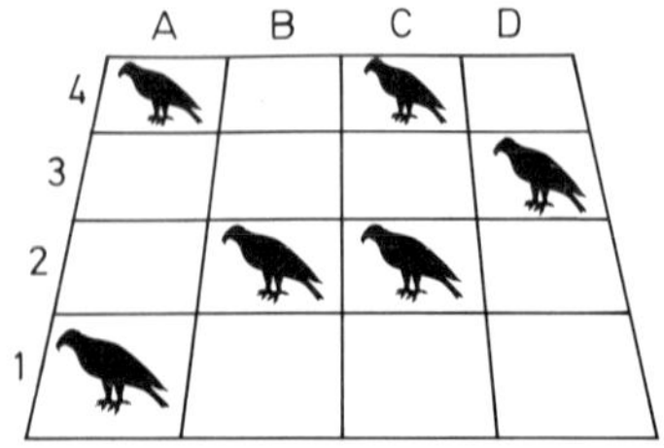

in der Luft

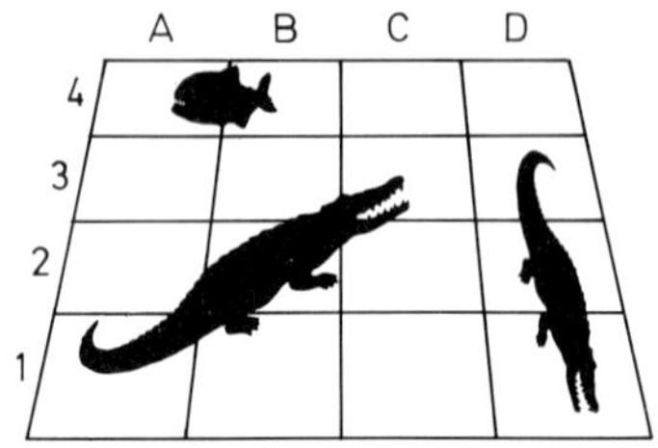

auf dem Wasser

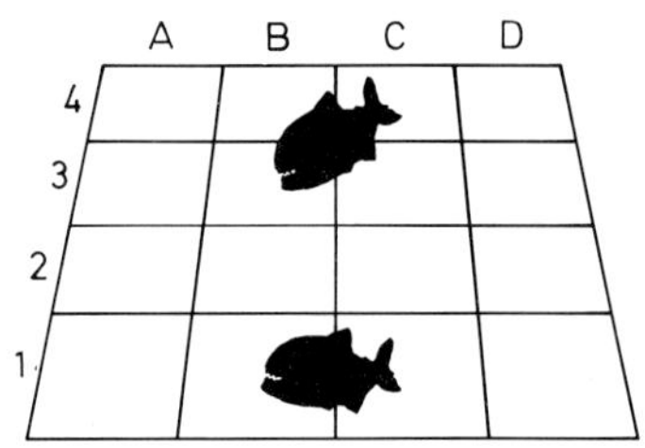

unter Wasser

Für die Tiere werden Pappkärtchen oder Spielsteine benutzt, die so groß sein müssen, daß auf dem Spielbrett
ein Piranha 2 Felder bedeckt,
ein Krokodil 3 Felder bedeckt,
ein Fischadler 1 Feld bedeckt.

Ein Piranha kann sich sowohl unter Wasser als auch an der Wasseroberfläche aufhalten, die Krokodile befinden sich jedoch immer auf dem Wasser und die Fischadler im Luftraum. Die oberen Zeichnungen zeigen eine mögliche Aufstellung der Figuren zu Spielbeginn.
Nun gilt, durch Fragen den Aufenthaltsort der Dschungelbewohner des Mitspielers zu erraten.
Sieger ist, wer alle Tiere des Mitspielers entdeckt hat oder, sollte das Spiel vorher beendet werden, der Spieler, der mehr Tiere entdeckt hat. In diesem Fall zählt ein Fischadler 1, ein Piranha 2 und ein Krokodil 3 Punkte.

Nun kann das Spiel beginnen (lassen Sie eine Münze den Anfänger ermitteln). Die Spieler haben nun folgende Möglichkeiten

1) zwei Fragen zu stellen;
2) eine Figur zu bewegen und eine Frage zu stellen;
3) zwei Figuren zu bewegen.

Eine *Frage* besteht darin, ein bestimmtes Feld zu benennen (z. B. Wasseroberfläche *B3*). Befindet sich darauf ein Fischadler, entfernt man die Figur vom Brett und übergibt sie dem Mitspieler. Krokodile und Piranhas werden nicht übergeben (und zählen auch nicht im unvollendeten Spiel), ehe zwei Körperteile entdeckt wurden. Dies muß beides Mal bekanntgegeben werden (z. B. "Kopf des Krokodils entdeckt").
Beachten Sie zudem den Hauptpunkt, daß nie zwei Figuren gleichzeitig dasselbe Feld besetzen können.
Basteln Sie sich einige Spielflächen (zeichnen Sie drei Felder auf einen rechteckigen Pappdeckel) und -figuren, und fordern Sie Ihre Freunde zu einem Spiel heraus.

Ein Fischadler kann sich in jedes beliebige benachbarte Feld begeben, sofern es nicht besetzt ist (siehe Zeichnung (a)).

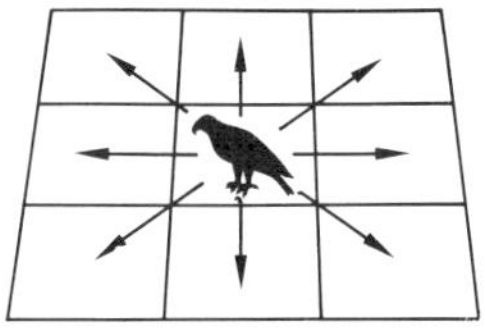

(a)

Ein Piranha hat drei Bewegungsmöglichkeiten:

1) eine 45°-Drehung um Kopf oder Schwanz (siehe Zeichnungen (b) und (c));
2) Änderung seiner Aufenthaltsebene von unter Wasser zur Wasseroberfläche oder umgekehrt;
3) gerade Fortbewegung um ein Feld.

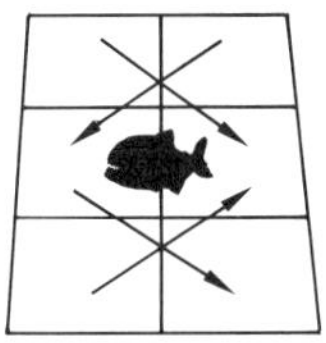

(b)

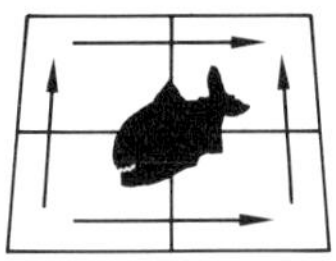

(c)

Ein Krokodil hat zwei Bewegungsmöglichkeiten:

1) Eine 45°-Drehung um Kopf oder Schwanz (siehe die Zeichnungen (d) und (e)), solange keine andere Figur im Weg liegt;
2) gerade Fortbewegung um ein Feld.

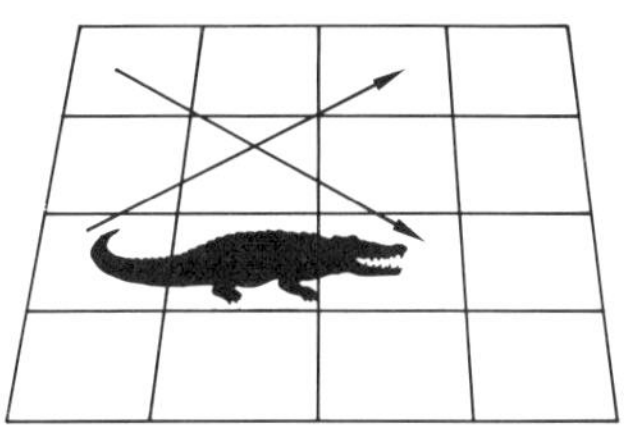

(d)

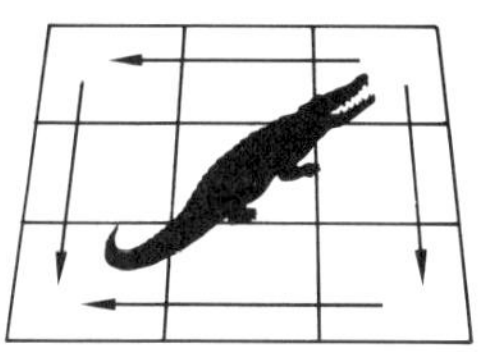

(e)

Wenn Sie dieses Spiel beherrschen, versuchen Sie, es zu verbessern, indem Sie die Regeln abändern. Oder besser, entwerfen Sie Ihr eigenes dreidimensionales Spiel!

70 Die Verteidigung der Königin

Welches ist die kleinstmögliche Anzahl an Königinnen, die benötigt wird, um auf einem n x n-Schachbrett alle Felder zu bedrohen oder zu besetzen?

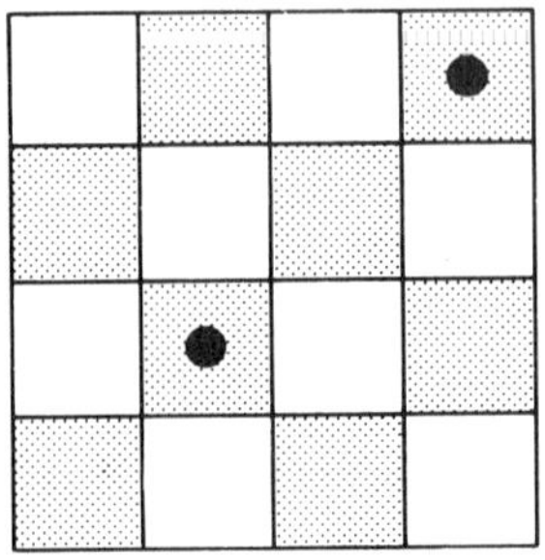

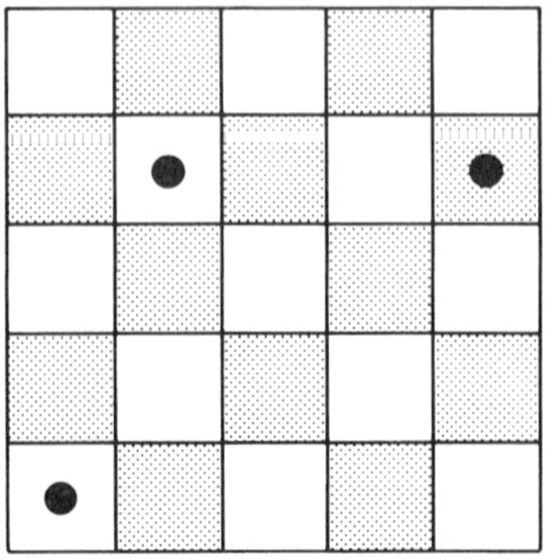

Hier sehen Sie die Lösungen für ein 4 x 4-Brett mit zwei Königinnen und ein 5 x 5-Brett mit 3 Königinnen.
Finden Sie andere Möglichkeiten für 4 x 4- und 5 x 5-Bretter, und suchen Sie dann eine Lösungsmöglichkeit für ein 6 x 6-Brett mit drei Königinnen.
Wie viele Königinnen werden bei $n = 7$ bzw. $n = 8$, benötigt?

1862 schlug Jaenisch eine Variante dieses Problems vor, bei der nicht nur alle Felder besetzt oder unter Kontrolle gehalten werden sollten, sondern auch keine Königin auf einem Feld stehen durfte, welches von einer anderen bedroht wurde.
Eine ähnliche Aufgabe wäre es, die kleinstmögliche Anzahl an Königinnen herauszufinden, die benötigt würde, um jedes Feld zu besetzen oder zu bedrohen, mit der Einschränkung, daß jede Königin unter dem Schutz einer anderen stehen sollte.
Für die anderen Schachfiguren könnten ähnliche Aufgaben erdacht werden.

71 Sehen heißt Glauben

Schneiden Sie die in das 8 x 8-Quadrat eingezeichneten Figuren aus, und fügen Sie sie zu dem 13 x 5-Rechteck wieder zusammen.

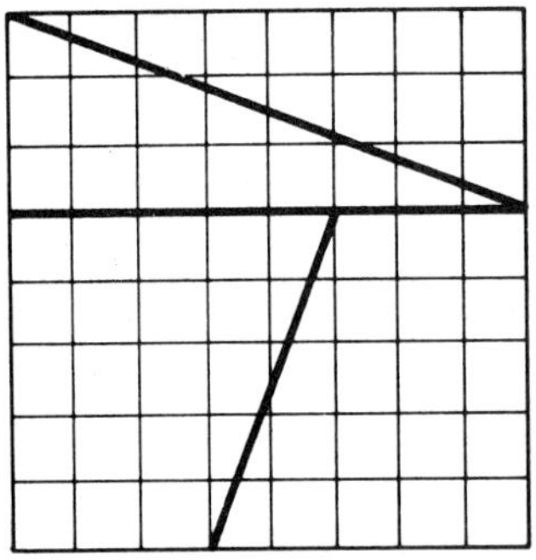

Das bedeutet 64 = 65.   Wo liegt der Haken?

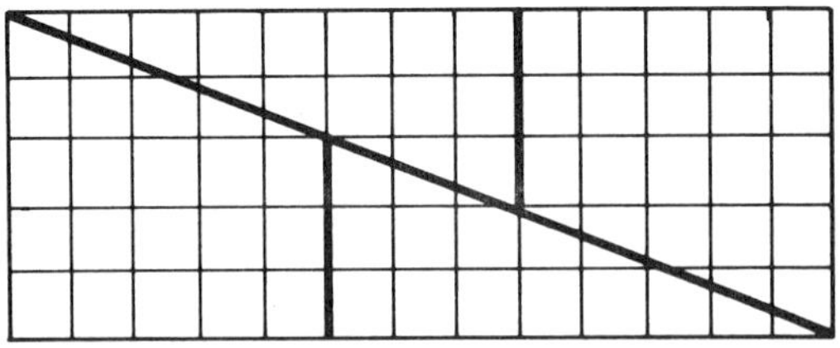

72 Straßeninspektion

Der Plan zeigt ein Straßennetz, das neun Ortschaften verbindet. Die Zahlen entsprechen den Straßenlängen in Kilometern. Ein Arbeiter der Verwaltung, der in der Stadt *A* wohnt, möchte mit seinem Auto *alle* Straßen inspizieren. Welches ist der kürzeste Weg, wenn er nach *A* zurückkehren will?

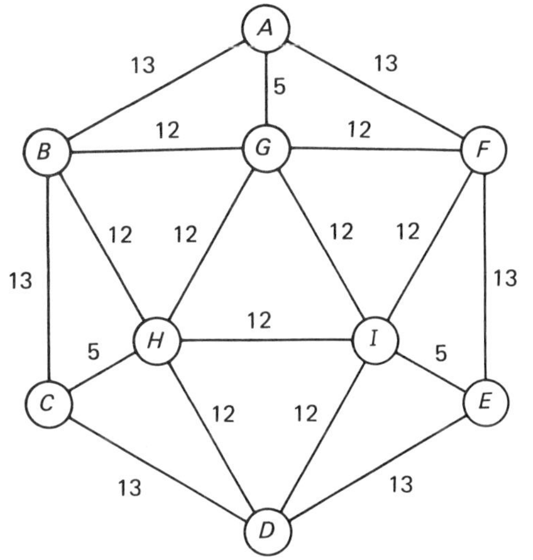

73 Dominosteine auf einem Schachbrett

Ein Dominostein habe die gleiche Form und Größe wie zwei Quadrate auf einem Schachbrett.
Ist es möglich, das hier gezeigte Brett, bei dem zwei Quadrate an den sich gegenüberliegenden Ecken fehlen, mit 31 solcher Dominosteine zu bedecken?

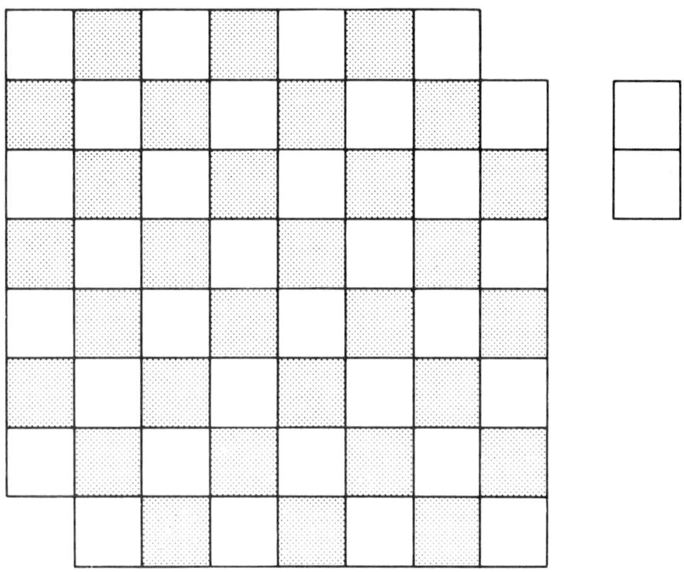

74 Identische Zwillinge

Teilen Sie jede Figur *X* und *Y* in zwei kongruente Teile.
Entwerfen Sie ähnliche Puzzles.

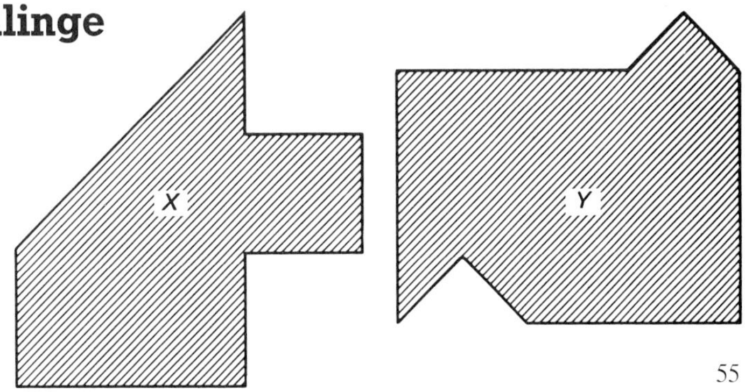

75 Das Vier-Farben-Problem

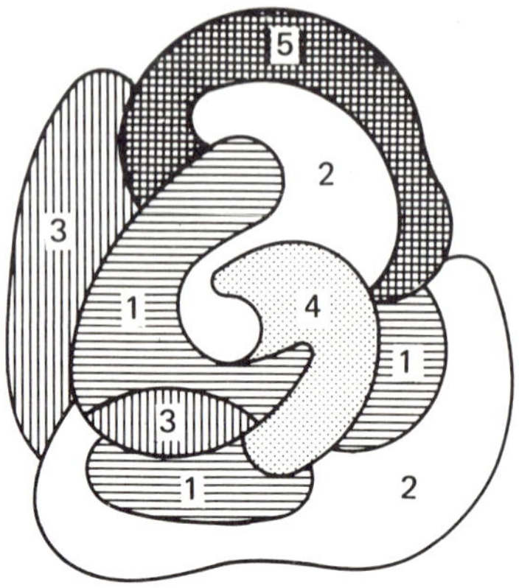

Wie viele Farben werden benötigt, um eine Karte so farbig zu gestalten, daß alle Regionen, die aneinander grenzen, verschiedene Farben aufweisen? (Zwei Regionen, die sich nur in einem Punkt berühren, dürfen den gleichen Farbton erhalten.)
Die hier gezeigte Karte scheint der Schraffur nach aus fünf Farben zu bestehen, aber sie kann mit nur vier Farben bemalt werden. Wie?
Seit Karten produziert werden, sind die Hersteller überzeugt, die verschiedenen Regionen mit lediglich vier Farben darstellen zu können. Seit Möbius dieses Ergebnis erwähnte, haben Mathematiker versucht, dies zu beweisen. Wie auch immer, es widerstand jedem Beweis, bis 1978 zwei amerikanische Mathematiker einen leistungsstarken Computer benutzten, um die Vermutung zu beweisen. Aber viele Leute haben noch so im stillen das Gefühl, daß irgendwann jemand mit einer Karte aufkreuzen wird, die sich nicht mit nur vier Farben gestalten läßt... haben Sie eine Idee?

76 Die Pentominos

Fünf Quadrate können auf zwölf verschiedene Weisen Rand an Rand aneinandergefügt werden. Diese Formen sind unter dem Namen *Pentominos* bekannt und sind hier parkettartig zu einem 10 x 6-Rechteck zusammengefügt.

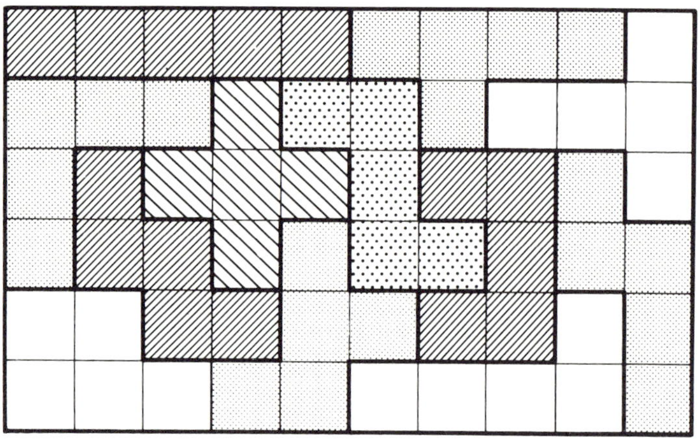

(a)

Schneiden Sie sich aus dicker Pappe einen Satz Pentominos aus, und probieren Sie, ob Sie noch andere Wege finden können, sie zu 10 x 6-, 12 x 5-, 15 x 4- und 20 x 3-Rechtecken zusammenzulegen. Insgesamt gesehen gibt es Tausende von Möglichkeiten, aber man kann Ihnen schon gratulieren, wenn Sie zu jeder Form eine finden.

Das Pentomino-Kreuz läßt sich zu einem Muster legen, das lückenlos eine Seite überziehen kann (d.h. es bildet ein *Parkett* – siehe (b)). Entwerfen Sie Muster, um zu zeigen, welche der anderen Pentominos auch Parkette bilden können.

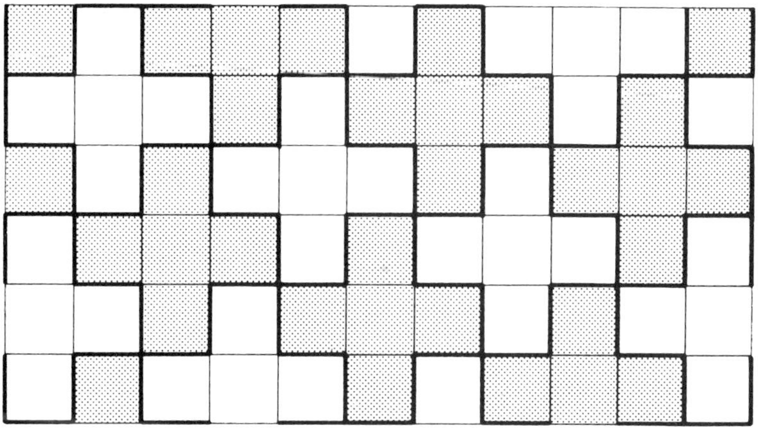

(b)

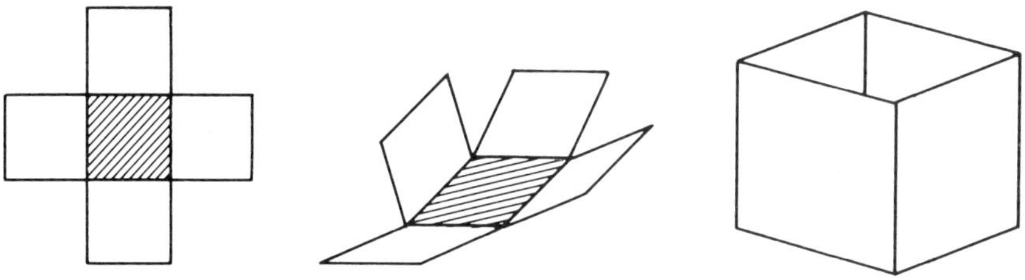

(c)

Das gleiche Pentomino ist in (c) gefaltet dargestellt und bildet eine oben offene kubische Schachtel. Finden Sie heraus, welche der anderen Pentominos auch das Gerüst für eine Schachtel bilden, und schraffieren Sie das Quadrat, welches der Grundplatte entspricht.

77 Die Hexominos

Welche der Figuren in (a) könnte zu einem Würfel gefaltet werden?

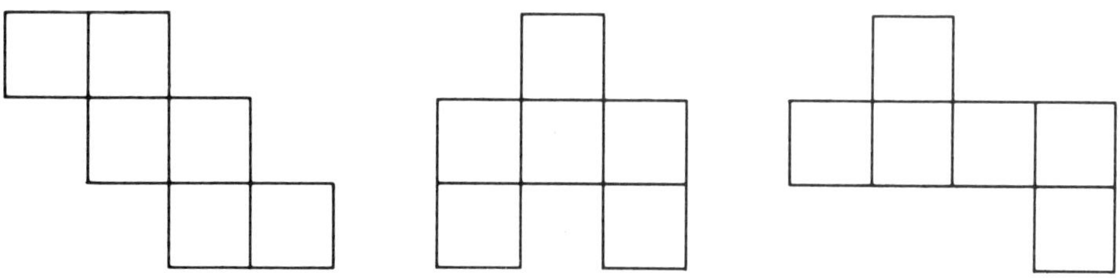

(a)

Figuren aus sechs Quadraten werden *Hexominos* genannt. Es gibt 35 verschiedene Hexominos. Versuchen Sie alle herauszufinden – es ist hilfreich, kariertes Papier zu verwenden und gemeinsam mit einem Partner die Sache anzugehen. Halten Sie Ihre Ergebnisse übersichtlich fest, damit Sie gleich erkennen können, wenn Sie zwei identische Figuren entworfen haben.

Elf dieser Hexominos können zu einem Würfel gefaltet werden. Wenn Sie ein neues Hexomino entdeckt haben, versuchen Sie zu entscheiden, ob sich daraus ein Würfel formen ließe, bevor Sie es falten. Überprüfen Sie Ihre Entscheidung, indem Sie die Figur ausschneiden und falten. Wie oft haben Sie sich vertan?

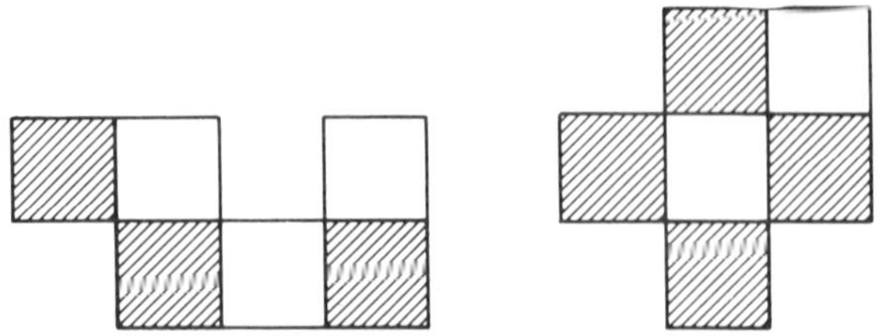

A *B*

(b)

Bei den in Abbildung (b) gezeigten zwei neuen Hexominos *A* und *B* wurden die alternierenden Quadrate wie bei einem Schachbrett schraffiert. Figur *A* kann aus drei, Figur *B* dagegen entweder aus vier oder aus zwei schwarzen Quadraten bestehen. Daher kann Figur *A Ungerade* und Figur *B Gerade* genannt werden. Schraffieren Sie alle Ihre Hexominos, und entscheiden Sie, welche *gerade* und welche *ungerade* sind. Wie viele *gerade* haben Sie?

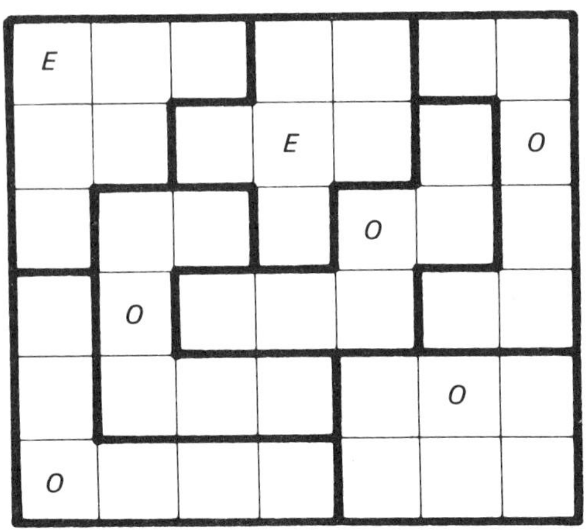

(c)

Abbildung (c) zeigt eine Möglichkeit, ein 7 x 6-Rechteck in Hexominos zu zerlegen. In diesem Beispiel sind zwei der Hexominos *gerade* und fünf *ungerade*.
Finden Sie andere Wege, ein 7 x 6-Rechteck in Hexominos zu zerteilen, und notieren Sie jedesmal die Anzahl der *geraden* und *ungeraden*.

Erklären Sie, warum es unmöglich ist, dieses Rechteck in sieben *gerade* Hexominos zu unterteilen.
Ist es möglich, ein Rechteck aus allen 35 verschiedenen Hexominos zu bilden?

78 Würfelbauten

Für diese Aufgabe wären einige zusammensteckbare Würfel, wie sie im Handel erhältlich sind, ideal. Es lohnt sich, einige zu besorgen, da sie bunt sind, leicht zu handhaben und vor allem dazu anregen, kreativ dreidimensional zu denken.
Basteln Sie mit Hilfe von vier Würfeln jeweils zwei Figuren wie in (a).
Jetzt sind Sie in der Lage, sie zu einem 2 x 2 x 2-Würfel (b) zusammenzusetzen.

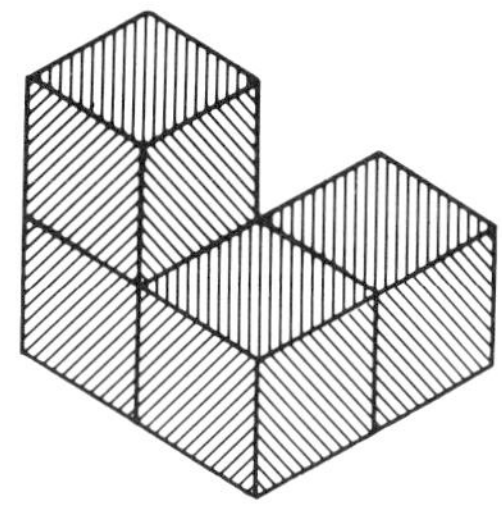

(a)

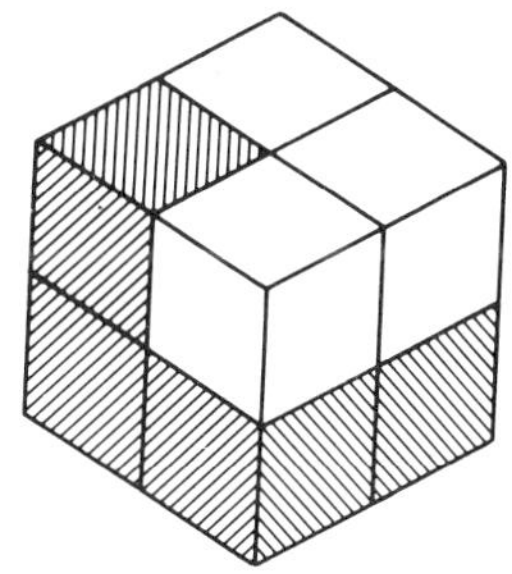

(b)

Es gibt noch zwei weitere Figuren, die aus vier Einheitswürfeln bestehen und ebenso einen halben Würfel ergeben. Finden Sie sie.
Wie viele andere Möglichkeiten gibt es noch, 2 x 2 x 2-Würfel aus zwei Figuren zusammenzusetzen, die selbst auch aus Einheitswürfeln aufgebaut sind?
Das große Interesse an Figuren, die aus Einheitswürfeln zusammengefügt sind, ist sicher durch das von dem dänischen Mathematiker Piet Hein erfundene Soma Würfelpuzzle angeregt worden. Es besteht aus den sieben in (c) gezeigten Figuren. Ziel ist es, sie so zusammenzusetzen, daß ein 3 x 3 x 3-Würfel entsteht.

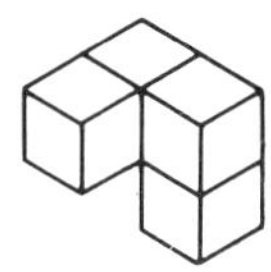

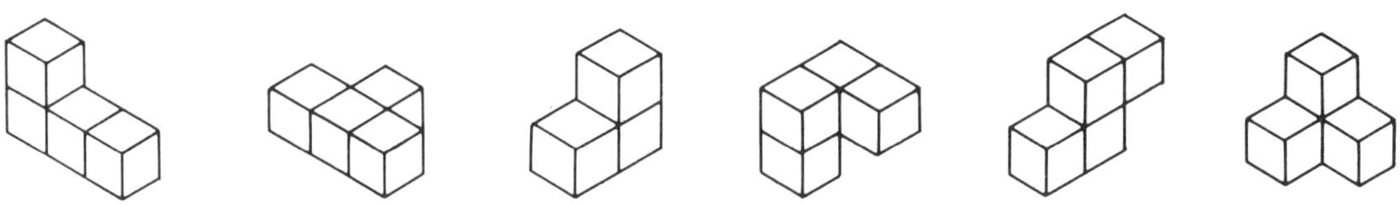

(c)

Fertigen Sie diese Figuren aus Ihren zusammensteckbaren Würfeln an, und versuchen Sie, den größeren Würfel zu konstruieren. Es gibt mehr als eine Lösung. Wenn Sie einen kompakten Satz von diesen Figuren basteln wollen, kaufen Sie sich einfach einen Holzstab mit einem Querschnitt von 2 x 2 cm, schneiden ihn auf die entsprechenden Längen zurecht und kleben die Stücke zusammen. Falls Sie den Satz anders bevorzugen, können Sie ihn sich auch im Handel besorgen – egal, wie Sie sich entscheiden, das Puzzle wird Ihnen unterhaltsame Stunden bereiten.
Aber warum nicht auch kreativ sein und die zusammensteckbaren Einheitswürfel benutzen, um selbst einen interessanten Satz von Figuren zu entwerfen, mit dem sich auch ein 3 x 3 x 3-Würfel aufbauen läßt? Fordern Sie Ihre Freunde damit heraus. Probieren Sie einmal, wieviel verschiedene, aus fünf Einheitswürfeln bestehende Figuren Sie bauen können, die sich jedoch wesentlich von den zwölf Pentominos unterscheiden sollten.

79 Ein halber Würfel

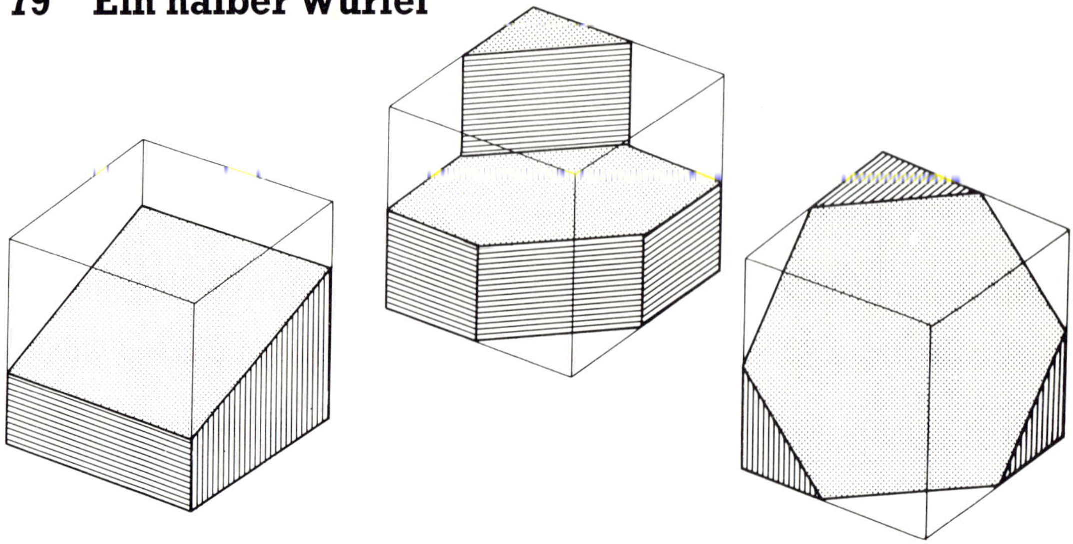

(a)

Die drei Zeichnungen in (a) zeigen verschiedene Möglichkeiten, einen Würfel in zwei gleiche Teile zu zerlegen. Versuchen Sie, andere Wege herauszufinden, und basteln Sie Modelle aus Pappe. In Aufgabe 78 wurde dazu angeleitet, aus kleineren Einheitswürfeln einen größeren zusammenzusetzen. Eine Abwandlung dieser Methode könnte Ihnen helfen, interessante Lösungen zu finden, einen Würfel in zwei Teile aufzuspalten. Drei weitere Möglichkeiten sind in (b) dargestellt.

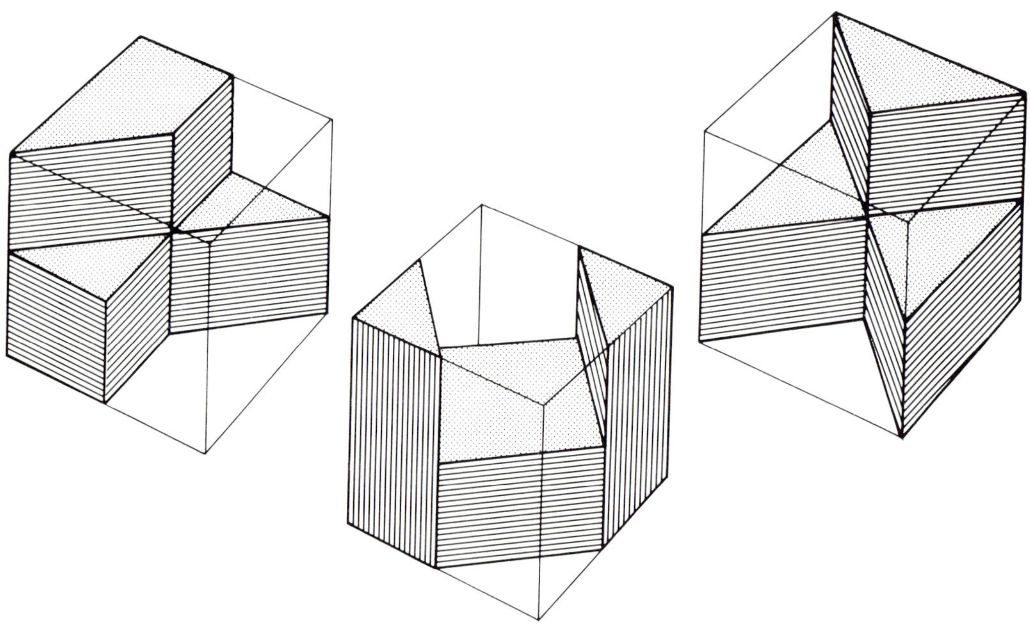

(b)

80 Ein Polyeder-Bastelset

Zeichnen Sie ein gleichseitiges Dreieck und ein Quadrat, jeweils mit einer Kantenlänge von 4 cm, möglichst akkurat auf ein Stück Pappe. Als nächstes tragen Sie, wie in (a) gezeigt, Streifen von $\frac{1}{2}$ cm Breite ab, beachten Sie dabei aber die Einschnitte an den Enden. Schneiden Sie die Figuren sorgfältig aus, da Sie sie noch als Schablonen für weitere identische Figuren benötigen.
Für den Start müssen zuerst acht Dreiecke und sechs Quadrate ausgeschnitten werden. Kerben Sie die Ränder *AB*, *BC*, *CA*, *PQ*, etc. so ein, daß sich die Streifen leicht falten lassen.
Nun benötigen Sie ein paar Gummibänder. Legen Sie die Ränder zweier Figuren aneinander, und falten Sie sie nach oben. Führen Sie nun ein Gummiband um die hochgeklappten Ränder (b).
Mit dieser Technik können Sie nun weitere Figuren Rand an Rand zusammenfügen, bis Sie eine feste Form erhalten. Mit den ausgeschnittenen Dreiecken und Quadraten können Sie ein Tetraeder, einen Würfel, ein Oktaeder, ein dreieckiges Prisma und viele weitere Figuren basteln. Einige sind in (c) dargestellt, mit den unsichtbaren Kanten als gestrichelte Linien, die Streifen wurden jedoch nicht eingezeichnet.

Die meisten der hier gezeigten Figuren sind einfach, vielleicht mit Ausnahme des quadratischen Antiprismas. Diese Figur kann beschrieben werden als zwei übereinanderliegende, aber um 45° verdrehte Quadrate, die durch einen Ring aus acht Dreiecken miteinander verbunden werden – ein Dreieck verbindet eine Seite des einen Quadrates mit einer Ecke des anderen.

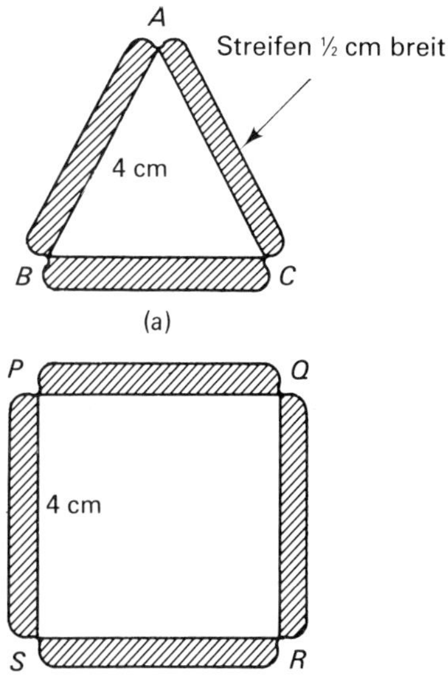

(a)

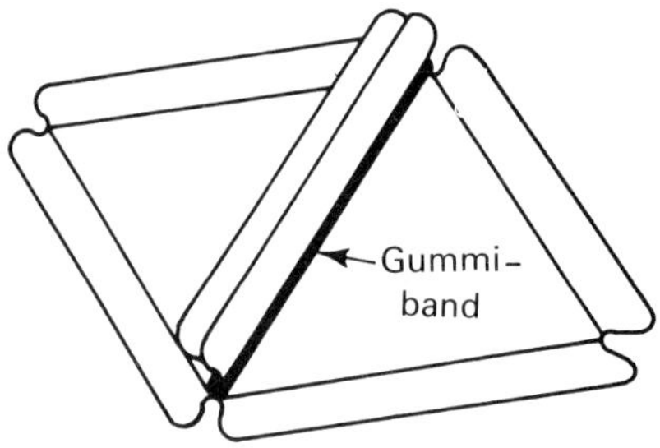

(b)

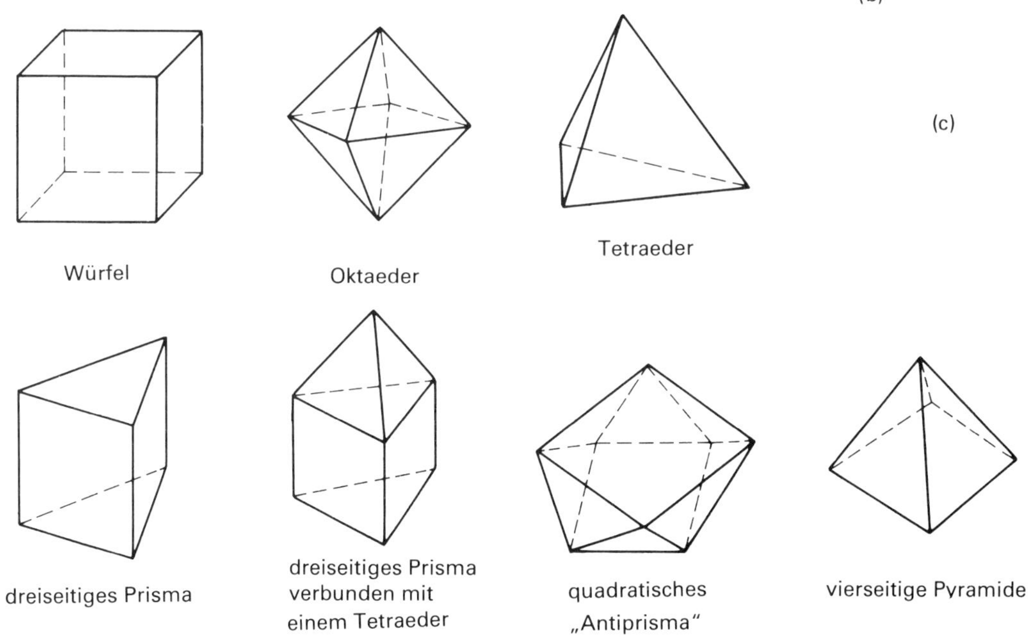

(c)

(d)

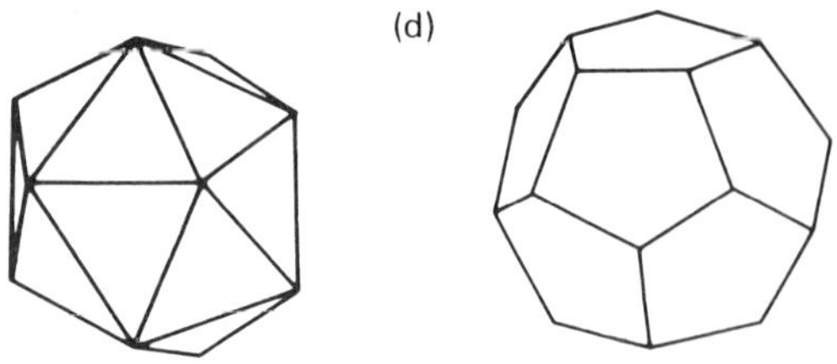

Ikosaeder Dodekaeder

Um größere und vielgestaltigere Polyeder zu entwerfen, benötigen Sie weitere Dreiecke und Quadrate sowie andere Figuren.
Um das wunderschön symmetrische Ikosaeder mit den jeweils fünf in den Eckpunkten zusammentreffenden Dreiecken zu basteln, brauchen Sie zwanzig Dreiecke, während Sie für das Dodekaeder zwölf neue regelmäßige Fünfecke benötigen (d).

Weitere Polyeder, die man herstellen kann, werden in (e) gezeigt. Für diese Formen braucht man nur Quadrate und Dreiecke, doch sollten Sie Fünf- und Sechsecke hinzunehmen wollen, müßten Sie darauf achten, daß sie die gleiche Kantenlänge, nämlich 4 cm, aufweisen. Der beste Weg, ein regelmäßiges Vieleck zu konstruieren, beginnt mit der Unterteilung eines Kreises in Sektoren, deren Anzahl mit der der Seiten des Vielecks übereinstimmt. Zunächst aber muß der Radius des Kreises stimmen, da sonst das Polyeder an einer falschen Kantenlänge scheitert. Die Details für das Fünf- und das Sechseck werden in (f) gezeigt. Warum gilt der Radius von 4 cm nur für das Sechseck und nicht auch für das Fünfeck?

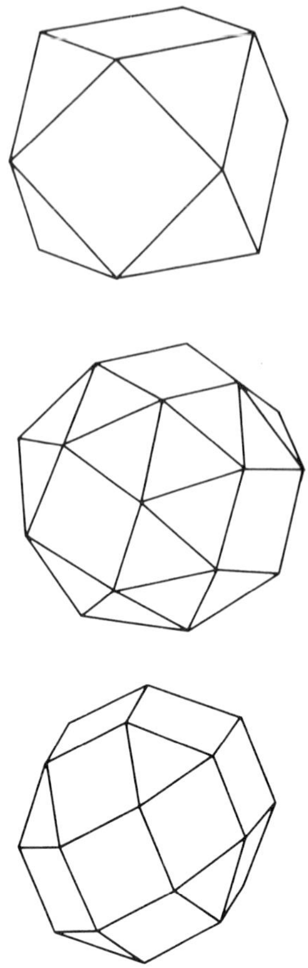

(e)

(f)

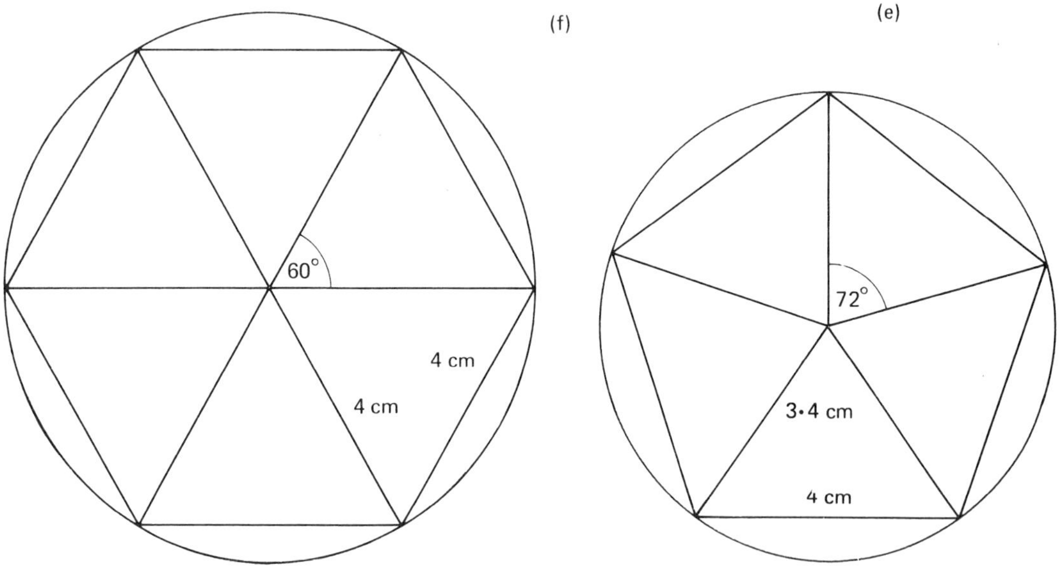

Der Vorteil dieses Bastelsets liegt darin, daß ein Polyeder leicht auseinandergenommen werden kann und die Figuren für den Bau eines neuen Modells zur Verfügung stehen. Wenn Sie ein Polyeder etwas haltbarer basteln wollen, brauchen Sie nur die Streifen aneinanderzuheften. Die Figuren auszuschneiden mag zwar langweilig sein, aber das Enstehen neuer Modelle entschädigt sicherlich.
Sollten Sie zwölf Fünfecke für ein Dodekaeder ausgeschnitten haben, können Sie versuchen, das in (g) gezeigte Rhombikosidodekaeder zu basteln. Es wirkt sehr eindrucksvoll, wenn es fertig ist und sieht besonders gut aus, wenn es dreifarbig gestaltet wird, wobei man jeder unterschiedlichen Fläche eine Farbe zuordnet. Für seine Herstellung benötigen Sie zwölf Fünfecke, zwanzig Dreiecke und dreißig Quadrate. Wenn Sie Ihr fertiges Modell anschauen, werden Sie feststellen, daß sich die Fünfecke in ziemlich ähnlichen Positionen befinden wie beim Dodekaeder, und die Dreiecke in ziemlich ähnlichen Positionen wie beim Ikosaeder. Sie können ebenso erkennen, daß in jedem Eckpunkt ein Fünfeck an ein Quadrat stößt, das wieder ein Dreieck und schließlich noch ein zweites Quadrat berührt.
Wenn Sie mehr über Polyeder wissen wollen, werden Sie viele interessante Bücher finden können. Eines der besten ist immer noch *Mathematical Models* von Cundy und Rollett, dessen erste Auflage 1951 bei Oxford University Press erschien.

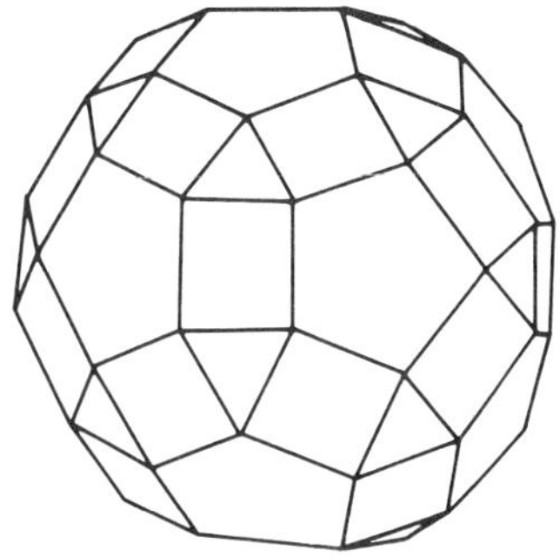

(g) Rhombikosidodekaeder

81 Das Dodekaeder und das sternförmige Dodekaeder

Das Dodekaeder ist eines der fünf regelmäßigen Körper, die auch Platonische Körper genannt werden. Die anderen sind das Tetraeder, der Würfel, das Oktaeder und das Ikosaeder.
Bei jedem von ihnen sind die Flächen regelmäßige identische Vielecke, und jeder Eckpunkt entspricht den anderen. Das Dodekaeder besteht aus zwölf Flächen – lauter regelmäßigen Fünfecken. Davon inspiriert, hat ein findiger Unternehmer einen räumlichen Kalender produziert, d.h. jede Oberfläche mit einem Kalendermonat versehen.
Es lohnt sich, ein solches Modell zu basteln, da es nicht nur für sich betrachtet eine faszinierende Figur darstellt, sondern weil es auch als Grundbaustein für die sternförmige Version benutzt werden kann. Die folgende Konstruktionsanleitung behandelt zur Hälfte das Netz für ein Dodekaeder. Wenn es auf Papier oder Pappe gezeichnet ist, lassen sich sehr einfach weitere Kopien herstellen, indem die fertige Zeichnung auf ein Stück Pappe gelegt wird und mit einer Zirkelspitze alle Scheitelpunkte (Ecken) des Netzes durchstochen werden.

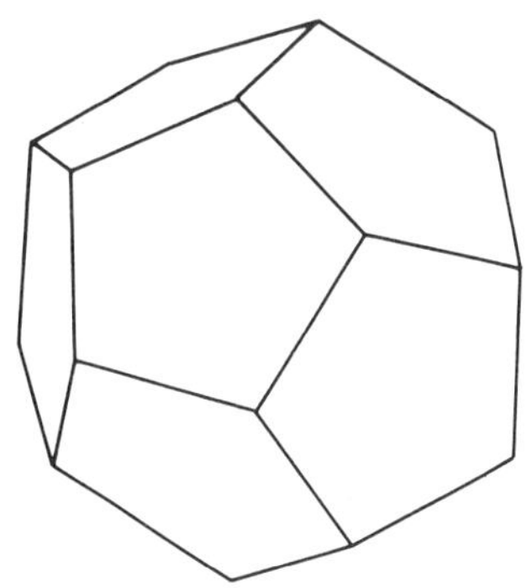

Dodekaeder

1) Zeichnen Sie einen großen Kreis.
2) Tragen Sie fünf Geraden, *OA*, *OB*, *OC*, *OD*, *OE*, in einem Winkel von je 72° vom Mittelpunkt *O* zum Rand des Kreises hin ab.
3) Verbinden Sie *AB*, *BC*, *CD*, *DE* und *EA* zu einem regelmäßigen Fünfeck.
4) Zeichnen Sie die Diagonalen von *ABCDE* ein. Diese Diagonalen bilden in der Mitte ein kleineres Fünfeck *PQRST*. Dieses Fünfeck soll eine Oberfläche des Dodekaeders bilden. Kennzeichnen Sie deshalb seine Ränder mit einem Kugelschreiber.
5) Nun tragen Sie die Diagonalen von *PQRST* (hier gestrichelt) ein und verlängern Sie sie, um die Ränder des äußeren Fünfeck-Ringes zu bilden. Kennzeichnen Sie diese Ränder deutlich.
6) Stechen Sie nun mit dem Zirkel auf Pappe durch, um so viele Netze wie benötigt zu erhalten.

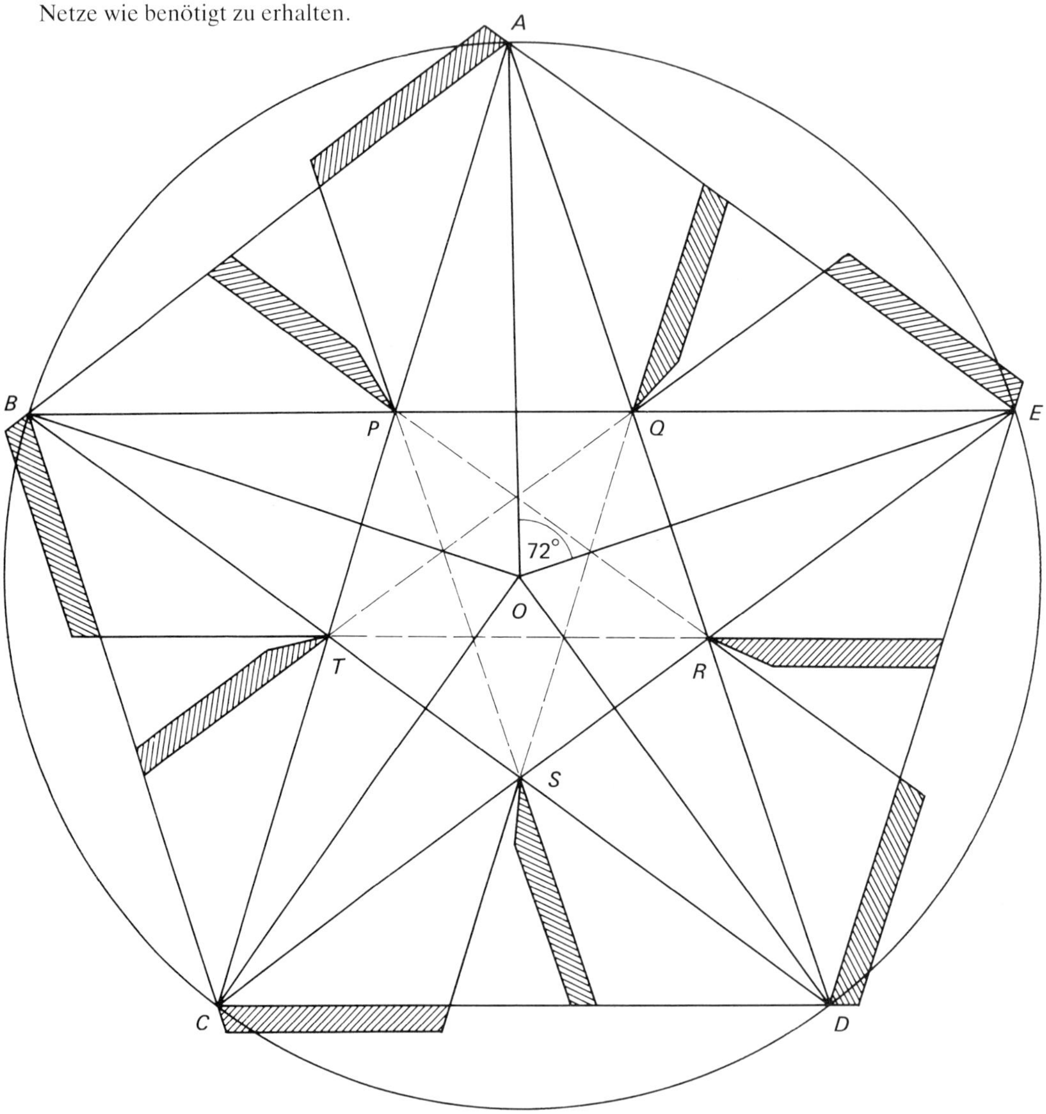

7) Zeichnen Sie die zusätzlichen Netze, und bringen Sie an den entsprechenden Rändern Klebetreifen an.
8) Schneiden Sie die Netze aus, und kerben Sie alle Linien ein, die wie *PQ* gefaltet werden müssen oder an denen entlang Streifen verlaufen.
9) Benutzen Sie einen schnell trocknenden Klebstoff, um ihre Netze zusammenzukleben.

Arbeiten Sie nicht übereilig. Die ersten Schritte müssen sehr akkurat durchgeführt werden, da Sie sonst am Ende womöglich vor einem Netz stehen, das nicht zusammenpaßt.

Wenn Sie Ihr Dodekaeder erfolgreich fertiggestellt haben, können Sie es sternförmig gestalten und erhalten damit eine hübsche Weihnachtsdekoration. Dafür ist es notwendig, jeder Oberfläche des Dodekaeders eine Spitze in Form einer fünfseitigen Pyramide anzufügen. Die Seiten dieser Pyramide sind gleichschenklige Dreiecke und entsprechen *APQ* im Netz des Dodekaeders.

Das Netz für eine "Spitze" ist einfach zu entwerfen, indem man einen Halbkreis mit einem Radius zeichnet, der den Diagonalen der Fünfecke, des Dodekaeders entspricht. Unterteilen Sie den Halbkreis in fünf gleiche Felder, indem Sie in 36° Abständen Radien eintragen.

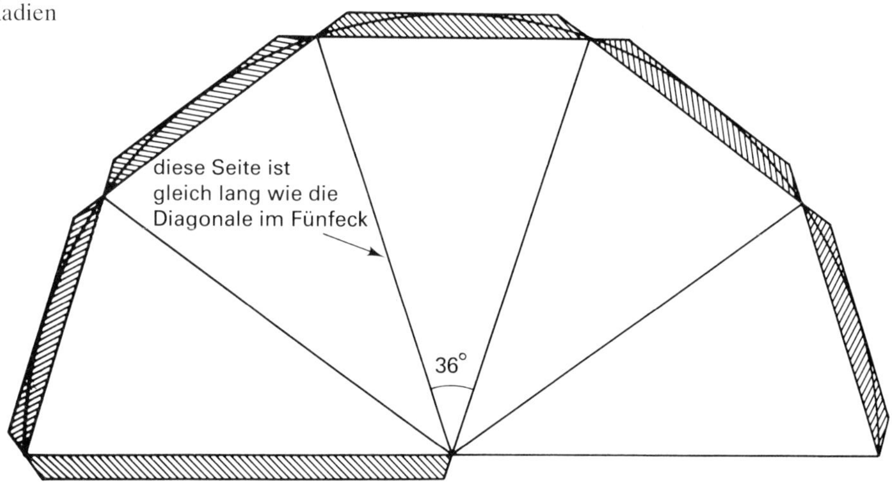

Fügen Sie die Streifen an, und kerben Sie die Faltlinien ein. Sie benötigen zwölf identische Netze; deshalb falten Sie Ihr erstes, um zu sehen, ob es mit Ihrem Dodekaeder zusammenpaßt, bevor Sie es kopieren.

82 Ein Symmetrie-Spiel

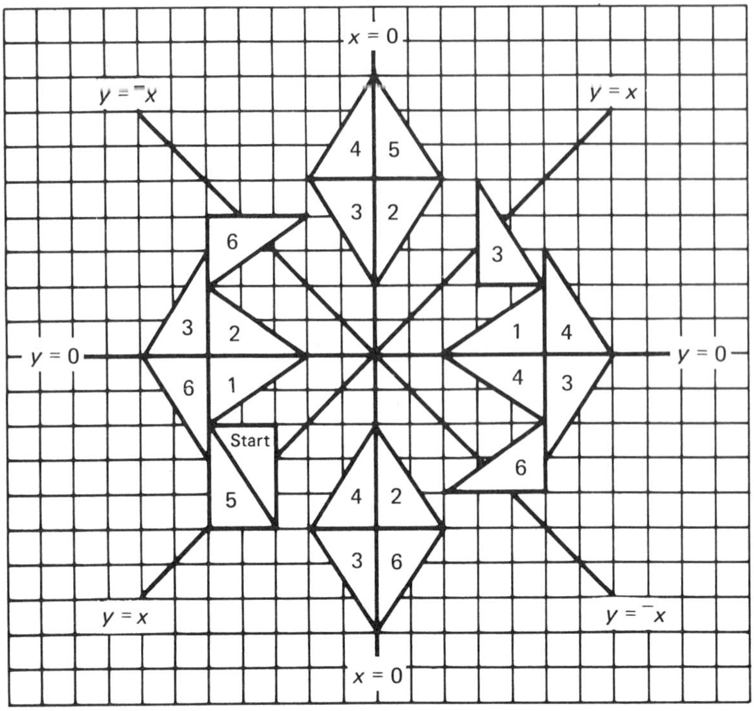

Spielstein

Dieses Spiel erfordert Kenntnisse über Spiegelungen, Drehungen, Verschiebungen und deren Verkettungen. Diese Sammlung von Abbildungen ist unter dem Namen *Kongruenzabbildungen* bekannt.

Bevor Sie beginnen können, müssen Sie sich erst noch folgendes basteln:

1) Ein wie oben gezeichnetes Spielbrett und einen beweglichen Spielstein der gleichen Form und Größe wie die Dreiecke auf dem Brett;
2) einen Kartenstapel – siehe unten.

Die Karten

Jede Karte beschreibt eine Abbildung, die der Spieler, dem die Karte gehört, mit dem beweglichen Dreieck auf dem Brett durchführen kann. Es gibt zwei Arten von Karten:

1) Karten, die exakt die Art und Weise der Abbildung angeben, wie beispielsweise

   SPIEGELUNG Spiegelachse: $y = x$

2) Joker, die dem Spieler gewisse Freiheiten lassen.

Die 42 Karten im Stapel setzen sich wie folgt zusammen.

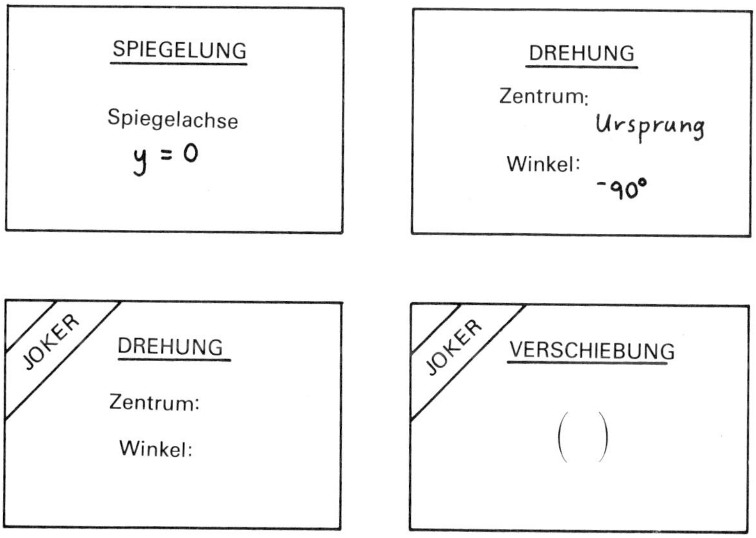

	Zentrum	*Drehwinkel*	*Anzahl der Karten*
DREHUNGEN	Ursprung	+90°	3
		−90°	3
		180°	3
	Der rechte Winkel des Dreiecks	+90°	2
		−90°	2
		180°	2
SPIEGELUNGEN		*Spiegelachse*	
		x = 0	3
		y = 0	3
		y = x	3
		y = −x	3
JOKER	Verschiebung		7
	Drehung		4
	Spiegelung		4

Spielregeln:

Das Spiel kann mit zwei, drei oder vier Spielern gespielt werden.

1) Nachdem Sie die Karten gemischt haben, teilen Sie fünf an jeden Spieler aus und legen den restlichen Stapel verdeckt auf den Tisch.
2) Entscheiden sie, z.B. durch Würfeln, wer anfängt. Dann kann das Spiel beginnen.
3) Wenn ein Spieler an die Reihe kommt, muß er versuchen, das Dreieck-Steinchen von der Stelle, an der es vom vorhergehenden Spieler zurückgelassen wurde, zu einem anderen Dreieck auf dem Spielfeld zu bringen. Die ihm erlaubten Schritte entsprechen den Karten, die er in der Hand hält. Der Schritt kann einer Karte oder der Kombination von Karten entsprechen. Im Fall einer Verkettung müssen die Zwischenstationen des Dreiecks keinem markierten Steinchen entsprechen. Die Karten müssen nach der Benutzung offen auf einen Ablagestapel neben dem noch unbenutzten Stapel abgelegt werden.
4) Wenn ein Spieler seinen Zug vollendet hat, nimmt er sich eine oder mehrere Karten vom noch unbenutzten Stapel, um die Anzahl der Karten in seiner Hand wieder auf fünf zu ergänzen.
5) Jeder Spieler erhält die Punkte der Dreiecke, in denen er sich aufgehalten hat.
6) *Ziel des Spieles* ist es, möglichst viele Punkte zu sammeln. Daher muß selbstverständlich für jeden Spieler die Gesamtsumme seines jeweiligen Durchganges festgehalten werden.
7) Wenn ein Spieler keinen Zug durchführen kann oder will, darf er eine Karte ablegen und dafür eine neue aufnehmen.
8) Wenn ein Spieler einen Joker benutzt, so muß er erst die Detailschritte angeben (z.B. die Lage der Spiegelungsachse), bevor er den Stein setzt.
9) Wenn ein Spieler glaubt, daß der Spielzug eines anderen nicht der oder den benutzten Karten entspricht, so kann er ihn anfechten. Wenn das zu Recht geschieht, wird das Dreieck auf die vorherige Position zurückgelegt, und der Spieler mit dem fehlerhaften Zug muß diese Runde aussetzen.
10) Das Spiel ist beendet, wenn der unbenutzte Kartenstapel abgetragen ist und keiner mehr setzen kann. Andererseits kann das Spiel auch an diesem Punkt weitergespielt werden, indem man einfach den Ablagestapel mischt und verdeckt wieder hinlegt. So können von oben her wieder Karten gezogen werden.

In dieser Form ist das Spiel ziemlich einfach. Sie können es in vielfältiger Weise so variieren, daß es auch Spaß macht Verkettungen von Abbildungen zu benutzen, um das Dreieck-Steinchen im Wettstreit um die größtmögliche Punktzahl zu verschieben.

83 Der zersägte Würfel

Ein 3-cm-Holzwürfel soll in 27 Ein-Zentimeter-Würfel zersägt werden. Ist es möglich, dies mit weniger als sechs Sägeschritten zu erreichen?

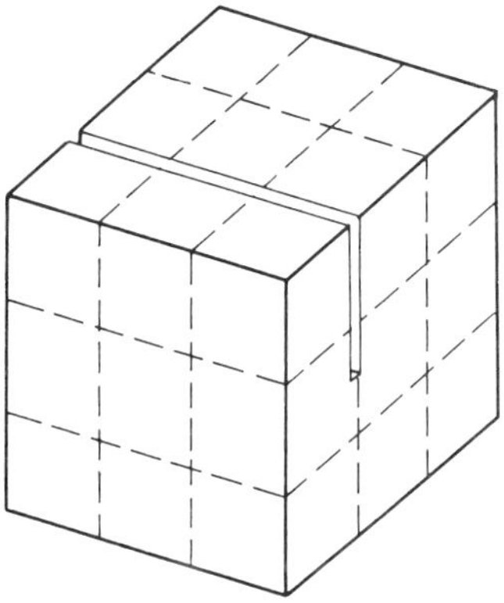

84 Das unwahrscheinliche Loch

So unwahrscheinlich es erscheinen mag, so ist es doch möglich, durch einen kompakten Würfel ein solches Loch zu schneiden, daß ein größerer als der ursprüngliche Würfel oben in das Loch hineingesteckt und unten wieder herausgeholt werden kann.
Wie bohren Sie das Loch?

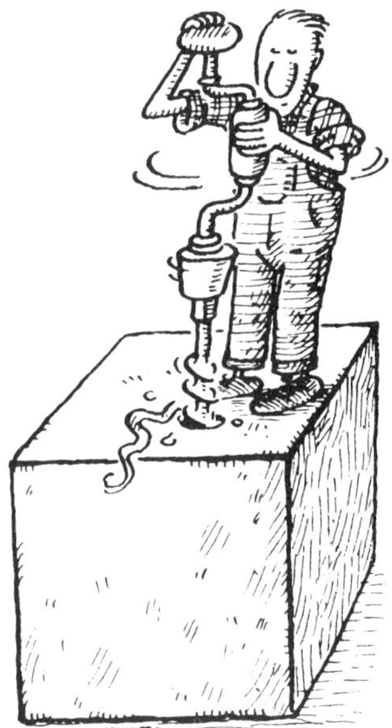

85 Quadratur eines gleichseitigen Dreieckes

Konstruieren Sie ein gleichseitiges Dreieck ABC, und zerlegen Sie es in die vier hier gezeigten Teile, bei denen

$$AP = BP, \quad CQ = BQ, \quad AR = \tfrac{1}{4}\,AC, \quad CS = \tfrac{1}{4}\,CA$$

und PM und SN im rechten Winkel zu RQ stehen. 8 cm ist eine empfehlenswerte Länge für AC.
Schneiden Sie die Teile aus Pappe aus (für ein haltbares Puzzle eignet sich Sperrholz), und setzen Sie sie wieder zu einem "Quadrat" zusammen.

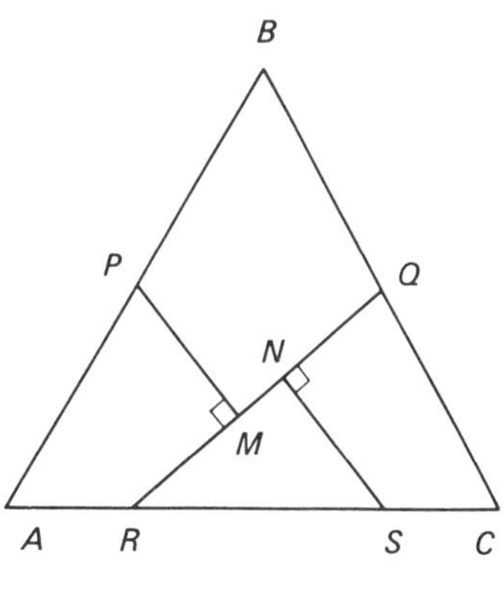

86 Quadratur einer Urne

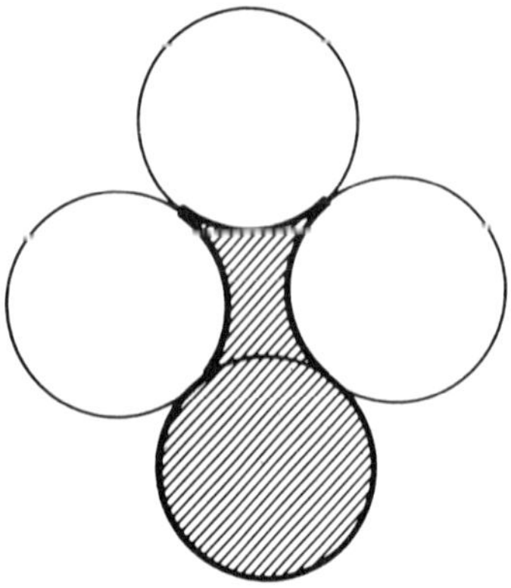

Hier ist der Querschnitt einer Urne schraffiert gezeigt. Er setzt sich aus Teilen von vier Kreisen gleicher Größe zusammen. Zeigen Sie, wie diese Figur mit zwei geraden Schnitten in drei Teile zerlegt werden kann, die sich zu einem Quadrat zusammenfügen lassen.

87 Die verwirrte Hausfrau

Frau Schmidt ging oft zur Bushaltestelle an der Hauptstraße, um von dort mit dem Bus in das Einkaufszentrum zu fahren. Sie kümmerte sich nie um die Fahrpläne, da es sich um eine vielbefahrene Strecke handelte, und sie sowohl einen *P*-Bus als auch einen *Q*-Bus nehmen konnte. Sie wußte, daß pro Stunde sechs Busse von jeder Linie an ihrer Haltestelle vorbeikamen und sie deshalb nie lange zu warten brauchte. Was sie jedoch verwunderte, war, daß sie fast nie mit einem *Q*-Bus zu fahren schien. Sie beschloß deshalb, sich regelmäßig die Nummern der Busse, mit denen sie fuhr, zu notieren und fand heraus, daß sie nur bei einer von zehn Fahrten mit einem *Q*-Bus unterwegs war. Sie war verwirrt! Können Sie ihr helfen?

88 Das umgekehrte Dreieck

Aus Pfennigen wird wie in (a) ein Dreieck aufgebaut. Wieviel Pfennige müssen mindestens bewegt werden, um das Dreiecksmuster (b) umzudrehen?

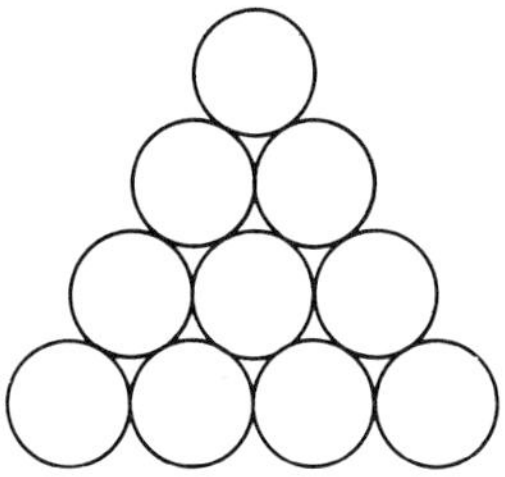

(a)

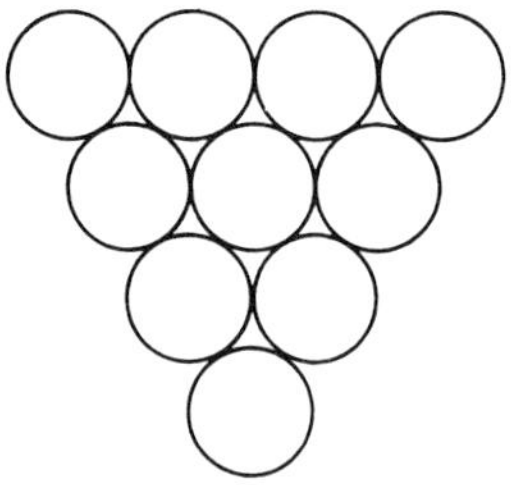

(b)

89 Rösselsprung

Eines der klassischen Probleme im Bereich der Logeleien ist es, Wege auf einem Schachbrett zu finden, denen ein Springer so folgen kann, daß er jedes Quadrat auf dem Brett genau einmal besucht. In den letzten 200 Jahren haben viele berühmte Mathematiker, unter ihnen De Moivre, Euler und Vandermonde, über dieses Problem geschrieben, aber es gibt immer noch Neues zu entdecken.

Eine Lösung für ein 8 x 8-Brett, die auf De Moivre zurückgeht, ist in (a) dargestellt, wo die Zahlen in den Quadraten die Route des Springers aufzeigen. In (b) wird der gleiche Weg auf eine andere Art gezeigt. Beide haben ihre Vorteile, und Sie können sich entscheiden, welcher für Sie der geeignetere ist. (Sie werden jedoch in jedem Fall einen reichlichen Vorrat an Karopapier benötigen.) Die zweite Methode, die Quadrate mit Hilfe von Geraden zu verbinden, wurde nicht konsequent bis zum Ende durchgeführt, doch läßt sich trotzdem die Strategie von De Moivres Lösungsweg erkennen, der sich im wesentlichen in einer Richtung rund um das Brett bewegt, immer bestrebt, so dicht wie möglich am äußeren Rand zu bleiben. Übertragen Sie die Zeichnung (b) auf kariertes Papier, und vollenden Sie die Lösung von De Moivre, bevor Sie eine eigene zu finden suchen.

34	49	22	11	36	39	24	1
21	10	35	50	23	12	37	40
48	33	62	57	38	25	2	13
9	20	51	54	63	60	41	26
32	47	58	61	56	53	14	3
19	8	55	52	59	64	27	42
46	31	6	17	44	29	4	15
7	18	45	30	5	16	43	28

(a)

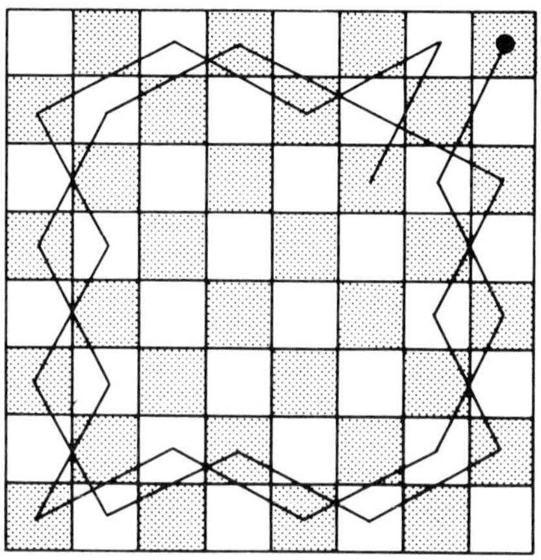

(b)

Bei einem Problem wie diesem, ist es oft hilfreich, mit einem kleinen Spielbrett zu beginnen, um erst einmal ein Gefühl dafür zu bekommen, auf welchem Weg ein Springer auf die anderen, umliegenden Quadrate gelangen kann.

Bei einem 3 x 3-Brett ist schnell erkennbar, daß eine Reise des Springers über das gesamte Brett unmöglich ist. Entweder beginnt der Springer auf einem äußeren Quadrat, von wo aus er leicht alle äußeren Quadrate, nicht aber das mittlere Feld besuchen kann, oder er beginnt in der Mitte, von der aus kein Zug möglich ist.

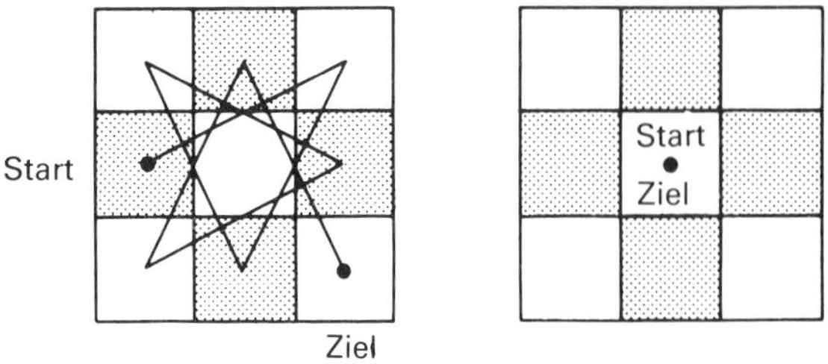

(c)

Ist es möglich, eine Route für den Springer auf einem 4 x 4-Brett zu ertüfteln? Abbildung (d) zeigt eine falsche Spur, die schon nach dem vierten Zug endet. Wenn Sie nicht alle sechzehn Quadrate erreichen, wieviel Felder können dann höchstens besucht werden, ohne rückwärts zu gehen?
Finden Sie Wege auf 5 x 5-, 6 x 6- und 7 x 7-Brettern.

			2
	1		
		3	
4			

(d)

Abbildung (e) zeigt die Route eines Springers auf einem rechteckigen 8 x 4-Brett.
Ist es auch auf einem kleineren rechteckigen Brett möglich, eine Reiseroute für den Springer ausfindig zu machen?

18	13	32	9	28	5	22	1
31	10	19	16	21	2	25	6
14	17	12	29	8	27	4	23
11	30	15	20	3	24	7	26

(e)

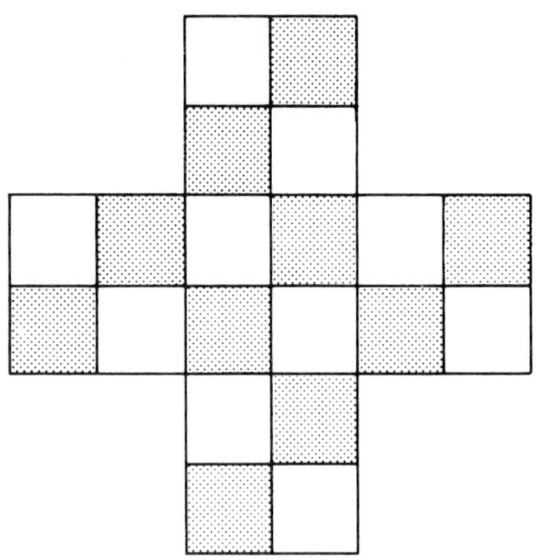

(f)

Es ist auch interessant, andere Figuren zu untersuchen, die von einem Springer bereist werden können. Die Figur in Abbildung (f) läßt dies zu, doch obwohl sich der Autor davon überzeugt hatte, gelang es ihm nicht auf Anhieb!

Kommen wir auf das klassische Problem auf dem quadratischen Brett zurück. Die Mathematiker, die es untersuchten, bemühten sich um Lösungen mit speziellen Eigenschaften. Ein Lösungstyp war der, fur den Springer einen Weg zu entdecken, der einen Springer-Zug vom Startfeld entfernt endete. Eine Lösung dieser Art, die auf Euler zurückgeht, ist unten abgebildet. Von diesem Lösungstyp sagt man, daß er einen Rundweg bildet. Die in (g) gezeigte Lösung weist eine weitere interessante Eigenschaft auf: erst wird die eine Hälfte des Brettes besucht, bevor man die andere betritt.

58	43	60	37	52	41	62	35
49	46	57	42	61	36	53	40
44	59	48	51	38	55	34	63
47	50	45	56	33	64	39	54
22	7	32	1	24	13	18	15
31	2	23	6	19	16	27	12
8	21	4	29	10	25	14	17
3	30	9	20	5	28	11	26

(g) Eulers halb-und-halb-Springer-Route

1	48	31	50	33	16	63	18
30	51	46	3	62	19	14	35
47	2	49	32	15	34	17	64
52	29	4	45	20	61	36	13
5	44	25	56	9	40	21	60
28	53	8	41	24	57	12	37
43	6	55	26	39	10	59	22
54	27	42	7	58	23	38	11

(h) Eulers Lösung als magisches Quadrat

Versuchen Sie, einen Rundweg auf einem 6 x 6-Brett zu entdecken. Es gibt einen schlüssigen Beweis für die Tatsache, daß auf einem Brett mit ungerader Felderzahl ein Rundweg unmöglich ist. Versuchen Sie einmal, den Grund herauszufinden.
Rundwege sind bei einer Vielzahl von Figuren möglich. Versuchen Sie es mit dieser (i).
Eine andere pfiffige Lösung, die auch auf Euler zurückgeht und schon viele Tüftler scheitern ließ, war die einer Springer-Reise, deren Quadratfolge, in der üblichen Weise durchnumeriert, ein 8 x 8 magisches Quadrat ergab (d.h. die Zahlen jeder Reihe oder Spalte, nicht aber der Diagonalen, lassen sich immer zur gleichen Gesamtsumme addieren, in diesem Fall 260). Dieses Quadrat ist in (h) wiedergegeben. Überprüfen Sie seine magische Eigenschaft, und untersuchen Sie die Symmetrie des Weges.
Ein interessantes Strategie-Spiel für zwei Spieler kann wie folgt gespielt werden. Gestartet wird auf einem beliebigen Quadrat eines 5 x 5-Brettes. Der Weg eines Springers wird nun aufgebaut, indem die Spieler abwechselnd einen Springerzug setzen, immer von der jeweils zuletzt eingenommenen Position ausgehend. Der Zug darf nicht auf ein bereits benutztes Quadrat führen: Sieger ist der Spieler, der als letzter noch in der Lage ist, sich zu bewegen.

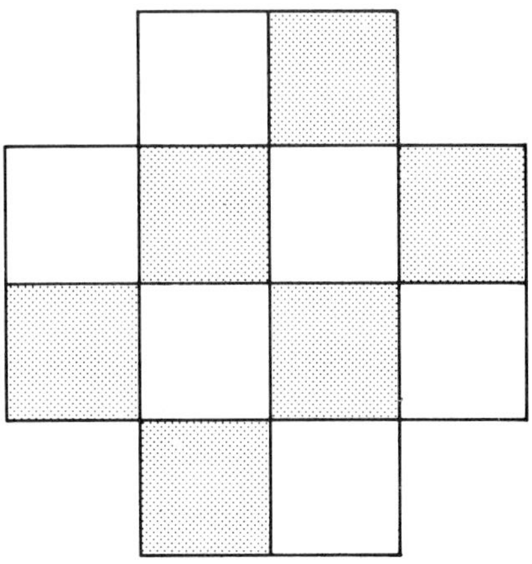

(i)

90 Entfernungen gewinnen eine neue Bedeutung

Der eigentümliche Rösselsprung des Springers, der ihn von einem Quadrat der einen Farbe auf ein Quadrat der anderen Farbe bringt, setzt unserem gesunden Menschenverstand ganz schön zu.
Angenommen, ein Springer steht auf einem schwarzen Quadrat und neben ihm ein Bauer auf einem weißen Quadrat, so braucht es von seiten des Springers mindestens drei Züge, um den Bauern zu fangen. So ist in diesem Sinne das angrenzende weiße Quadrat drei Schritte vom schwarzen Quadrat entfernt. Dies ist in Zeichnung (a) wiedergegeben. In (b) wird gezeigt, inwiefern ein angrenzendes schwarzes Quadrat nur zwei Züge entfernt liegt. Abbildung (c) zeigt alle Felder, die ein Springer von einem weißen Quadrat aus in zwei Zügen erreichen kann. da sie sich alle in der gleichen Entfernung vom Springer befinden, gehören sie alle zum Kreis des Springers! Warum handelt es sich hierbei nur um weiße Quadrate?

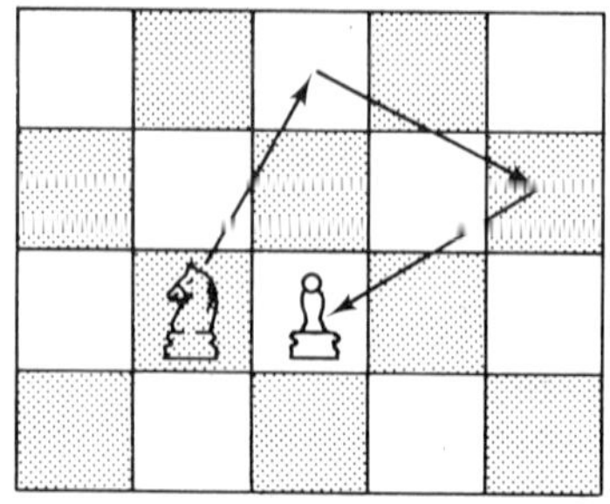

(a)

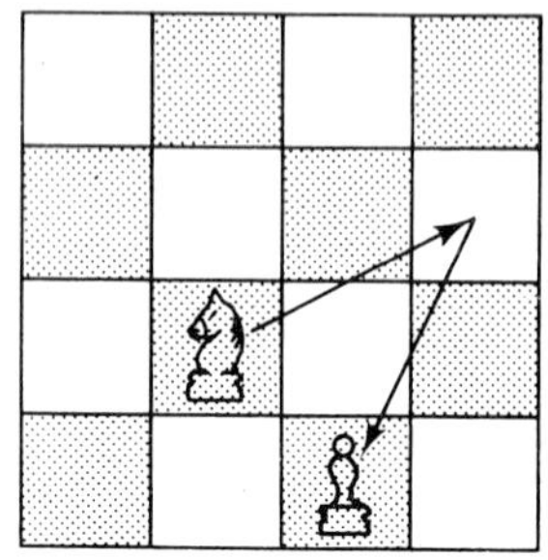

(b)

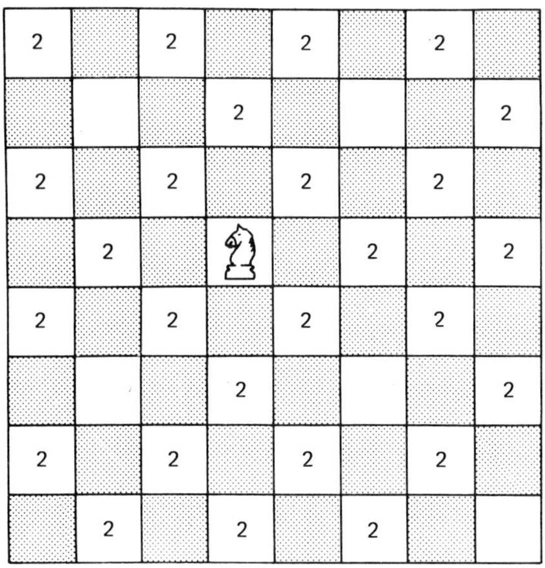

(c)

In welcher Entfernung vom Springer befinden sich alle anderen, nicht gekennzeichneten weißen Quadrate?
Nehmen Sie sich ein Stück Papier mit 8 x 8 Quadraten als Schachbrettersatz zur Hand, und stellen Sie sich einen Springer in einem weißen Quadrat in einer Ecke vor. Nun kennzeichnen Sie alle Quadrate mit der Zahl der Züge, um die sie von dem Springer in der Ecke entfernt sind. Wieviel Züge ist die gegenüberliegende Ecke entfernt?

91 Karambolage

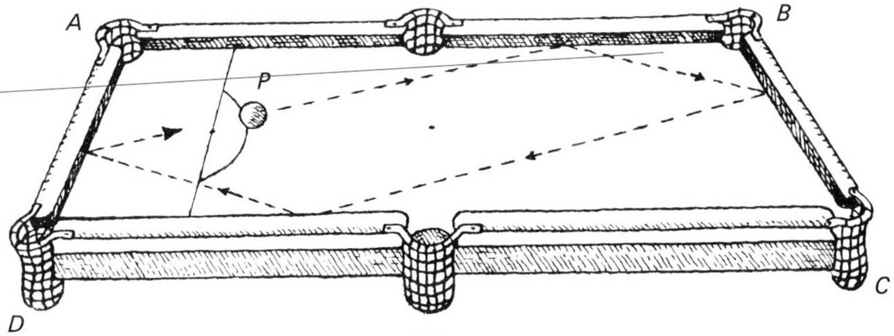

(a)

Wenn eine Kugel *P* durch den Stoß eines Queues gegen eine Bande eines Billardtisches prallt, rollt sie weiter, als ob die Bande ein Spiegel wäre. In Abbildung (a) wird der typische Weg einer Kugel gezeigt, die als erstes gegen die Seitenbande *AB* gestoßen wurde. Immer unter der Voraussetzung, daß keine andere Kugel in ihrem Weg liegt, wird sie von der Bande *BC* zurückgeworfen, dann von der Seitenbande *CD* etc., bis sie zum Stillstand kommt. Beim Billardspiel stellt sich oft das Problem, die Spielkugel so zu treffen, daß sie mit einer absichtlich hinter gegnerischen Kugeln versteckten Kugel einer bestimmten Farbe in Berührung kommt. Trifft sie irgendeine andere Kugel, werden Punkte abgezogen. Insofern besteht die Kunst des Spieles darin zu lernen, wie die Seitenwände des Tisches genutzt werden können, um die Spielkugel auf die Zielkugel prallen zu lassen.

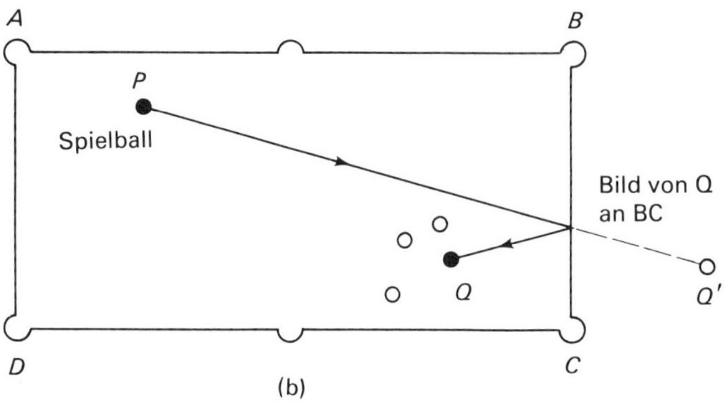

(b)

Abbildung (b) stellt eine Situation dar, in der *Q*, die Zielkugel, hinter drei anderen Kugeln versteckt liegt. In diesem Fall kann die Spielkugel über die Bande *BC* gespielt werden. Um entscheiden zu können, an welcher Stelle die Spielkugel auf *BC* treffen muß, kennzeichnen Sie in *Q*' das Spiegelbild von *Q* an *BC* und stoßen die Spielkugel in Richtung auf *Q*'. Die Spielkugel wird nun automatisch von *BC* in Richtung auf *Q* zurückgeworfen.

Diese Methode kann man für knifflige Situationen (zumindest in der Theorie) ausbauen, in denen die Kugel über zwei oder mehrere Banden gespielt wird. Abbildung (c) zeigt, wie die Spielkugel angestoßen werden muß, um erst von *AB*, dann von *BC* abzuprallen, bevor sie die Zielkugel *T* trifft.

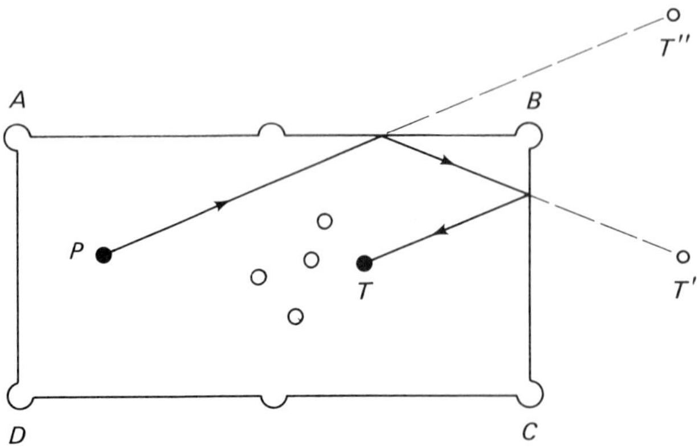

(c)

Da die Spielkugel von *BC* in Richtung auf *T* abprallen soll, muß sie in Richtung auf *T'* gegen *BC* rollen, da *T'* das Spiegelbild von *T* an *BC* darstellt. Um dies zu erreichen, muß sie zunächst auf *AB* zurollen, in Richtung auf *T''*, denn *T''* ist das Spiegelbild von *T'* an *AB*.
Finden Sie heraus, wie die Spielkugel *P* in den folgenden Situationen angestoßen werden muß, um die Zielkugel *T* zu berühren.

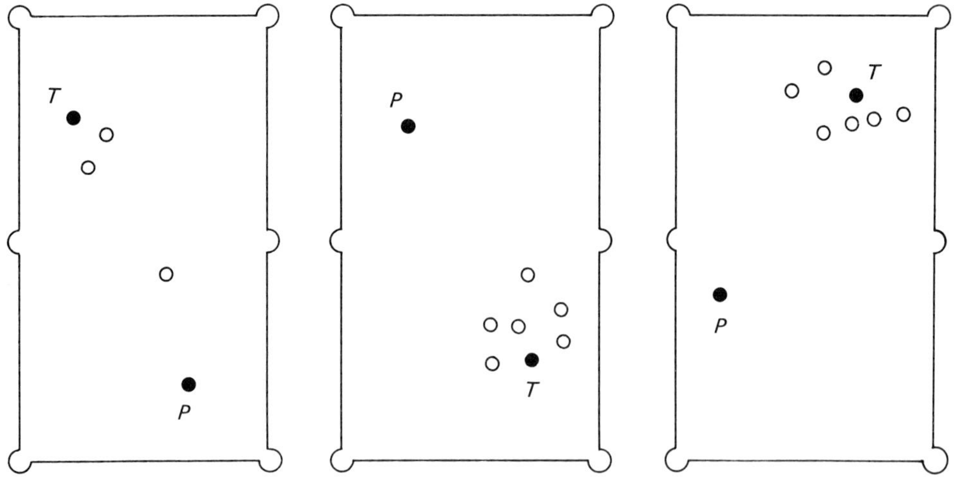

(d) (e) (f)

92 Die Eulersche Polyederformel

Euler entdeckte eine einfache Beziehung, die die Anzahlen der Ecken, Kanten und Flächen von Polyedern verbindet, und die in einem neuen Zweig der Mathematik, bekannt als Graphentheorie, zu einer wichtigen Erkenntnis wurde. Vervollständigen Sie einmal die Tabelle.

Polyeder		Ecken *(E)*	Kanten *(K)*	Flächen *(F)*	$E-K+F$
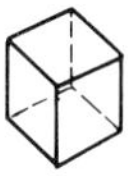	Würfel				
	Tetraeder				
	Pyramide				
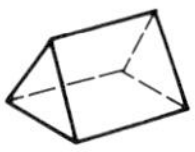	dreiseitiges Prisma				
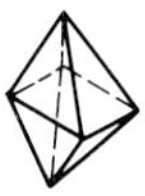	Oktaeder				
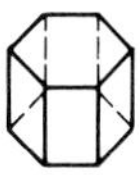	sechsseitiges Prisma				

Sie sollten nun in der Lage sein, selbst Eulers Formel aufzustellen.
Überprüfen Sie die Beziehung auch bei anderen Polyedern.
Euler sah seine Formel nur als eine Eigenschaft von Polyedern an, doch spätere Mathematiker haben herausgefunden, daß die Relation auch für Netze auf der Oberfläche einer Kugel oder in der Ebene zutrifft.

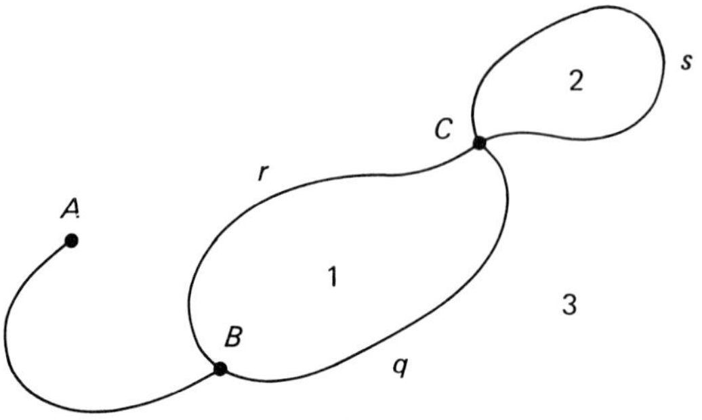

(a)

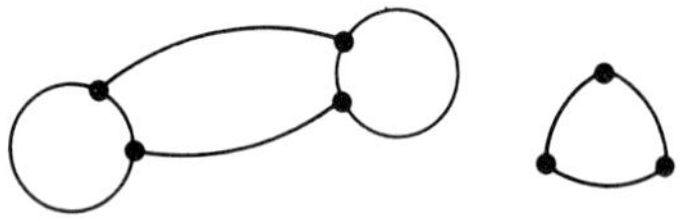
(b)

Betrachten Sie einmal das Netz in (a). Es besteht aus *drei* Knotenpunkten A, B, C und *vier* Bögen p, q, r, s, und es unterteilt die Fläche in drei Gebiete 1, 2, 3. Diese Zahlen genügen der Formel

$$K - B + G = 2,$$

wobei K für die Zahl der Knotenpunkte, B für die Zahl der Bögen und G für die Zahl der Gebiete steht. Sehen Sie Ähnlichkeiten mit Ihrer Formel für Polyeder?
Nun überprüfen Sie die obige Beziehung an anderen Netzen.
Haben Sie irgendwelche Netze ausprobiert, die nicht so miteinander verbunden waren wie in (b)?
Sie werden herausfinden, daß die obige Formel in Abhängigkeit von der Anzahl separater Teile des Netzes abgeändert werden muß. Versuchen Sie, eine Formel zu finden, die immer zutrifft, egal aus wie vielen Teilen sich das Netz zusammensetzt.
Die Beziehung zwischen Eulers Formel und der Netz-Formel kann folgendermaßen eingesehen werden:

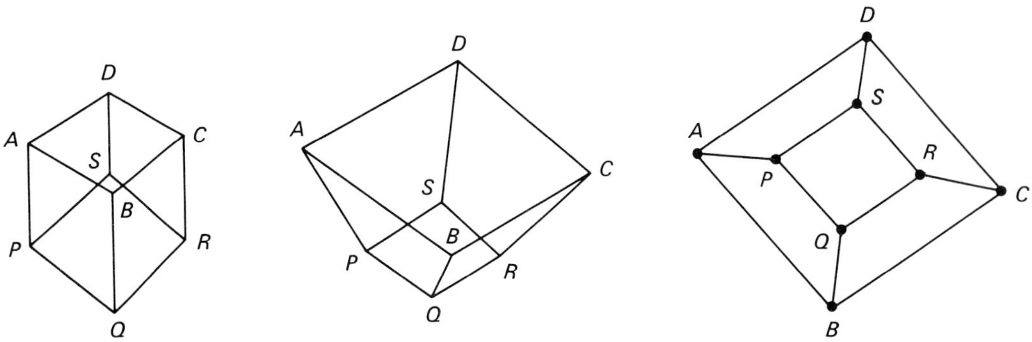

Stellen Sie sich einen Würfel aus elastischem Material vor, der gedehnt und dann als Netz in der Ebene flachgedrückt werden kann. Jeder Eckpunkt des ursprünglichen Würfels ist nun ein Knotenpunkt im Netz, jede Kante ist nun ein Bogen.
Jede Fläche des Würfels ist nun ein Gebiet in der Ebene, abgesehen von der Fläche $ABCD$, die durch das Gebiet außerhalb des Netzes ersetzt werden kann.
Diese Art der Umformung kann an allen berücksichtigten Polyedern mit ähnlichen Ergebnissen vorgenommen werden, doch müssen, seien Sie gewarnt, bei Polyeder mit Löchern weitergehende Überlegungen angestellt werden.
Eulers Formel kann sogar noch weiter verallgemeinert werden, wenn man berücksichtigt, wie dreidimensionale Räume in verschiedene Gebiete unterteilt werden können.

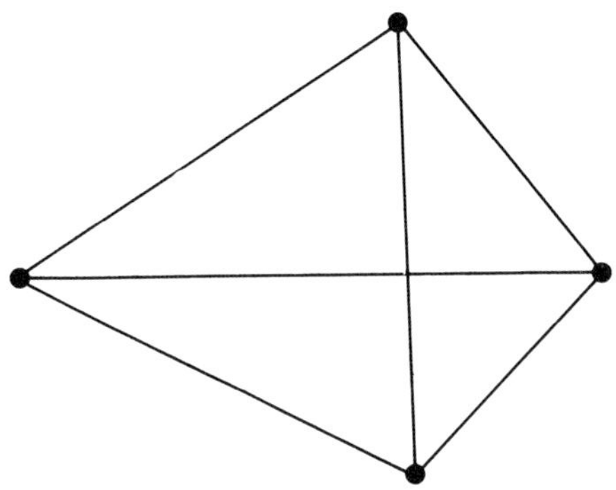

Betrachten Sie das Tetraeder, das als einfaches Polyeder gilt. Es unterteilt den Raum in zwei Gebiete und

$$E - K + F - G = 4 - 6 + 4 - 2 = 0,$$

wobei G für die Anzahl der Gebiete steht. Nun betrachten Sie den Würfel, der an eine Pyramide geheftet wurde. Diese Verbindung unterteilt den Raum in drei Gebiete. Es gibt: Neun Eckpunkte, sechzehn Kanten und zehn Flächen.

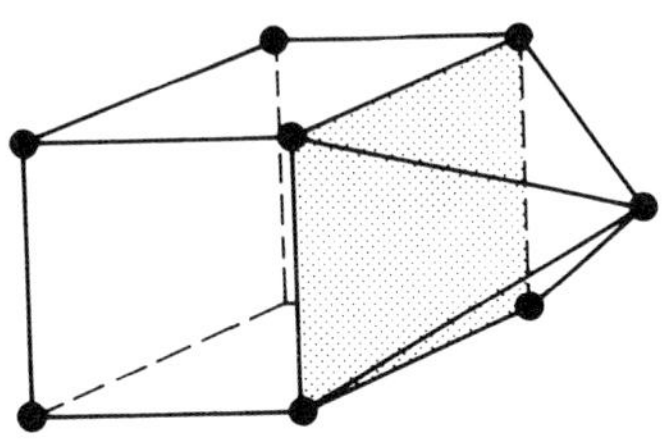

Hier noch einmal

$$E - K + F - G = 0,$$

was auf eine andere Relation schließen läßt, die aber aus Eulers ursprünglicher entstanden ist. Probieren Sie auch andere Möglichkeiten aus, Räume aufzuteilen.

93 Kurven als Schnitt von Kreisen

Wenn man eine Vielzahl von sich schneidenden Kreisen zeichnet, lassen sich viele interessante Kurven und Muster entdecken. Hier werden zwei Beispiele vorgestellt, um Ihnen einen ersten Eindruck zu verschaffen.

Im ersten Beispiel werden um die beiden Mittelpunkte A und B jeweils mehrere Kreise gezogen. In der Originalzeichnung wurde die Entfernung $AB = 12$ cm gewählt, und die Radien der Kreise wurden um jeweils 1 cm vergrößert. Kreise, die alle vom gleichen Mittelpunkt ausgehend gezeichnet wurden, nennt man konzentrisch; sie haben das Aussehen von Wellen, wie wenn ein Kieselstein in einen Teich geworfen wird. Wenn zwei Muster konzentrischer Kreise mit jeweils gleichen Kreisentfernungen gezeichnet werden, liegen ihre Schnittpunkte auf Ellipsen. Vier der Ellipsen wurden eingezeichnet. Die eingekreisten Ziffern geben einen Anhaltspunkt über die Entstehung der Ellipsen. Über die mit 20 bezeichnete Ellipse werden Sie herausfinden, daß für jeden ihrer Punkte P folgendes gilt: $AP + BP = 20$. Das läßt sich leicht überprüfen. Nehmen Sie z.B. den Punkt, der auf dem achten Kreis von A liegt, und Sie werden entdecken, daß er auf dem zwölften Kreis von B liegt.

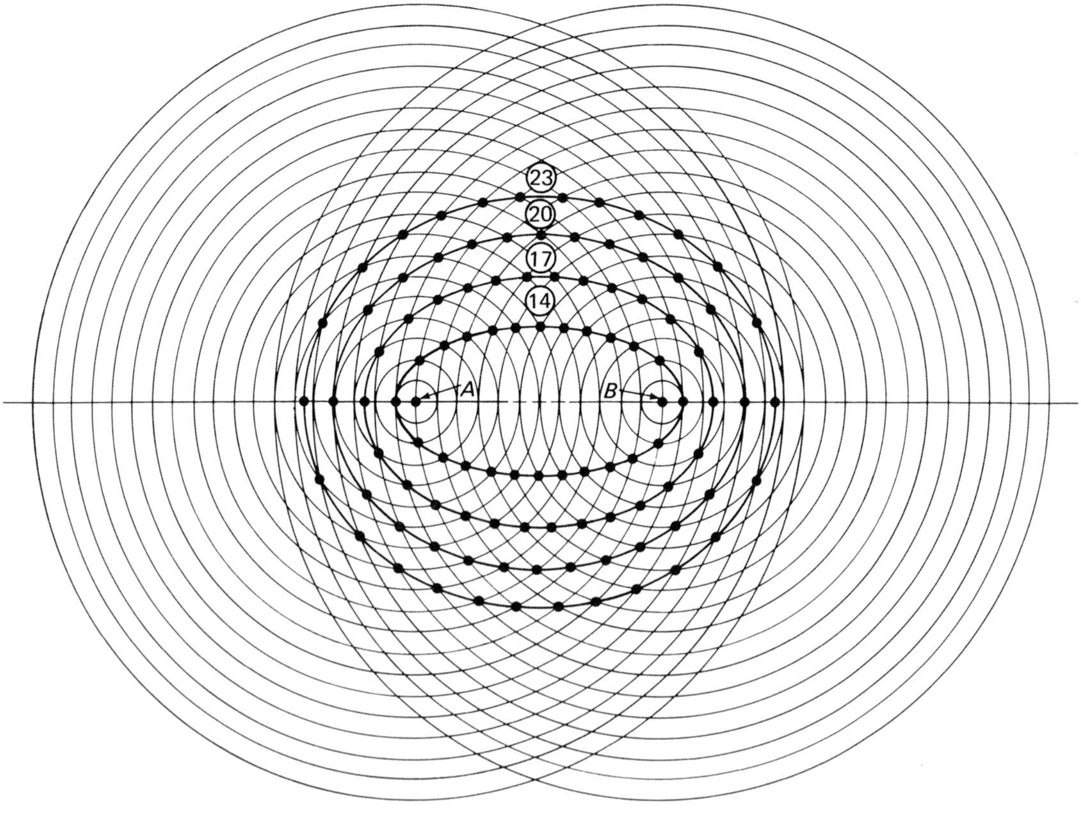

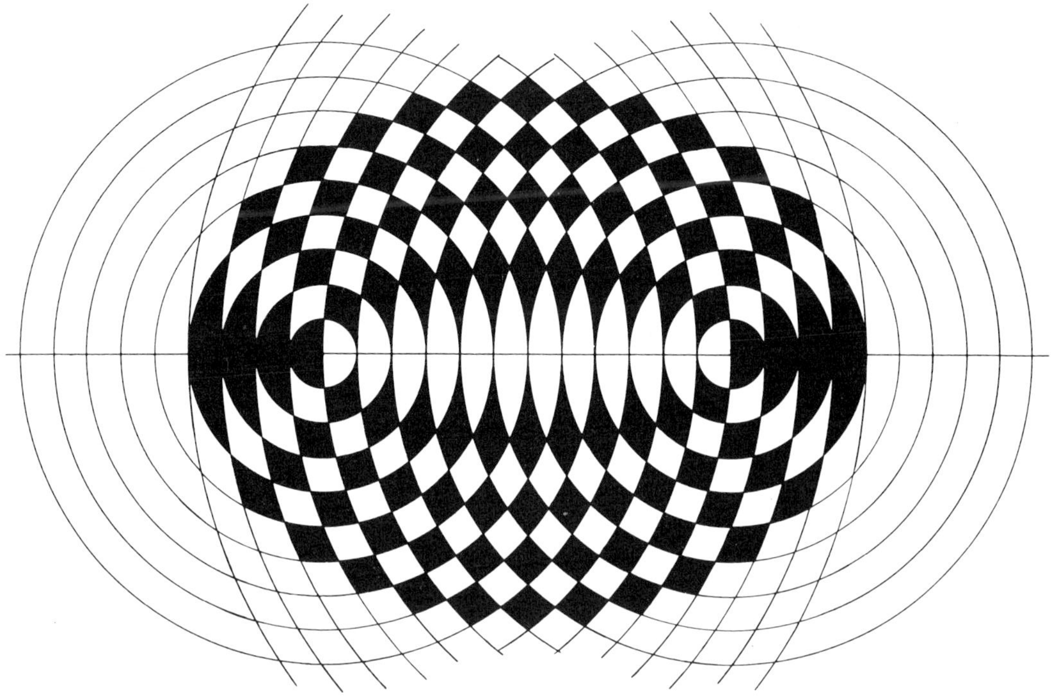

Versuchen Sie, die Ellipsen einzutragen, die 18 und 26 entsprechen. Sollten Sie Zugang zu einem Photokopiergerät haben, so ist es empfehlenswert, erst die zwei Sammlungen von konzentrischen, sich schneidenden Kreisen zu zeichnen und mehrere Kopien davon herzustellen, bevor die Ellipsen eingetragen werden. Oben kann man sehen, wie die Ellipsen durch Schattieren abwechselnder Felder nach Schachbrett-Art hervorgehoben werden können und obendrein ein hübsches Muster entsteht.

Können Sie noch andere Kurven in dieser Abbildung erkennen?

Rechts ist das zweite Beispiel dargestellt. Die Kurve, die als Grenze aller Kreise erscheint, ist als *Kardioid* oder Herzkurve bekannt.

Um diese Figur zu zeichnen, beginnt man mit einem Grundkreis und trägt auf ihm einen Punkt A ab. Die anderen Kreise werden nun gebildet, indem man verschiedene Punkte auf der Kreislinie wählt und den Radius immer so einstellt, daß die Kreise durch A verlaufen. Zeichnen Sie genügend Kreise, um eine klare Grenzlinie zu erhalten.

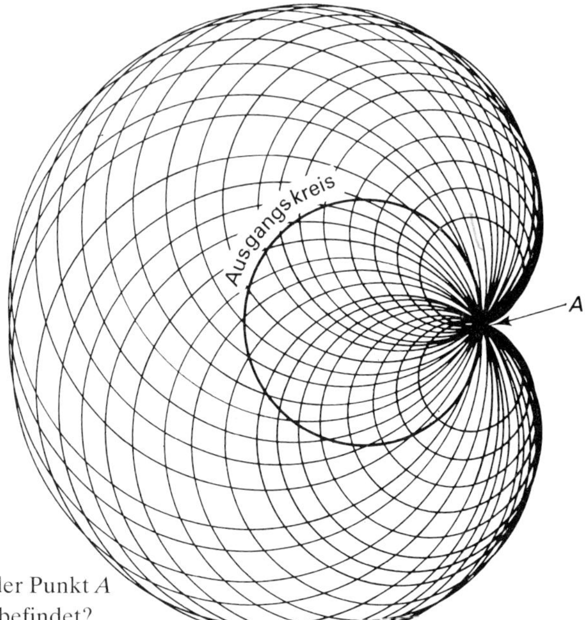

Was passiert, wenn Sie mit Ihrem Werk beginnen, der Punkt A sich aber nicht auf der Kreislinie des Grundkreises befindet?

94 Eine besondere Oberfläche

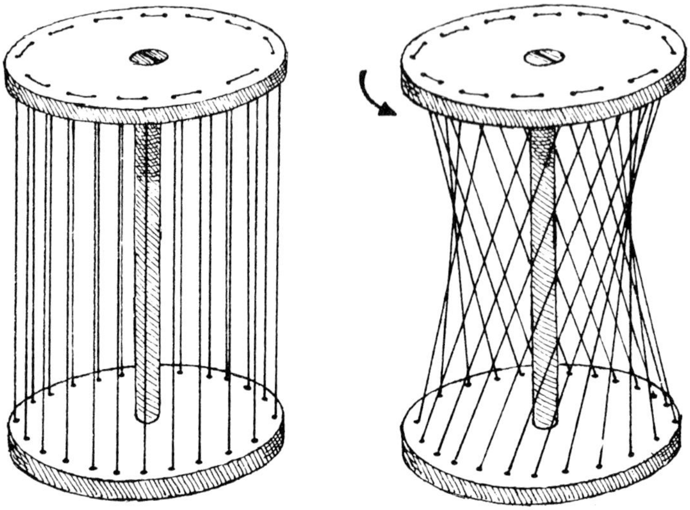

Nehmen Sie zwei runde Scheiben aus Sperrholz, Hartfaserplatte oder dicker Pappe von 8 cm Durchmesser, und bohren Sie durch die äußeren Ränder 24 kleine Löcher in gleichem Abstand. Metalldeckel von alten Farbdosen können genausogut verwendet werden, wie Sie auch Sperrholzscheiben, die in Bastelgeschäften für Flechtarbeiten verkauft werden, benutzen können. Nun schrauben Sie die Scheiben in ihren Mittelpunkten auf die Enden eines Holzstäbchens von 15 cm Länge. Fädeln Sie nun ein Gummiband so durch die Scheiben, daß das Gummi parallel zum Holzstab verläuft, wie dies in der linken oberen Abbildung gezeigt wird. Es entsteht der Eindruck eines runden Zylinders. Jetzt halten Sie einmal die untere Scheibe fest und drehen die obere. Als Folge wird das Gummiband im Winkel verzogen, und die aus ihm gebildeten Geraden scheinen auf einer gekrümmten Oberfläche zu liegen, die als *Hyperboloid* bekannt ist.
Das Besondere dieser Oberfläche zeigt sich in den in ihr liegenden Geraden. Stellen Sie das z.B. der Oberfläche einer Kugel gegenüber, auf der Geraden unmöglich sind.
Vielleicht werden Sie diese Oberfläche als die von riesigen Kühltürmen mancher Kraftwerke wiedererkennen. Es ist ebenso die Form, die ein Seifenfilm zwischen zwei Drahtringen annimmt.

95 Quadrate

Dies ist eine andere Version, mit Kreisen und Kreuzen auf kariertem Papier zu spielen. Kennzeichnen Sie sich ein Spielfeld aus 6 x 6 oder mehr Quadraten.
Die Spieler zeichnen abwechselnd Kreise und Kreuze. Sieger ist, wem es als erstem gelingt, mit vier seiner Zeichen die Ecken eines Quadrates zu markieren. In dem gezeigten Spiel hat der Spieler mit den Kreisen gewonnen.
Wieviel Möglichkeiten gibt es für die Kennzeichnung eines Quadrates auf einem 6 x 6-Brett?
Als Variante läßt sich das Spiel einfach so lang fortsetzen, bis alle Felder belegt sind, um im nachhinein zu beurteilen, welcher Spieler die meisten Quadrate besitzt.
Eine weitere Abwandlung wäre es, die Bildung von Quadraten zu vermeiden. Verloren hätte dann der Spieler, der als erster ein Quadrat bildet.

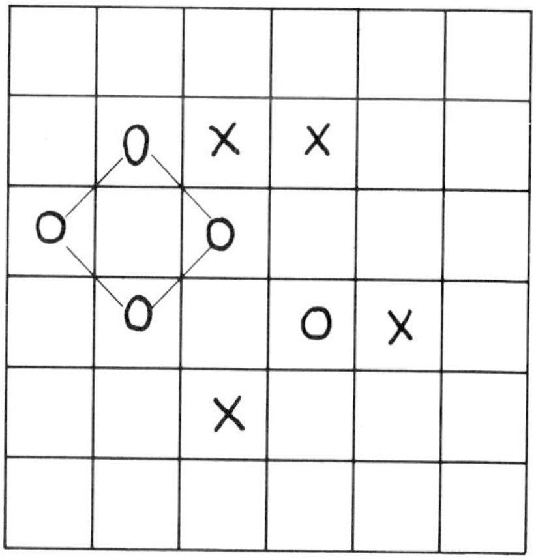

96 Der hungrige Bücherwurm

Ein Bücherwurm fraß sich seinen Weg durch ein fünfbändiges Lexikon vom Front-Deckel von Band I bis zur Außenseite des Rückendeckels von Band V. Wie weit mußte der Bücherwurm reisen, wenn jeder Band 3 cm dick war? (Sie können voraussetzen, daß die Bücher in numerischer Reihenfolge aufgestellt wurden.)

97 Bestimmen Sie die Autobahn-Auffahrt

Straßenbau kann sehr teuer sein, und deshalb versuchen Ingenieure, die Straßen so kurz wie möglich zu gestalten. Die neue Autobahn soll, wo sie an den kleinen Städten Ahdorf und Behausen vorbeiführt, schnurgerade verlaufen. Für die Ansässigen soll eine Autobahn-Auffahrt gebaut werden, die durch gerade Straßen mit den Orten verbunden werden soll. Wo sollte die Auffahrt liegen, um die Gesamtlänge der Straße von G über J nach P so kurz wie möglich zu halten?

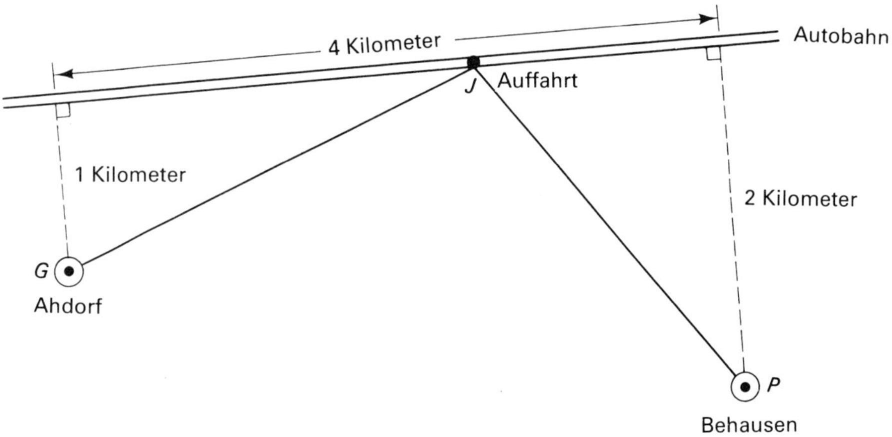

98 Wie schnell können Sie radfahren?

In einem Zeitfahren hatte sich ein Radfahrer für die Strecke zwischen den 10 Kilometer voneinander entfernten Städten A und C die Durchschnittsgeschwindigkeit von 40 km pro Stunde zum Ziel gesteckt. Die Ortschaft B liegt genau auf halber Strecke zwischen A und C und kann von A aus nach einem langen Aufstieg erreicht werden. Als der Radfahrer in B ankam, errechnete er, daß seine Durchschnittsgeschwindigkeit bis dahin nur 20 Stundenkilometer betragen hatte. Wie schnell müßte er die abfallende Strecke von B nach C fahren, wenn er seine erwünschte Gesamt-Durchschnittsgeschwindigkeit von 40 km pro Stunde erreichen wollte?

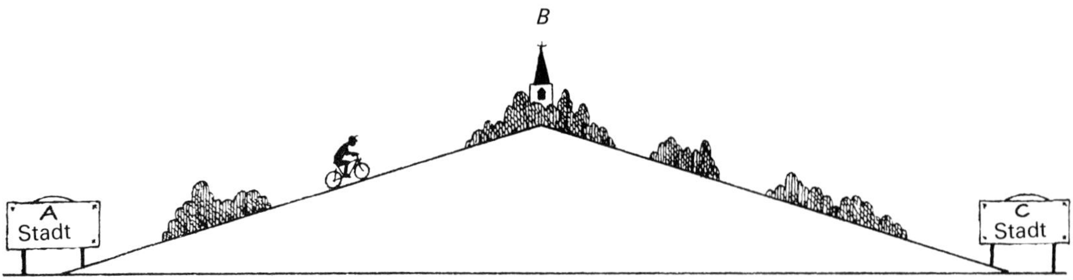

99 Die Bob-Bahn

Für einen bekannten Skiort soll eine neue Bob-Bahn entworfen werden. Die Bahn soll auf dem Gipfel des Berges *S* nahe dem Skilift beginnen und 500 m unterhalb in der Stadt *V* enden. Man will keine Mühen und Kosten scheuen, um die Bahn so zu bauen, daß eine möglichst schnelle Abfahrt erfolgen kann. Wie sollte der Weg von *S* nach *V* verlaufen, damit dies gewährleistet werden kann?

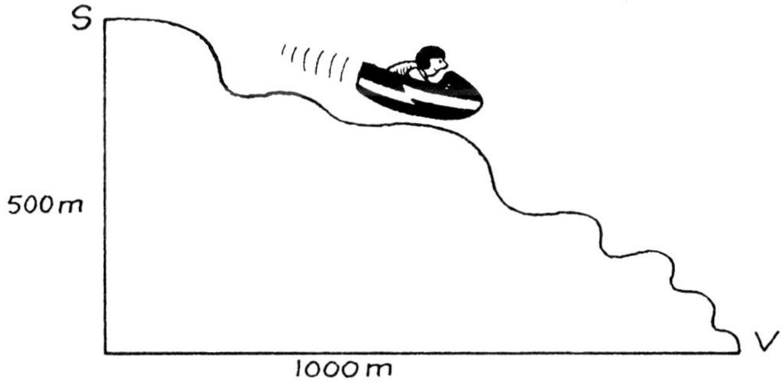

100 Ein vokales Puzzle

Diese Tabelle enthält jeden der fünf Vokale A, E, I, O, U fünfmal. Zeigen Sie, wie das 5 x 5-Quadrat in fünf verschiedene Teile zerlegt werden muß, damit jedes jeden Vokal einmal enthält.
Wenn Sie dies gelöst haben, versuchen Sie, selbst ein ähnliches zu entwerfen.

E	A	I	O	I
U	E	U	E	O
O	I	A	O	A
I	U	E	A	I
A	O	U	E	U

101 Lückenfüller

Ein Würfel läßt sich mit sieben anderen gleichgroßen Würfeln zu einem größeren Würfel mit einer Kantenlänge aus zwei Einheiten zusammensetzen. Wie viele gleichgroße Würfel werden benötigt, um einen Würfel mit einer Kantenlänge aus drei Einheiten zusammenzufügen?
Ist es möglich, mit einem Vorrat an identischen regulären Tetraedern (d.h. dreieckigen Pyramiden, deren Flächen aus gleichseitigen Dreiecken bestehen) ein größeres Tetraeder zu bauen? Falls es funktioniert, wieviel bräuchten Sie dann?

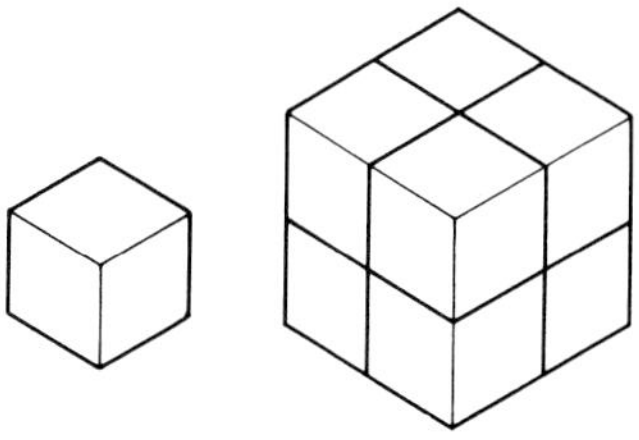

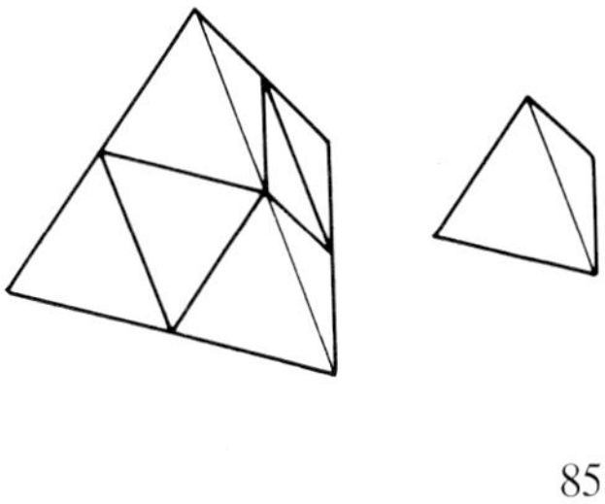

102 Die Diagonalen eines Rechteckes

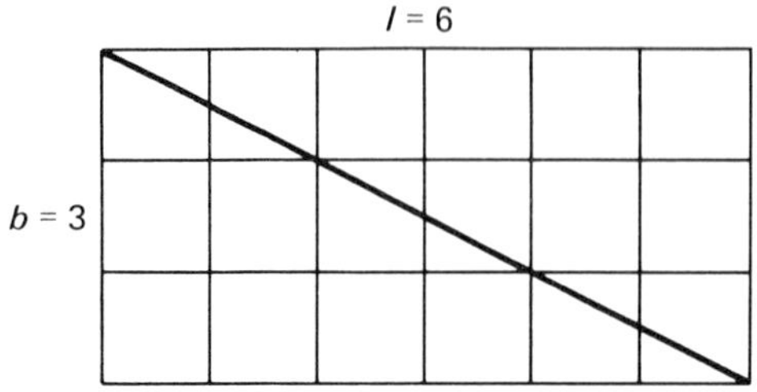

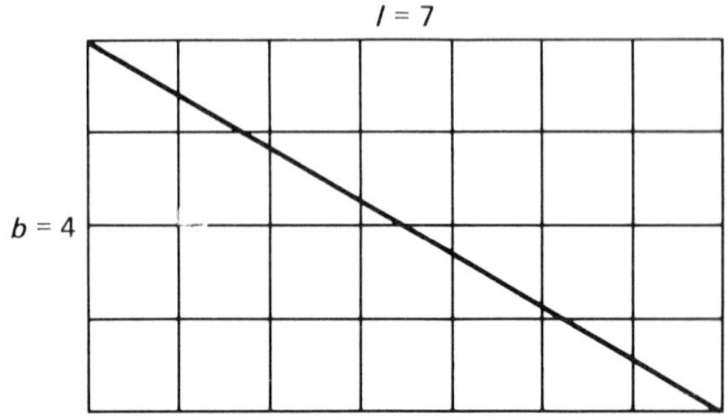

Für diese Aufgabe brauchen Sie etwas kariertes Papier. Zeichnen Sie darauf verschieden große Rechtecke, bei denen sich die Länge (l) und die Breite (b) immer über eine ganze Zahl von Quadraten erstrecken. Nun ziehen Sie durch jedes Rechteck eine Diagonale, und notieren sich die Anzahl der Quadrate, die von ihr durchkreuzt werden, (d). Erstellen Sie eine Tabelle:

l	b	d
6	3	6
7	4	10

Es gibt einen interessanten Zusammenhang zwischen l, b und d. Versuchen Sie, ihn herauszufinden.
Sie werden eventuell auf mehrere Beispiele zurückgreifen müssen, ehe sie die Beziehung erkennen, aber schwer ist es nicht.

103 Geraden unterteilen eine Ebene

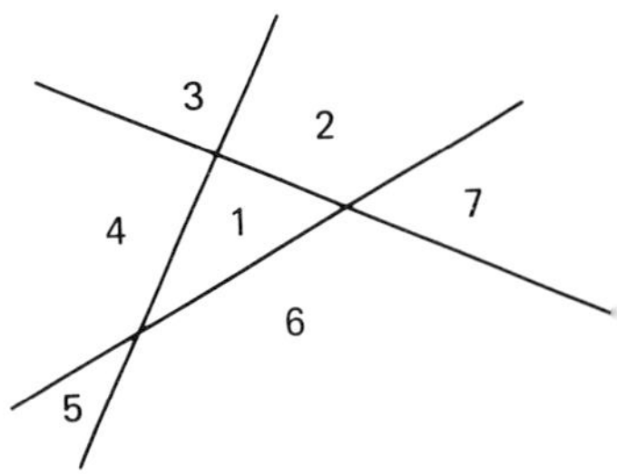

Die Abbildung zeigt, wie drei Geraden eine Ebene in (höchstens) sieben Gebiete unterteilen können.
Vervollständigen Sie die folgende Tabelle, die die jeweils größtmögliche Anzahl an zu bildenden Gebieten auflistet.

Anzahl der Geraden *(n)*	0	1	2	3	4	5	6	7
Anzahl der Gebiete *(g)*				7				

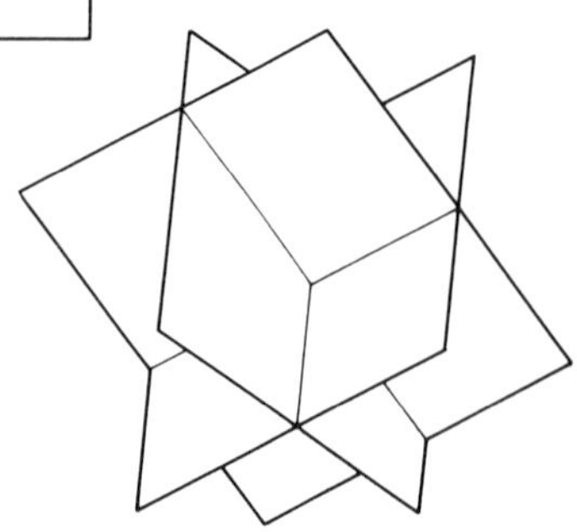

Können Sie ohne Zeichnung durch Fortsetzung der Folge sagen, wieviel Gebiete durch 1) 10 Geraden, 2) 100 Geraden gebildet werden können?
Wenn es Ihnen leicht gefallen ist, so versuchen Sie doch einmal die größtmögliche Anzahl an Regionen herauszufinden, in die ein dreidimensionaler Raum durch unterteilende Ebenen zerlegt werden kann!

104 Differenzenfolgen

Ziel der letzten und einiger späterer Aufgaben ist es, Zahlenfolgen aufzustellen und ihre Bildungsgesetze herauszufinden, so daß die Folgen unbegrenzt fortgeführt werden können. Eine in vielen Situationen hilfreiche Technik besteht darin, die Differenzen zwischen einzelnen Zahlen der Folgen und ihren direkten Nachbarn zu betrachten. In der nächsten Folge ist es nicht sofort offensichtlich, wie die nächste Zahl auszusehen hat, bis einmal die Differenzen bestimmt werden:

Folge	3		8		15		24		35
Differenzen		5		7		9		11	

Mit diesen Anhaltspunkten ist es nun klar, daß die nächste Differenz 13 beträgt, und demnach die sechste Zahl der Folge 48 sein muß.
Wie lautet die zehnte Zahl dieser Folge?
Finden Sie mit Hilfe dieser Methode die jeweils nächste Zahl in jeder der Folgen:

1)	3	5	9	15	23
2)	3	8	18	33	53
3)	2	3	8	17	30
4)	4	6	10	18	34

In jedem der oberen Fälle waren die Zahlenfolgen über die Bestimmung der Differenz leicht fortzusetzen. Manchmal gelangt man so zu einer Differenzenfolge, die nicht so überschaubar ist, doch können dann die Differenzen der Differenzen gesucht werden.

Folge	3		7		12		19		29		43
Erste Differenzen		4		5		7		10		14	
Zweite Differenzen			1		2		3		4		

Welches sind die nächsten zwei Zahlen in der ursprünglichen Folge?

Sie werden bemerkt haben, daß die jeweils neuen Zahlenfolgen, die durch Differenzenbildung entstanden sind, in jeder Reihe um eine Zahl kürzer sind, so daß Sie, je komplizierter es wird, mehr Zahlen in der ursprünglichen Folge benötigen werden, um das Schema zu erkennen.

Finden Sie die jeweils nächste Zahl in jeder der Folgen; bilden Sie so viele Differenzen, wie Sie brauchen, um das Schema zu erkennen:

5)	0	2	5	11	22	40	
6)	0	1	4	12	28	55	
7)	0	1	3	10	28	65	131
8)	0	2	7	17	36	72	141

Bilden Sie eigene Folgen, indem Sie mit einer einfachen beginnen und sie als Differenzen-Folge benutzen. Wenn Sie z.B.

1 2 3 4 5

als Anfangs-Folge nehmen und 8 als die erste Zahl der Folge wählen, für die die obere die Differenzen darstellen sollen, so erhalten Sie

   1   2   3   4   5
8   9   11   14   18   23

Diese Folge könnte dann wiederum als Differenzen-Folge für eine mit z. B. 3 beginnende Folge genommen werden:

3 11 20 31 45 63 86

Auf diese Weise können Sie die Sache so komplex gestalten, wie Sie wollen. Arbeiten Sie mit jemand zusammen, und tauschen Sie Ihre Folgen aus, um sie jeweils vom anderen entwirren zu lassen.

105 Zahlenmuster aus Punktmustern

Für diese Aufgabe benötigen Sie entweder punktiertes Papier oder ein Pinboard.
Die Abbildung zeigt die ersten drei Quadrate einer Folge, die mit dem inneren beginnt und sich von dem mittleren Punkt ausgehend nach außen hin fortsetzt.
Von dieser Folge können zwei Zahlenfolgen abgeleitet werden, durch Zählen
1) der Punkte auf jedem Quadratumfang,
2) der Punkte im Inneren jedes Quadrates.
Wie lautet die zehnte Zahl jeder Folge?
Wie steht es mit der hundertsten Zahl?

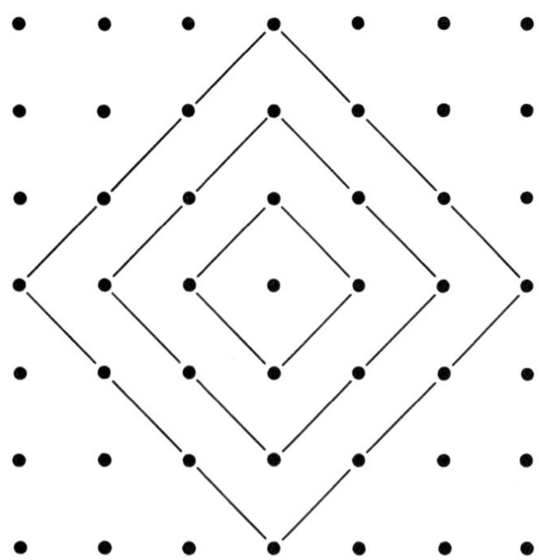

(a)

Eine andere Folge, bekannt als Dreiecks-Zahlen, ergibt sich, indem eine Folge von rechtwinkligen Dreiecken gebildet und die Anzahl der Punkte in jedem Dreieck gezählt wird:

1 3 6 10 ...

Wieviel Punkte würden dann im zehnten Dreieck liegen?

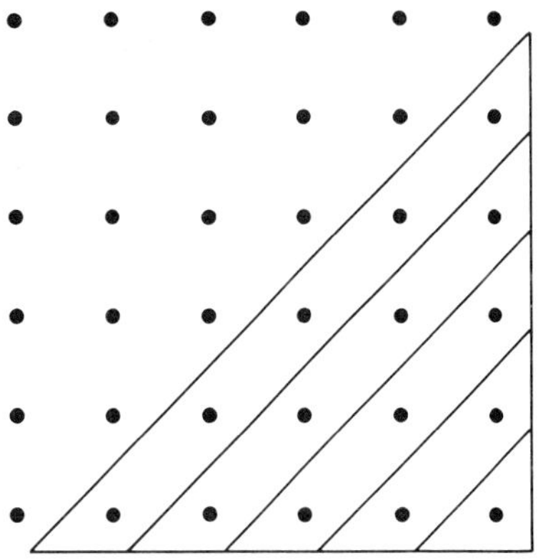

(b)

Abbildung (c) zeigt, wie ein Quadrat aus Punkten in eine Folge aus ungeraden Zahlen zerlegt werden kann, und so dieses Muster bildet:

$$
\begin{aligned}
1 &= 1^2 \\
1 + 3 &= 2^2 \\
1 + 3 + 5 &= 3^2 \\
1 + 3 + 5 + 7 &= 4^2 \\
1 + 3 + 5 + 7 + 9 &= 5^2 \\
1 + 3 + 5 + 7 + 9 + 11 &= 6^2
\end{aligned}
$$

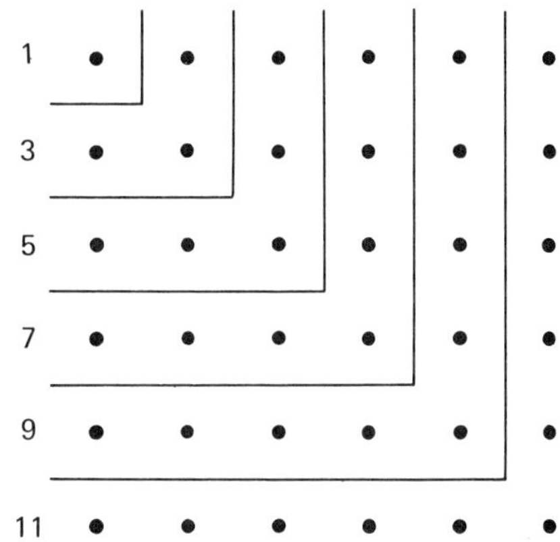

(c)

Wie lautet die Summe der ersten zehn ungeraden Zahlen?
Finden Sie die Summe der ungeraden Zahlen

1 3 5 7 ... 39.

Wie lautet die Summe der ungeraden Zahlen zwischen 60 und 100?

106 Quadrate auf einem Pinboard

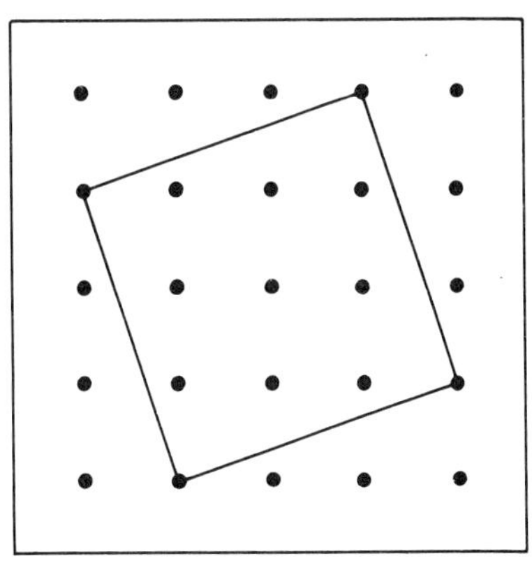

Wieviel verschiedene Quadratgrößen können Sie auf 2 x 2-, 3 x 3-, 4 x 4-, ..., 8 x 8-Pinboards entwerfen? Notieren Sie Ihre Ergebnisse. Schreiben Sie sich die Flächen der Quadrate, die auf einem 8 x 8-Pinboard möglich sind, nach zunehmender Größe geordnet auf.

107 Von Vielecken zu Friesen

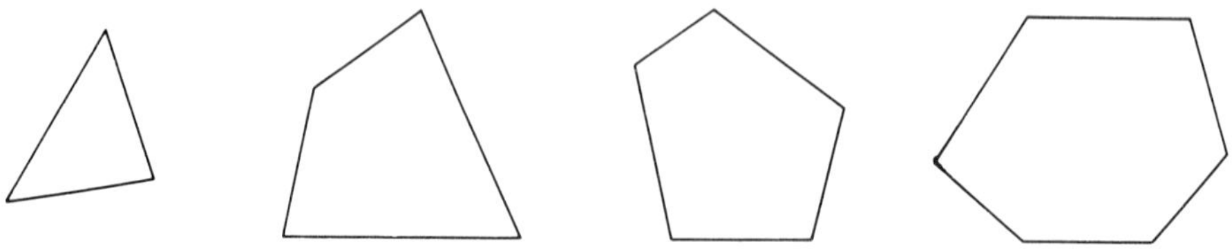

3-Eck 4-Eck 5-Eck 6-Eck

1) Wie heißen obige Vielecke? Können Sie die Namen von irgendwelchen Vielecken mit mehr Seiten nennen?
2) Wieviel Diagonalen können von einer Ecke eines Vieleckes mit 20 Seiten gezogen werden?
3) Wieviel Diagonalen gibt es in einem Vieleck mit (a) 4 Seiten, (b) 5 Seiten, (c) 6 Seiten, ... n Seiten?
4) Wieviel Diagonalen können höchstens in ein (a) 5-Eck, (b) 6-Eck, (c) 7-Eck eingezeichnet werden, ohne daß sie sich überkreuzen?

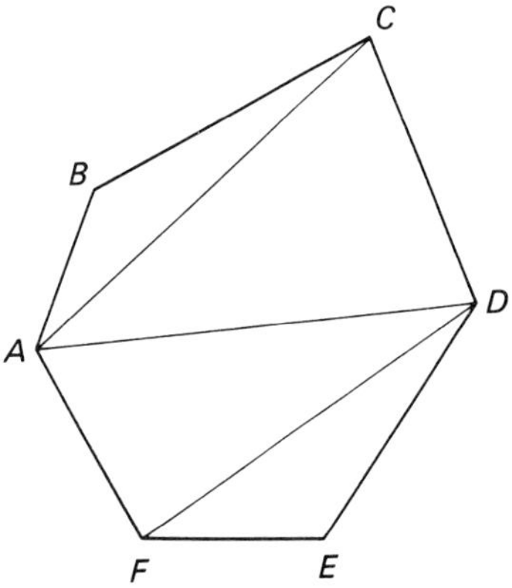

(a)

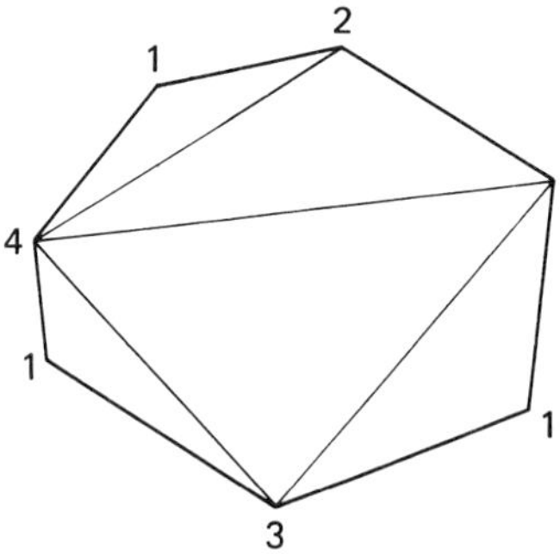

(b)

Die Dreiecksdarstellung, ein Verfahren, ein Vieleck in eine Anzahl von Dreiecken zu unterteilen, ist der Grundstein einer wichtigen Vermessungs-Methode, doch interessieren uns hier mehr die unterschiedlichen Möglichkeiten, ein Vieleck in Dreiecke zu zerlegen und die Vorgehensweise, mit der die Ergebnisse festgehalten werden können.
Das Vieleck $ABCDEF$ in Abbildung (a) wurde durch Einzeichnen der drei Diagonalen AC, AD und DF in Dreiecke unterteilt. Finden Sie zwei wesentlich andere Wege, drei Diagonalen in dasselbe Vieleck einzutragen, um es in Dreiecke zu zerlegen.
Das 7-Eck in Abbildung (b) wurde durch vier Diagonalen in Dreiecke unterteilt. Wieviel andere unterschiedliche Wege können Sie noch entdecken?
Eine Möglichkeit, die verschiedenen Dreiecksdarstellungen festzuhalten, besteht darin, jeden Eckpunkt mit der Anzahl der sich in ihm treffenden Dreiecke zu numerieren. Die Dreiecksdarstellung des hier gezeigten Vieleckes könnte dann wie folgt notiert werden:

1 4 1 3 1 3 2

Obwohl verschiedene Zahlen genannt werden, je nachdem an welchem Scheitelpunkt Sie beginnen und ob Sie mit oder gegen den Uhrzeigersinn zählen, würden dennoch die gleichen Ziffern in der gleichen Folge erscheinen.

$$1 + 4 + 1 + 3 + 1 + 3 + 2 = 15$$

Würde eine andere Dreiecksdarstellung bei einem 7-Eck zu der gleichen Endsumme führen?
Erklären Sie Ihr Ergebnis.

Wählen Sie Vielecke mit unterschiedlicher Seitenzahl, und notieren Sie die verschiedenen Wege Ihrer Dreiecksdarstellungen in der oben vorgeschlagenen oder einer anderen Weise. Sind Sie, ohne zu zeichnen, in der Lage vorauszusagen, auf wieviel unterschiedliche Arten ein 10-seitiges Vieleck in Dreiecke unterteilt werden kann.?

Friesen

Die Zahlenfolgen, die durch Dreiecksdarstellungen Vielecken entstehen, können dazu benutzt werden, einige faszinierende Zahlenmuster zu bilden.

```
1   1   1   1   1   1   1   1   1   1   1   1   1   1   1
  1   4   1   3   1   3   2   1   4   1   3   1   3   2
    3   3   2   2   2   5   1   3   3   2   2   2   5
      2   5   1   3   3   2   2   2   5   1   3   3
        3   2   1   4   1   3   1   3   2   1   4
          1   1   1   1   1   1   1   1   1   1
```

Die erste Zeile ist nur eine Folge von 1-en.
Die zweite Zeile ist eine Folge von Zahlen, die durch Dreiecksdarstellung bei einem Vieleck entstanden ist.
Die dritte Zeile ist folgendermaßen entstanden:

r	Zeile 1
$p \quad q$	Zeile 2
s	Zeile 3

Bilden Sie das Produkt pq aus zwei direkten Nachbarn in Zeile 2. Ziehen Sie 1 ab, um $(pq - 1)$ zu erhalten. Sie gelangen zur Zahl s in der dritten Zeile zwischen p und q, indem Sie $pq - 1$ durch r teilen, die Zahl, die sich in der darüberliegenden Zeile 1 befindet:

$$s = \frac{pq - 1}{r}$$

Um die Zahlen in all den anderen Zeilen zu erhalten, wurde die gleiche Regel, wie auf die beiden vorhergehenden Zeilen, angewandt. Zum Beispiel:

```
Zeile 1   1   4   1   3   1   3
           \ / \ / \ / \ / \ / \
Zeile 2     3   3   2   2   2   5
             \ / \ / \ / \ / \ /
Zeile 3       2   5   1   3   3
```

$$\frac{(3 \times 3) - 1}{4} \quad \frac{(3 \times 2) - 1}{1} \quad \frac{(2 \times 2) - 1}{3} \quad \frac{(2 \times 2) - 1}{1} \quad \frac{(2 \times 5) - 1}{3}$$

Versuchen Sie, einige dieser Zahlenmuster selbst zu entwerfen. Je größer die Seitenzahl des Vieleckes, das Sie in Dreiecke unterteilen, um die Zahlenfolge für die zweite Zeile zu erhalten, umso breiter wird Ihr Fries. Hier ist ein anderes Beispiel:

```
1  1  1  1  1  1  1  1  1  1  1  1  1  1
    \                    /
  1  2  3  2  2  1  4  3  1  2  3  2  2
      \              /
    1  5  5  3  1  3  11 2  1  5  5  3
        \          /
      2  8  7  1  2  8  7  1  2  8  7
          \      /
        3  11 2  1  5  5  3  1  3  11
            \  /
          4  3  1  2  3  2  2  1  4
              \ /
            1  1  1  1  1  1  1  1
               \/
```

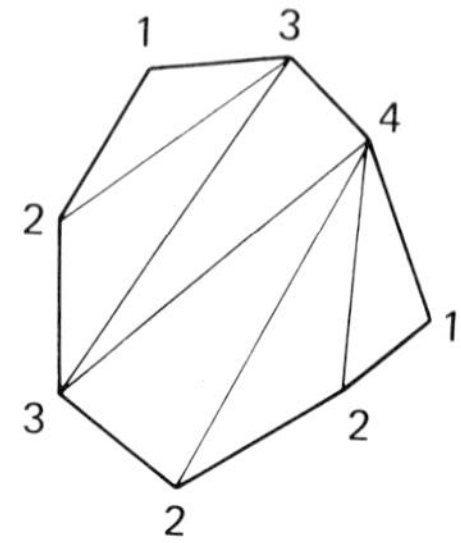

Beachten Sie die diagonalen Muster ebenso wie die horizontalen. Friese sind ein neues, verhältnismäßig unerforschtes Gebiet. Starten Sie Ihre eigene Entdeckungsreise.

108 Solospiele auf dem Lochbrett

Ein Brett mit Löchern und ein paar bunte Holzstifte ist schon alles, was Sie brauchen, um Spaß an folgenden Solitaire-Spielen zu haben. Als Alternative können Sie auch Spielsteine oder Bauern auf einem Schachbrett benutzen.

Bocksprung

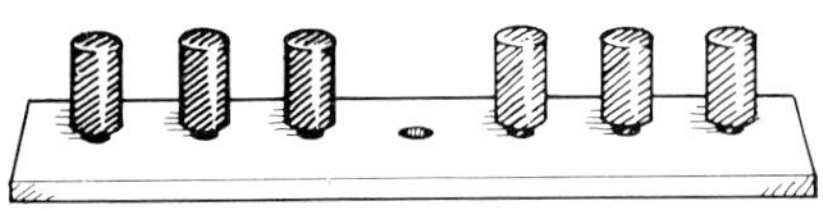

Das erste Spiel erfordert eine Reihe mit sieben Löchern, drei Holzstifte einer Farbe (z.B. schwarz) und drei Holzstifte einer zweiten Farbe (z.B. rot). Setzen Sie diese wie in der Abbildung, und lassen Sie dabei ein freies Loch in der Mitte. Ein Schritt besteht nun darin 1) einen Holzstift in das nächste freie Loch zu setzen, sofern es frei ist, oder, wie bei einem Eroberungszug im Damespiel, 2) über einen Spielstein in ein leeres Loch dahinter zu springen.
Die zwei Zugvarianten sind auf der nächsten Seite dargestellt und erfolgen, von der Startposition aus gesehen, nacheinander.

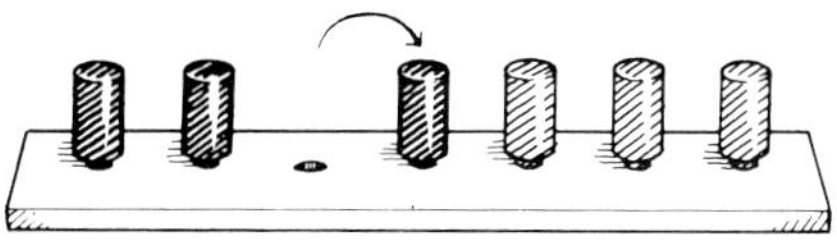

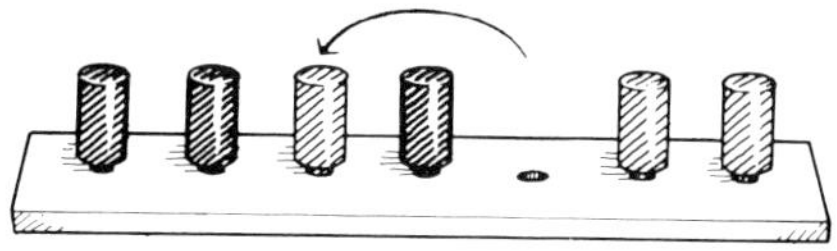

Ziel des Spieles ist es, die kleinstmögliche Anzahl an Zügen herauszufinden, um die Positionen der schwarzen und roten Stifte zu vertauschen. Variieren Sie das Spiel, indem Sie eine unterschiedliche Anzahl an Holzstifte an die Enden setzen. Finden Sie eine Formel für die Zahl der Züge, die x schwarze und y rote Holzstifte benötigen, um die Seiten zu wechseln.

Bäumchen wechsle dich!

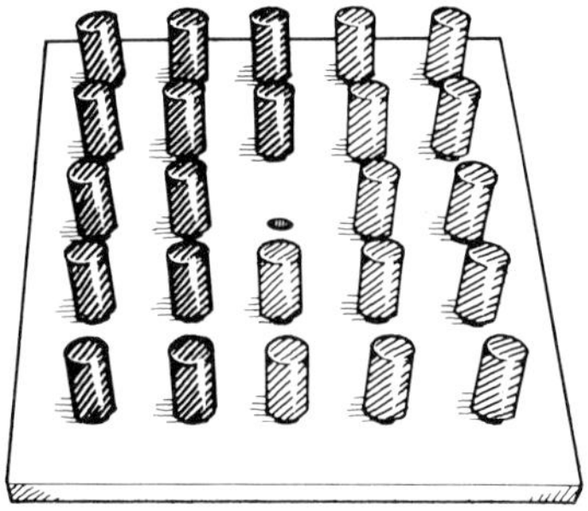

Das zweite Spiel ähnelt sehr stark dem ersten, doch wird es auf einem quadratischen Brett gespielt. Hier ist ein 5 x 5-Brett in der Ausgangsposition dargestellt. Man findet zwölf schwarze und zwölf rote Holzstifte und wieder ein freies Loch in der Mitte.
Die Züge erfolgen wie beim "Bocksprung", nur daß hier die Holzstifte von links nach rechts oder von oben nach unten gesetzt werden können. Diagonale Schritte sind nicht erlaubt.
Zeigen Sie, wie die zwei Gruppen von Holzstiften in 48 Zügen ihre Plätze wechseln.

Solitaire

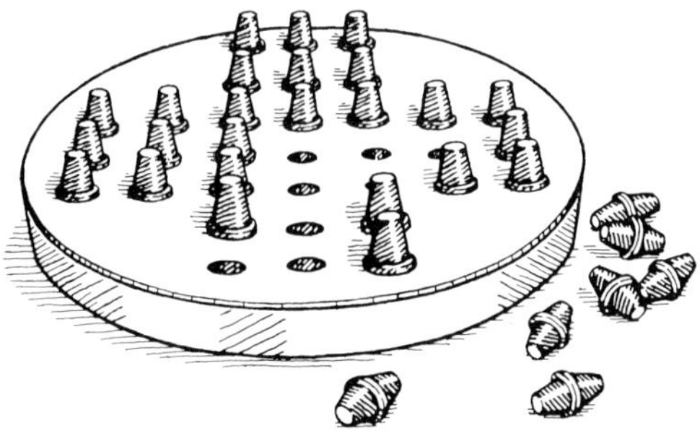

Das dritte Spiel hat eine sehr alte Tradition und wird auf der ganzen Welt gespielt. Man findet im Handel sowohl billige Plastikversionen als auch teure Holzausgaben mit bunten Marmorkugeln. Wie auch immer, ein Lochbrett mit farbigen Holzstiften ist eine brauchbare Alternative.

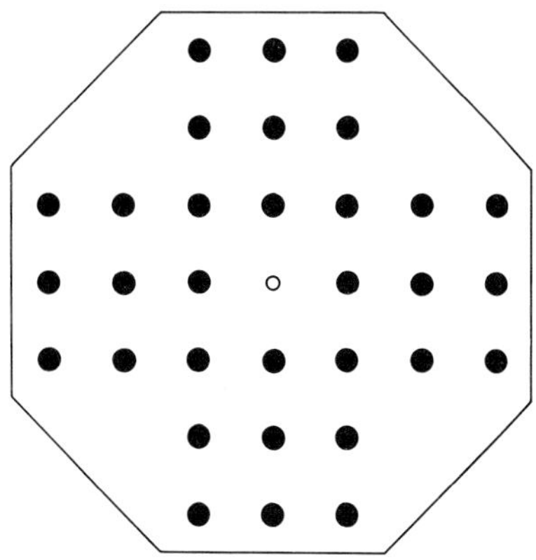

Bei diesem Spiel weist das Brett 33 Löcher auf, die kreuzförmig angelegt sind. Es gibt 32 Holzstifte derselben Farbe, die in der Ausgangsstellung wie gezeigt verteilt sind, auch hier das mittlere Loch freilassend.
Diesmal besteht der einzig erlaubt Schritt darin, über einen angrenzenden Holzstift in das dahinterliegende Loch zu springen. Der übersprungene Holzstift wird aus dem Spiel entfernt. Es sind nur diagonale und geradlinige Züge erlaubt. Ziel ist es, alle Holzstifte bis auf einen zu entfernen.
Es gibt viele Lösungen, doch die, die mit dem letzten Holzstift im mittleren Loch enden, werden für die besten gehalten.
Versuchen Sie mal Ihr Glück und Geschick.

Auf einem Solitaire-Brett gibt es mehrere traditionelle Problem - stellungen, bei denen der Spieler versuchen soll, mit einem Holzstift in der Mitte zu enden. Hier sind drei von ihnen vorgestellt.

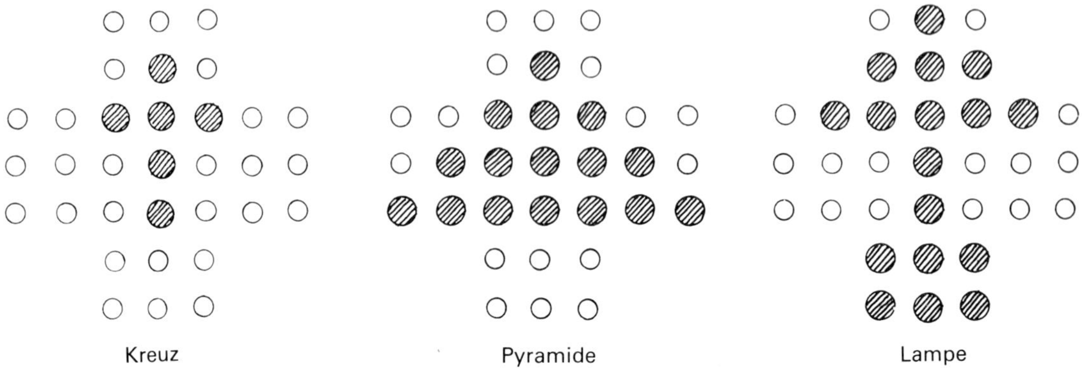

109 Geometrische Geschwister

Die Figuren *P* und *Q* können jeweils in zwei identische Teile zerlegt werden. Sie wurden nach dem gleichen Prinzip gezeichnet, so daß Ihnen mit der Lösung für die eine Figur, die für die zweite Figur auch bald gelingen sollte.

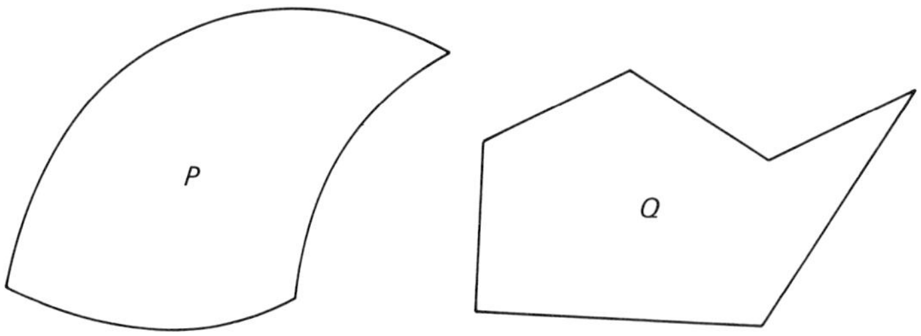

110 Ein Würfel wird bunt

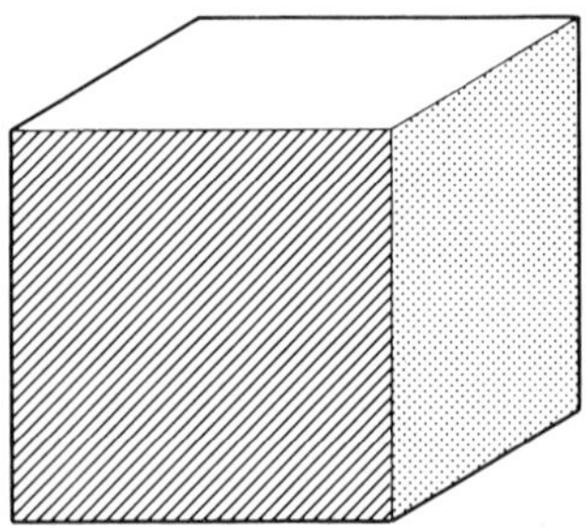

Wieviel Farben werden mindestens benötigt, um einen Würfel so zu färben, daß keine zwei aneinandergrenzenden Felder gleich aussehen?
Wieviel deutlich voneinander verschiedene Würfel kann man erhalten, wenn vier Farben benutzt werden?
(Ein Feld kann nur einfarbig sein, und die angrenzenden Felder müssen dann andere Farben aufweisen.)

111 Kreisteilung

Die Bilderfolge unten zeigt, was passiert, wenn auf einem Kreisumfang eine Anzahl von Punkten abgetragen und alle Sehnen, die die Punkte verbinden, eingezeichnet werden. Wenn Sie dann zur Schere greifen und entlang aller Geraden schneiden würden, zerfiele der Kreis immer in 2, 4, 8, 16 Teile.
In wieviel Teile läßt sich der Kreis zerlegen, wenn Sie obiges mit sechs Punkten auf dem Kreisumfang probieren?
Ziehen Sie keine voreiligen Schlüsse!

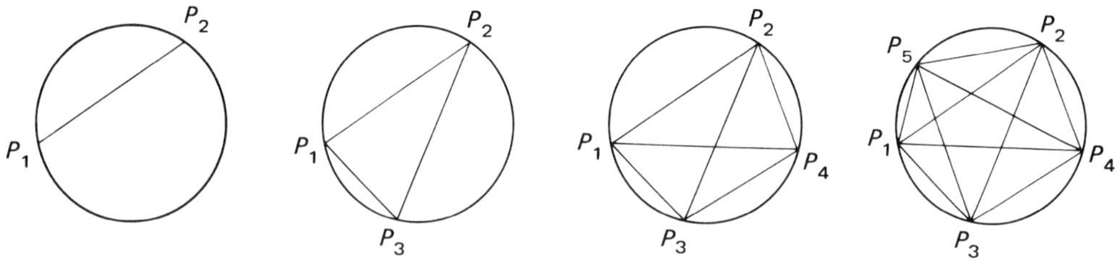

112 Quadrat-Verwandtschaften

Die Ziffer 24 hat die Eigenschaft, daß sie um eins kleiner ist als eine Quadratzahl und ihre Verdoppelung ebenso um eins kleiner ist als eine Quadratzahl.

$$24 + 1 = 25 = 5^2$$
$$(24 \cdot 2) + 1 = 49 = 7^2$$

Welches ist die nächste Zahl mit der gleichen Eigenschaft?

113 Der Gärtner weiß (Quad-)Rat

Ein Gärtner legte mit einer Anzahl gleicher quadratischer Pflastersteine zwei quadratische Innenhöfe von etwa gleicher Größe aus. Da er einen Blick für Formen hatte, erkannte er, daß er mit der gleichen Anzahl von Pflastersteinen auch zwei quadratische Innenhöfe von deutlich verschiedener Größe hätte gestalten können. Wieviel Pflastersteine standen dem Gärtner zur Verfügung?

114 Magische Dreiecke

Die Zahlen 1, 2, 3, 4, 5, 6 wurden in einem Dreieck so angeordnet, daß die Summe der Zahlen jeweils einer Seite immer 10 beträgt. Zeigen Sie, daß die gleichen Zahlen auf dem Dreieck anders angeordnet werden können, wobei auch jeweils die Summen der Zahlen einer Seite gleich, jedoch nicht zehn, sind. Außer der gezeigten Anordnung gibt es noch drei weitere Möglichkeiten. Zahlen in dieser Anordnung nennt man ein magisches Dreieck.

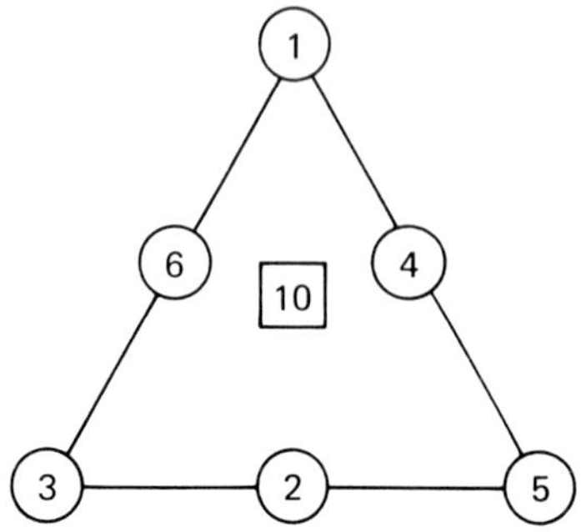

Nun versuchen Sie die folgenden Zahlen so anzuordnen, daß magische Dreiecke entstehen:

1) 1 2 3 5 6 7
2) 1 2 3 4 6 7

Es gibt immer zwei verschiedene Möglichkeiten.

115 Zahlenmuster

Man kann viele faszinierende Zahlenmuster untersuchen. Hier sind einige, um Ihnen einen Denkanstoß zu geben.

1 Wählen Sie eine Ziffer. Angenommen Sie wählen 5, dann multiplizieren Sie 5 mit 9 und erhalten 45. Nun berechnen Sie

$$12345679 \cdot 45$$

Überrascht Sie das Ergebnis?
Probieren Sie es einmal mit einer anderen Ziffer, z. B. 3. Multiplizieren Sie 3 mit 9 zu 27 und berechnen Sie

$$12345679 \cdot 27$$

Können Sie das Ergebnis erklären?

2 Dieser Fall verläuft ähnlich wie oben. Wählen Sie eine Ziffer, z. B. 2. Multiplizieren Sie 2 mit 7 zu 14 und berechnen dann

$$15873 \cdot 14$$

Untersuchen Sie andere Zahlen, und erklären Sie die Ergebnisse.

3 Berechnen Sie die Ergebnisse, und erklären Sie das Muster.

$143 \cdot 2 \cdot 7 =$
$143 \cdot 3 \cdot 7 =$
$143 \cdot 4 \cdot 7 =$
$143 \cdot 5 \cdot 7 =$
$143 \cdot 6 \cdot 7 =$
$143 \cdot 7 \cdot 7 =$
$143 \cdot 8 \cdot 7 =$
$143 \cdot 9 \cdot 7 =$

4 Können Sie die Muster erklären, die durch die folgenden Berechnungen entstehen?

1)	$(0 \cdot 9) + 1 =$	2)	$6 \cdot 7 =$
	$(1 \cdot 9) + 2 =$		$66 \cdot 67 =$
	$(12 \cdot 9) + 3 =$		$666 \cdot 667 =$
	$(123 \cdot 9) + 4 =$		$6666 \cdot 6667 =$
	$(1234 \cdot 9) + 5 =$		$66666 \cdot 66667 =$
	.		.
	.		.
	.		.

116 Überraschende Subtraktionen

Wählen Sie vier beliebige Ziffern, z. B. 3, 6, 2, 8, und bilden Sie damit die größtmögliche und die kleinstmögliche Zahl, nämlich 8632 und 2368.
Ziehen Sie die kleinere Zahl von der größeren ab, und wiederholen Sie den Vorgang, indem Sie die vier Ziffern der Lösung als neue Ausgangsziffern nehmen:

$$\begin{array}{r} 8632 \\ -\ 2368 \\ \hline 6264 \end{array} \qquad \begin{array}{r} 6642 \\ -\ 2466 \\ \hline 4176 \end{array} \qquad \begin{array}{r} 7641 \\ -\ 1467 \\ \hline 6174 \end{array}$$

In diesem Beispiel erscheinen die Ziffern 1, 4, 6, 7 auch beim zweiten Durchgang, und von da an entstehen aus ihnen keine neuen Zahlen mehr.
Untersuchen Sie, was mit verschiedenen Kombinationen aus vier Ziffern als Ausgangspunkt passiert, und fahren Sie so lange mit Subtraktionen fort, bis keine neuen Ziffern mehr erscheinen. Was können Sie feststellen?
Wie oft haben Sie längstenfalls das Verfahren durchgeführt, bis Ihnen keine neue Zahl mehr begegnete?

117 Wer findet die größte Zahl?

Beginnen Sie mit sechs beliebigen Ziffern, wie z.B.

5 3 9 7 2 4,

und bilden Sie aus Ihnen zwei dreistellige Zahlen, beispielsweise 324 und 579, wobei jede Ziffer nur einmal benutzt werden darf.

Nun 1) addieren Sie Ihre Zahlen : $324 + 579 = 903$
2) multiplizieren Sie Ihre Zahlen: $324 \cdot 579 = 187596$

Ziel ist es, die größtmögliche Summe und das größtmögliche Produkt zu finden.

Können Sie sich für eine Vorgehensweise entscheiden, die Ihnen immer sofort die größten Ergebnisse liefert?
Als Variationen können Sie drei zweistellige Zahlen aufstellen und bei ihnen nach der größten Summe und dem größten Produkt suchen oder mit sieben Ziffern beginnen und eine dreistellige und eine vierstellige Zahl verwenden.

118 Stammbrüche

Die Babylonier hatten kein Zeichensystem für Brüche wie $\frac{2}{3}$ oder $\frac{3}{5}$, sondern nur eines für Stammbrüche. Dabei handelt es sich um Brüche mit einer 1 im Zähler, z.B. $\frac{1}{2}$ oder $\frac{1}{5}$. Das bedeutete, daß ein Bruch wie $\frac{2}{3}$ als Summe oder Differenz von Stammbrüchen ausgedrückt werden mußte.
Demnach

$$\frac{2}{3} = \frac{1}{3} + \frac{1}{3} \quad \text{oder} \quad \frac{1}{3} + \frac{1}{6} + \frac{1}{6}$$

Wie kann man Brüche als Summen oder Differenzen aus verschiedenen Stammbrüchen ausdrücken?
Die folgenden Beispiele mögen Ihnen ein paar Anhaltspunkte geben.

$$\frac{1}{3} - \frac{1}{4} = \frac{1}{12}$$

$$\frac{2}{5} = \frac{1}{5} + \frac{1}{6} + \frac{1}{30}$$

$$\frac{3}{4} = \frac{1}{4} + \frac{1}{5} + \frac{1}{6} + \frac{1}{20} + \frac{1}{24} + \frac{1}{30} + \frac{1}{120}$$

119 Vier 4en

An dieser Tüftelei sind schon einige Köpfe zerbrochen. Das Problem lautet: Möglichst viele Zahlen von 1 bis 100 sollen mit genau vier 4en und allen bekannten mathematischen Symbolen, dargestellt werden.

Beispielsweise

$$15 = \frac{44}{4} + 4 \quad \text{oder} \quad (4 \cdot 4) - \frac{4}{4}$$
$$16 = (4 \cdot 4) + 4 - 4 \quad \text{oder} \quad (4 \cdot \sqrt{4}) + (4 \cdot \sqrt{4})$$

Wie Sie hier sehen können, gibt es oft mehrere Wege, dieselbe Zahl mit vier 4en auszudrücken, doch sind andere Zahlen wiederum manchmal nur sehr schwer darzustellen. Außer den hier benutzten vier Grundzeichen $+$, $-$, $\cdot$, $:$ und $\sqrt{}$, mögen Ihnen noch die folgenden hilfreich sein.

4! bedeutet $4 \cdot 3 \cdot 2 \cdot 1 = 24$ und wird "vier Fakultät" genannt.

$\frac{4}{\cdot 4} = 10$, wobei $\cdot 4$ gleich 0,4 ist

$\cdot\overline{4}$ bedeutet 0, Periode 4 und entspricht $\frac{4}{9}$

demnach ist $\frac{4}{\cdot\overline{4}} = 9$

Sie sollten nun in der Lage sein, wenigstens eine Möglichkeit zu finden, die meisten, wenn nicht gar alle Zahlen von 1 bis 100 auszudrücken.
Es macht Spaß, an diese Tüftelei mit einem Partner heranzugehen und ein paar Freunde herauszufordern, um festzustellen, wer in einer vorgegebenen Zeit die meisten Zahlen herausfinden kann.

120 Mit diesen Worten können Sie rechnen

Dreht man einen Taschenrechner um, so erscheinen manche Ziffern wie Buchstaben. Nehmen Sie z.B. die Zahl 13736312, die so aussieht:

Nun sehen Sie sich einmal den Ausdruck andersherum an.

Versuchen Sie einmal folgendes zu "übersetzen":
Ein Rechner schreibt nie mehr als eine 37132.
3573 ging in 3713 zum nachbarlichen Bauernhof, mit dem 7312, den 7353 zu besuchen, fand aber zu ihrer Enttäuschung nur die 36312.

Anstelle die Zahlen direkt anzugeben, können sie auch durch Rechenaufgaben ersetzt werden, wie das im folgenden Abschnitt durchgeführt wurde.

(68 · 99) + 986 kauft in (2504 + 863 + 346) eine $\sqrt{1423854756}$ leichte (1002144 : 286). Zu Hause im (147107 · 5) ist er (2456 · 14) + 924 über diese (370^2 + 453), denn ihm ist ihr (80^2 + 44^2 + 20^2) nun doch zu grell, und außerdem zwickt und zwackt sie wie die (66 · 31 · 26 · 7 + 4932).

Erstellen Sie eine Liste von den Ziffern Ihres Rechners, die sich als Buchstaben interpretieren lassen, wenn man Sie umgekehrt betrachtet. Sie werden überrascht sein, wie viele es gibt.
Als nächstes stellen Sie eine Wörterliste aus diesen Buchstaben und ihren entsprechenden Zahlen zusammen. Vergessen Sie dabei nicht, daß die Zahlenfolge umgekehrt wird, so daß das Wort "Zelle" nicht durch 23773, sondern durch 37732 ausgedrückt wird.
Nun sind Sie in der Lage, Ihre eigene Geschichte mit "Rechner-Worten" zu schreiben. Ersetzen Sie die Worte durch Ihre Zahlen oder besser noch durch Aufgabenstellungen, deren Ergebnissse die Zahlen darstellen.

121 Bringen Sie Ihren Rechner ins Schwitzen

1) 56406 ist das Produkt zweier aufeinanderfolgender Zahlen. Welche sind es?
2) 357627 ist das Produkt dreier aufeinanderfolgender ungerader Zahlen. Finden Sie sie!
3) 1405 ist die Summe zweier aufeinanderfolgender Quadratzahlen. Welche sind es?
4) Das Volumen eines Würfels beträgt 200 cm^3. Versuchen Sie, die Kantenlänge des Würfels mit Ihrem Rechner so genau wie möglich zu ermitteln.

122 Ein Kreuzzahlenrätsel

Die Anleitungen werden unten auf zweierlei Arten gegeben, in Worten und in Zahlen.

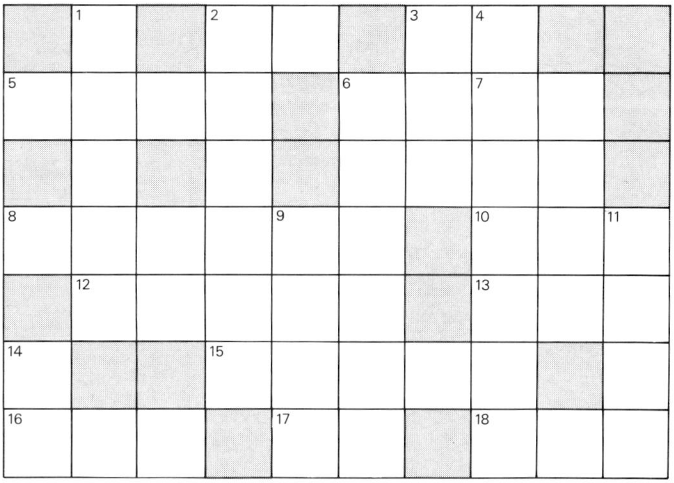

Wörter

waagerecht

2. Um 9.00 Uhr dort die Sonne steht.
5. Wenn der Wind sie trägt, er durch die Landschaft fegt.
6. Von hinten betrachtet ein begehrter Platz.
8. Vögelchen mit sehr kaltem Hinterteil.
10. Das eigene in klassischer Aussprache.
12. Ist einerseits nur ein Wort, andererseits das Wichtigste im Leben
13. Stinkt, wenn man es sich selbst spendet.
15. Ziert so manchen Vorgarten, ist auch in Wappen zu finden.
16. Wirkt, wenn Sie im Schatten des Windes fahren.
17. Ein solcher Markt der Tante Emma Kummer bereitet.
18. Mathematisch gesehen der Durchschnitt einer geografischen Untersuchung und eines elternlosen Kindes.

senkrecht

1. Der Marderpelz wirkt doch recht nobel.
2. Hat mancher Lift, gibt's auch für Hörorgane.
3. Ein Teil von 7 senkrecht.
4. Hat etwas mit dem Gegenwärtigen gemein.
6. Aus dem einen können Sie Schnee machen, welches andere bleibt dann übrig?
7. Das Material des jungen Architekten.
9. Storchengleich er durch die Gegend schreitet.
11. Ist aus Holz, hat hinten Winde, gibt Töne von sich.
14. Das tiefenpsychologische Gegenstück zu 10 waagerecht.

Zahlen

waagerecht

2. $3\sqrt{125}$
5. $(15^2 - 6) \cdot^2$
6. $(123 \cdot 456) : 8 + 52$
8. $3^2 \cdot 28 \cdot (49^2 + 40)$
10. $\sqrt{(9 \cdot 7)}\ (21 \cdot 3)$
12. Eine nicht zerlegbare Zahl.
13. $3 \cdot 269$
15. $(33^2 + 44^2 + 55^2 + 66^2 + 77^2) \cdot 2 - 953$
16. $11^2 \cdot 5$
17. $((((10200 : 2) : 3) : 4) : 5)$
18. $13 \cdot \sqrt{9} \cdot \sqrt{81}$

senkrecht

1. $123 \cdot 2^3 \cdot 3 \cdot 5^2 + 2$
2. $73 \cdot 10^4 \cdot 5 \cdot 11 \cdot 10^2 \cdot 5 \cdot 7$
3. $\sqrt{3} \cdot 27 \cdot 7$
4. $(123 \cdot 456 \cdot 789) : 33 + (7^5 - 510) \cdot 2$
6. $(88^2 + 89^2 + 99^2) \cdot 33 + 33235$
7. $p^2 \cdot (2p - 1)$; p Primzahl
9. $3 \cdot 17 \cdot 10^2 + 9^2$
11. $5 \cdot 7 \cdot 8 \cdot 11$
14. Primzahl

123 Eine Goldgrube

Eine Bergbaugesellschaft führte im Hinterland Australiens Probebohrungen in einer reichhaltigen Erzader durch. Die Ergebnisse der Bohrungen wurden in ein quadratisches Kartennetz eingetragen, und der Wert der Schichten wurde in Millionen Dollar durch Zahlen angegeben.
Aufgrund der Landschaftsstruktur mußte die Gesellschaft in dem als "Start" markierten Feld beginnen und sich von Quadrat zu Quadrat entweder nach oben, nach unten oder quer weiterbewegen. Diagonale Bewegungen waren genauso unmöglich, wie auch dasselbe Quadrat zweimal abzubauen.
Kommen Sie den Bergleuten zu Hilfe, und finden Sie die profitabelste Route für den Abbau der ersten dreizehn Quadrate.
Ein Weg z.B. verläuft entlang den Quadraten
24 70 6 77 30 66 22 73 19 98 1 90 14
Er würde einen Gewinn von 590 Millionen Dollar abwerfen.
Sie können es besser!

32	80	19	98	1	90	14	85
66	22	73	52	72	57	83	31
30	84	41	73	16	74	45	92
77	6	70	24	Start	28	67	11
32	99	44	81	27	75	42	98
68	21	72	56	59	42	75	17
34	87	19	92	5	99	27	88

124 Hunderter, Zehner und Einer

Wählen Sie eine beliebige dreistellige Zahl, wie beispielsweise 235. Schreiben Sie die Zahl auf, indem Sie die Reihenfolge der Ziffern umkehren, 532. Ziehen Sie die kleinere Zahl von der größeren ab.

$$\begin{array}{r} 532 \\ -\ 235 \\ \hline 297 \end{array}$$

Nun notieren Sie die Ziffern des Ergebnisses auch wieder in umgekehrter Reihenfolge und addieren sie zu dem Ergebnis.

$$\begin{array}{r} 297 \\ +\ 792 \\ \hline 1089 \end{array}$$

Nach mehreren Versuchen können Sie sich vor Publikum als Wahrsager produzieren:

125 Magische Kreise

Setzen Sie die Zahlen 1, 2, 3, 4, 5, 6 so in die Quadrate, daß sich die Zahlen jedes Kreises zur jeweils gleichen Summe addieren lassen. Wenn diese Forderung erfüllt ist, werden die Kreise magisch genannt. Können Sie eine einfache Regel finden, wie man sechs andere Zahlen zu magischen Kreisen anordnet?

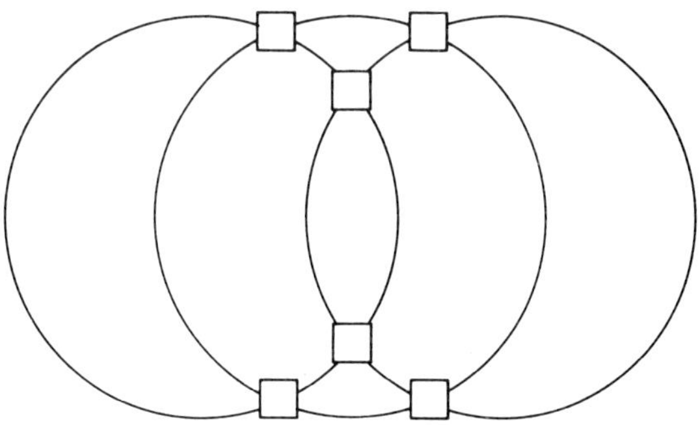

Sie sollten nun in der Lage sein, das nebenstehende Problem anzupacken, dessen Lösung auf den gleichen Prinzipien basiert. Setzen Sie jeweils eine der Zahlen 1, 2, 3, ..., 10, 11, 12 so an die Schnittpunkte der vier Kreise der Abbildung, daß die Kreise magisch werden. Wieso beträgt die magische Summe für jeden Kreis 39?

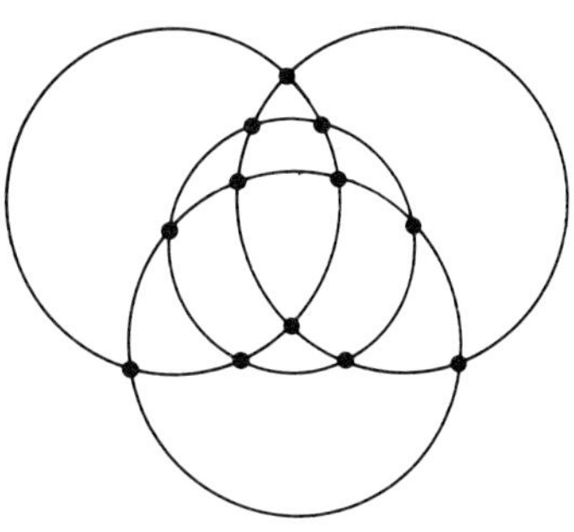

126 Zahlenräder

Die drei Zahlen jeder Speiche und jeder Kante addieren sich jeweils zur gleichen Zahl. Wie lautet diese Zahl?
Finden Sie alle fehlenden Zahlen.
Nun verteilen Sie die Zahlen 1 bis 19 so auf einem ähnlichen Rad, daß die Summe entlang der zwölf Geraden jeweils 22 beträgt.

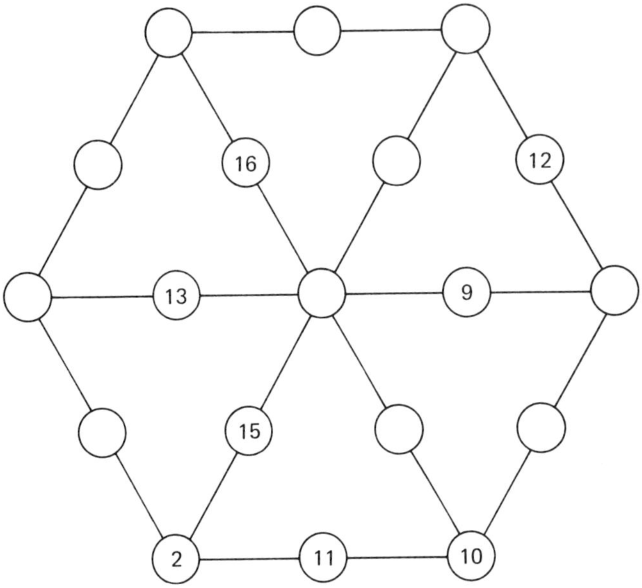

127 Volle Hundert

Setzen Sie Rechenzeichen so zwischen die Zahlen, daß sich die Summe 100 ergibt.

1 2 3 4 5 6 7 8 9 = 100

Es gibt mehr als eine Lösung. Wie viele können Sie finden?

128 Perioden

1 Benutzen Sie Ihren Rechner, um

$$\frac{1}{7} \quad \frac{2}{7} \quad \frac{3}{7} \quad \frac{4}{7} \quad \frac{5}{7} \quad \frac{6}{7}$$

in Dezimalzahlen umzuformen.
Was können Sie an den ersten sechs Ziffern, die nach dem Komma erscheinen, feststellen?

Schreiben Sie die Dezimalzahlen von $\frac{8}{7}$, $\frac{9}{7}$, $\frac{16}{7}$ bis zur sechsten Dezimalen, ohne den Rechner zu Hilfe zu nehmen.
Wenn der Rechner, den Sie benutzen, ein längeres Sichtfeld hätte, welches wären dann die ersten zwölf Ziffern für $\frac{1}{7}$?
Erkennen Sie bereits, wie das periodische Muster für beliebige Divisionen durch 7 aussieht?
Für jeden Quotienten gilt, daß der Divisionsvorgang irgendwann endet oder eine Folge von periodischen Ziffern hervorbringt, z.B.

$$\frac{3}{16} = 0{,}1875$$

$$\frac{3}{7} = 0{,}428571428571428571\ldots$$

Der Teilungsvorgang endet immer, wenn durch eine Zahl dividiert wird, die als Potenz von 2, multipliziert mit einer Potenz von 5 ausgedrückt werden kann, so wie 16, 20, 64, 125, 320. Warum? Wird jedoch durch eine andere Zahl dividiert, so wird der Divisionsvorgang immer zu einer Folge periodischer Ziffern führen. Sie werden sicher entdeckt haben, daß bei der Division durch 7 ein periodisches Muster aus sechs Ziffern entsteht, und allgemein läßt sich für eine Division durch die Ziffer n ein periodisches Muster der Länge $n - 1$ oder kleiner feststellen. Können Sie das erklären?

2 Mit Hilfe eines Rechners wurden die Muster von Zahlen, die durch 17 geteilt wurden, untersucht, doch war seine Kapazität nicht groß genug, um alle Ziffern der kompletten Perioden anzuzeigen. Die folgenden Berechnungen ergaben

$$\frac{1}{17} = 0{,}0588235$$

$$\frac{2}{17} = 0{,}1176471$$

$$\frac{3}{17} = 0{,}1764705$$

$$\frac{4}{17} = 0{,}2352941$$

$$\frac{5}{17} = 0{,}2941176$$

Schreiben Sie auf, wie die periodischen Ziffernfolgen aussehen – wohl wissend, daß in diesem Fall die Wiederholungsmuster aus sechzehn Ziffern bestehen – und geben Sie $\frac{5}{17}$ als Dezimalzahl mit zwanzig Dezimalen an. Versuchen Sie, die Ergebnisse von $\frac{6}{17}$, $\frac{7}{17}$, etc. vorherzusagen, bevor Sie sie mit Ihrem Rechner prüfen.

3 Versuchen Sie Wiederholungsmuster von Ziffern herauszufinden, die bei Division durch 19 enstehen. Arbeiten Sie möglichst wenig mit dem Rechner.
4 Versuchen Sie nun solche Muster bei anderen Zahlen zu entdecken. 11 und 13 sind z. B. besonders interessant.

129 Primzahlen

Unter Primzahlen versteht man jene natürlichen Zahlen, die nur durch 1 und sich selbst teilbar sind, wie

5 29 41 83.

Die einzige gerade Primzahl ist 2, da definitionsgemäß alle anderen geraden Zahlen, wie 6, 10, 28, außer der 1 und sich selbst immer noch die 2 als Teiler besitzen. Daraus folgt, daß alle Primzahlen außer der 2 ungerade sein müssen.
Es fasziniert Mathematiker seit Jahrhunderten, herauszufinden, welche Zahlen prim sind und wie ihre Verteilung aussieht, die keinem einfachen Schema unterliegt. Darüber finden sich Sätze bis zurück ins dritte Jahrhundert v.Chr., in dem Euklid den eleganten Beweis über die Existenz unendlich vieler Primzahlen erbrachte.
Manchmal folgen die Primzahlen sehr dicht aufeinander, wie

2 3 7 11 13,

an anderer Stelle liegen sie dann wieder weit verstreut. Zwischen 23 und 37 liegen nur zwei Primzahlen; welche sind es?
Bei Zahlen kleiner als 100 werden Sie es von einer Primzahl zur nächsten nie weit haben, doch werden bei Zahlen größer als 100 die Lücken zwischen den Primzahlen schnell größer.
Finden Sie die auf 113 folgende Primzahl.
Ähnliches gilt für Zahlen kleiner als 1000, bei denen man selten zehn aufeinanderfolgende Zahlen findet, unter denen nicht eine Primzahl ist.
Wieviel Primzahlen liegen zwischen 190 und 200?
Dennoch haben Mathematiker bewiesen, daß so viele ganze Zahlen aufeinanderfolgen können, wie Sie wollen (z.B. 5000), ohne daß sich auch nur eine Primzahl unter ihnen befindet.
Es wurden schon viele Sätze und Vermutungen über Primzahlen aufgestellt.

1 Die sogenannte Goldbachsche Vermutung wurde Euler 1742 von Goldbach mit der Bitte um eine Beweisfindung vorgelegt. Er vermutete:
Jede gerade Zahl (außer 2) kann als Summe zweier Primzahlen dargestellt werden.
Euler konnte dies nicht beweisen, und bis auf den heutigen Tag hat dies niemand versucht, obwohl kein Gegenbeispiel für diese Vermutung gefunden wurde.
Schreiben Sie 28, 50, 100, 246 als Summe zweier Primzahlen. Ist die Darstellung eindeutig?

2 Alle Primzahlen außer der 2 sind ungerade, so daß die Differenz zwischen zwei beliebigen Primzahlen (außer 2) eine gerade Zahl ist. Das mag einleuchtend sein, doch das Interessante daran ist die Annahme:
Jede gerade Zahl ist die Differenz
zweier aufeinanderfolgender Primzahlen.
Zeigen Sie, daß dies für die folgenden geraden Zahlen zutrifft

2 4 6 8 10 12 14.

Wenn Sie für jedes Beispiel die kleinstmöglichen Primzahlen finden, werden Sie nicht über 250 hinaus suchen müssen.

3 Im Jahre 1848 mutmaßte de Polignac:
Jede ungerade Zahl ist die Summe
einer Primzahl und einer Potenz von 2.

Beispielsweise: $25 = 17 + 2^3$

Nehmen Sie wahllos irgendwelche ungeraden Zahlen, und überprüfen Sie diese Aussage auf ihre Richtigkeit. Ist die Darstellung eindeutig?

4 Primzahlen scheinen oft als Paare aufeinanderfolgender ungerader Zahlen vorzukommen, wie 5 und 7, 17 und 19, 29 und 31. Es wird angenommen, daß unendlich viele solcher „Primzahlzwillinge" existieren, doch ist bis jetzt noch niemand ein Beweis gelungen.
Zwischen 150 und 200 befinden sich nur drei solcher Paare. Finden Sie sie!

5 Untersuchen Sie die folgenden Vermutungen.
1) Zwischen aufeinanderfolgenden Quadratzahlen liegt mindestens eine Primzahl.
2) Jede Primzahl außer 2 und 3 läßt sich als $6n \pm 1$ darstellen, wobei n eine natürliche Zahl ist.
3) Jede ungerade Primzahl der Form $4n + 1$ ist die Summe zweier Quadratzahlen.

130 Erzeugung von Primzahlen

Eines der Probleme bei den Versuchen, Erkenntnisse über Primzahlen zu gewinnen, beruht darauf, daß die einzige Möglichkeit zu entscheiden, ob eine Zahl prim ist oder nicht, darin besteht, ihre Faktoren zu finden. Durch die Jahrhunderte haben die Menschen vergeblich nach Formeln gesucht, mit deren Hilfe Primzahlen gebildet werden können. Einige der besseren Versuche sind hier wiedergegeben.

1 Betrachten Sie die untenstehende Folge von Primzahlen und ihre Differenzen

11		13		17		23		31		…
	2		4		6		8			

Setzen Sie die Folge so lange fort, wie sie Primzahlen hervorbringt.
Durch das Muster der Differenzen wird gezeigt, daß die Folge durch die Formel

$$n^2 + n + 11$$

erzeugt wird.

2 Berechnen Sie

$$n^2 + n + 41$$

für verschiedene Werte von n, und überprüfen Sie, ob die gebildete Zahl prim oder zusammengesetzt ist.
Dies ist eine bemerkenswerte Formel, da sie bis auf sieben Ausnahmen für alle Zahlen zwischen 1 und 80 Primzahlen bildet. Welches ist der erste Wert von n, für den $n^2 + n + 41$ nicht prim ist?

3 Eine noch bessere Formel lautet

$$n^2 - 79n + 1601,$$

da sie bis 80 für alle ganzen Zahlen n Primzahlen ergibt.

4 Welches ist der kleinste Wert von n, für den

$$2n^2 + 29$$

keine Primzahl ergibt?

5 Im Jahre 1640 meinte der Mathematiker Fermat, eine Formel entdeckt zu haben, mit der sich Primzahlen bilden ließen, nämlich

$$2^{2^n} + 1.$$

Berechnen Sie die Zahlen, die durch diese Formel gebildet werden, für $n = 0, 1, 2, 3, 4$. Diese Zahlen sind prim.
Es währte mehr als 100 Jahre, bis der Mathematiker Euler den Beweis erbrachte, daß die Zahl

$$2^{2^5} + 1$$

die Faktoren 641 und 6700417 enthält.

131 Besondere Zahlen

Palindromische Zahlen

Darunter versteht man Zahlen wie 25452, die sich vorwärts wie rückwärts gleich lesen.
Welches ist die kleinste palindromische Primzahl, und welches die kleinste palindromische Quadratzahl, wenn man einmal einstellige Zahlen außer acht läßt?
Wieviel weitere palindromische Quadratzahlen unter 1000 gibt es noch?
Zwischen 100 und 200 gibt es fünf palindromische Primzahlen; welche sind es? Warum liegen zwischen 400 und 700 keine palindromischen Primzahlen? Zeigen Sie, daß alle palindromischen Zahlen zwischen 1000 und 2000 einen gemeinsamen Teiler besitzen.

Vollkommene Zahlen

Betrachten Sie einmal die Zahl 8. Ihre Teiler sind, außer der 8 selbst, 1, 2 und 4, deren Summe 7 kleiner als 8 ist.
Auf der anderen Seite existieren Zahlen wie 18, deren Teiler 1, 2, 3, 6 und 9 zusammen 21 ergeben, also mehr als 18.
Einige Zahlen sind dadurch besonders ausgezeichnet, daß sie mit der Summe ihrer Teiler übereinstimmen. Eine solche Zahl ist 6, da ihre Teiler 1, 2, 3 sind. Diese Zahlen wurden von den Griechen als *vollkommen* bezeichnet.

1) Unterteilen Sie alle Zahlen kleiner als 30 in diese drei Kategorien.
2) Vollkommene Zahlen sind selten. Euklid konnte beweisen, daß jede Zahl der Form

   $$2^{n-1}(2^n - 1)$$

   vollkommen ist, wenn $2^n - 1$ prim ist.
   Finden Sie Werte für n, die $2^n - 1$ prim werden lassen, und entdecken Sie dadurch weitere perfekte Zahlen.

Befreundete Zahlen

Einige Zahlenpaare sind durch die faszinierende Eigenschaft verbunden, daß die Summe ihrer Teiler jeweils der anderen Zahl entspricht. Diese gemeinsame Stütze zweier Zahlen fesselte die Phantasie einiger Mathematiker, die sie *befreundete Zahlen* nannten.
Das kleinste Paar ist 220 und 284.

$220 : 1 + 2 + 4 + 5 + 10 + 11 + 20 + 22 + 44 + 55 + 110 = 284$

$284 : 1 + 2 + 4 + 71 + 142 = 220$

Euler erstellte eine Studie über solche Paare und veröffentlichte 1750 eine Liste, die 60 von ihnen enthielt. Überraschenderweise übersah er das zweitkleinste Paar, 1184 und 1210, das erst 1866 ein 16jähriger Junge namens Paganini entdeckte.
Finden Sie die Teiler dieses Paares, und überprüfen sie dessen enge Verbindungen.
Weitere Paare sind 2620 und 2924, 6232 und 6368, 17296 und 18416.

132 Weitere Zahlen-Muster

1 $3^2 - 2^2 = 9 - 4 = 5 = 3 + 2$
$4^2 - 3^2 = 16 - 9 = 7 = 4 + 3$
$5^2 - 4^2 = 25 - 16 = 9 = 5 + 4$

Erklären Sie das Muster, und zeigen Sie, daß es immer zutrifft.

2 $3^2 = 9 \qquad 2 \cdot 4 = 8$
$4^2 = 16 \qquad 3 \cdot 5 = 15$
$5^2 = 25 \qquad 4 \cdot 6 = 24$

Erweitern Sie das Muster. Gilt es auch bei großen Zahlen?

3 Untersuchen Sie die aufeinanderfolgenden Potenzen einer ganzen Zahl wie $3 \quad 3^2 \quad 3^3 \quad 3^4 \quad 3^5 \quad \ldots$
Beachten Sie besonders die Folge, die von der letzten Ziffer gebildet wird.

4 Berechnen Sie die Summen und schließen Sie noch zwei weitere Zeilen an:

$$1 =$$
$$3 + 5 =$$
$$7 + 9 + 11 =$$
$$13 + 15 + 17 + 19 =$$

Können Sie ein Bildungsgesetz angeben?

5 Vervollständigen Sie die folgenden Muster.

$1 = \qquad 1^3 =$
$1 + 2 = \qquad 1^3 + 2^3 =$
$1 + 2 + 3 = \qquad 1^3 + 2^3 + 3^3 =$
$1 + 2 + 3 + 4 = \qquad 1^3 + 2^3 + 3^3 + 4^3 =$

133 Pythagoreische Zahlen

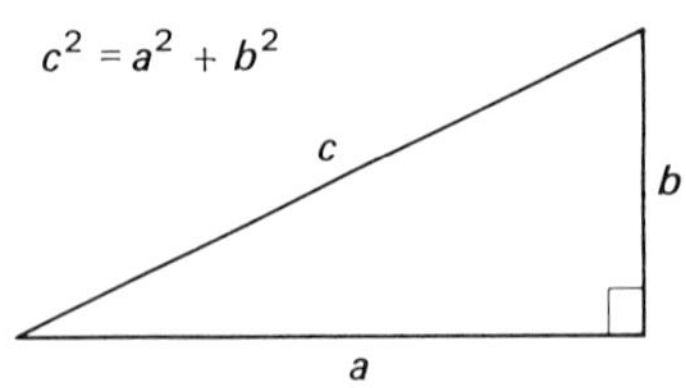

Der bekannte Satz des Pythagoras bringt die Seitenlängen eines rechtwinkligen Dreiecks miteinander in Verbindung (siehe auch Aufgabe 64). Ein Dreieck, dessen Seiten im Verhältnis 3 : 4 : 5 stehen, ist rechtwinklig, denn es gilt $3^2 + 4^2 = 5^2$.

Die pythagoreischen Zahlen sind Kombinationen natürlicher Zahlen, wie 3, 4 und 5, die die Bedingung $a^2 + b^2 = c^2$ erfüllen, und die somit als Seitenlängen für rechtwinklige Dreiecke in Betracht kommen.
Erstellen Sie mit Hilfe Ihres Rechners eine Tabelle der Quadratzahlen von 1 bis 50, und sehen Sie, wieviel pythagoreische Zahlentripel Sie finden.
Können Sie zwei verschiedene Dreiecke mit ganzzahligen Seiten aufspüren, die den gleichen Flächeninhalt besitzen?

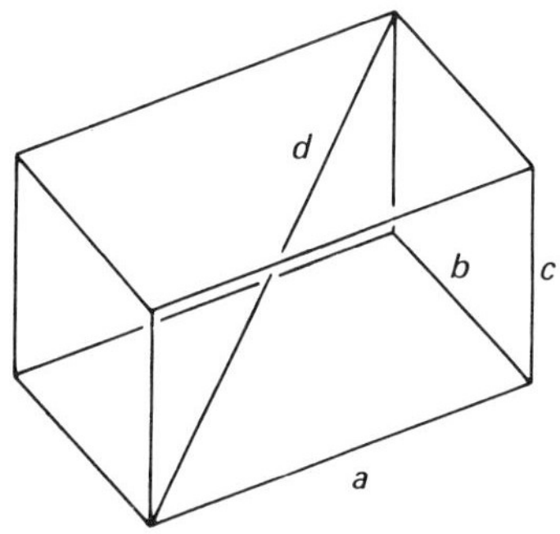

Ein ähnliches, aber dreidimensionales Problem stellt sich, will man geeignete Längen für die Kanten eines Quaders (z.B. einer rechteckigen Schachtel) finden, die genau wie die Diagonalen ganzzahlig sein sollen.

$$a^2 + b^2 + c^2 = d^2$$

Eine mögliche Lösung lautet

$$1^2 + 2^2 + 2^2 = 3^2$$

Können Sie noch andere finden?

134 Knacken Sie den Automaten

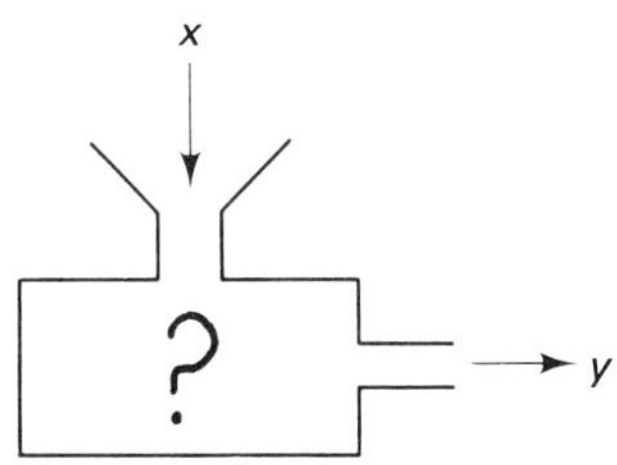

Eine Person A handelt wie ein Computer, der programmgemäß aus einer ihm eingegebenen Zahl eine neue berechnet. Die Mitspieler nennen A abwechselnd eine Zahl x, die dieser nach der Regel bearbeitet, für die er sich entschieden hat. Zur besseren Übersicht für die anderen schreibt A beides auf, sowohl die ihm genannte Zahl als auch die von ihm daraus berechnete Zahl y.
Ziel ist es nun, die von A benutzte Regel zu erraten; doch bevor ein Mitspieler seinen Tip abgeben darf, muß er zunächst eine Zahl x nennen und die Zahl y, die A aus ihr berechnen würde, genau erklären.
Um Ihnen den Anfang zu erleichtern, hier einige Vorschläge für mögliche Regeln.

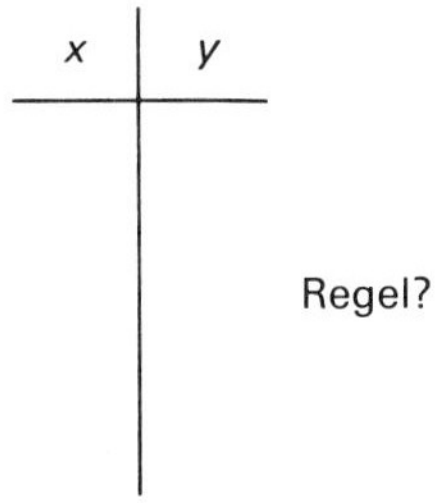

Verdoppeln einer Zahl.
Addieren von 3 zu einer Zahl.
Quadrieren einer Zahl.
Multiplizieren mit der nächsten Zahl.
Multiplizieren mit der vorhergehenden Zahl.
Die nächste ungerade Zahl.
Die nächste Primzahl.
Verdoppeln und addieren von 1.
Die nächste Zahl, wenn die gegebene Zahl gerade ist, bzw. die vorhergehende Zahl, wenn sie ungerade ist.
Die Summe ihrer Primfaktoren.
Quadrieren und vermindern um 1.
Die Quersumme.
Die Differenz zu 100.

Eine andere Version des Spieles besteht darin, mit zwei Eingabe-Zahlen, x und y, zu arbeiten, die A unter Benutzung einer Regel miteinander verbindet.
Bei einer weiteren Variante geht A von einer Zahlensammlung aus, z.B. den Vielfachen von 3. Auf die von den anderen Spielern genannten Zahlen reagiert A mit *ja* oder *nein*, je nachdem, ob sie zu seiner Sammlung gehören oder nicht. Ziel ist es, zu erkennen, welche Zahlensammlung A im Hinterkopf hat. Bei dieser Version ist es sinnvoll, sich von vornherein für eine Begrenzung der Zahlen, beispielsweise von 0 bis 100, zu entscheiden, und die Zahlensammlungen von A sollte aus mehreren bestehen, damit die Gesetzmäßigkeit auch erkannt werden kann.

135 Interessante Multiplikationen

Während Phillip eines Tages mit seinem Rechner herumspielte, multiplizierte er die Zahlen 159 und 48 und erhielt 7632. Nach gründlichem Überlegen fiel ihm auf, daß die Gleichung

$$159 \cdot 48 = 7632$$

jede der Ziffern 1, 2, ..., 9 nur einmal enthielt. Er konnte sein Glück kaum fassen, denn er meinte, daß das das Ergebnis wohl einmalig sei. Aber er täuschte sich! Es gibt noch verschiedene andere Zahlenpaare, deren Produkte jeweils Zahlen sind, bei denen alle Ziffern nur einmal auftreten. Können Sie welche ausfindig machen?
Eine andere interessante Rechnung ist

$$16583742 \cdot 9 = 149253678$$

bei der alle Ziffern auf jeder Seite des Gleichheitszeichens nur einmal auftreten. Finden Sie noch weitere Aufgaben mit dieser Eigenschaft?

136 Zwei gleiche Diagonalen

Die Kantenlängen einer Schachtel seien a, b und c Längeneinheiten, wobei a, b, c ganze Zahlen sind. Es ist mit Hilfe des Satzes von Pythagoras leicht zu zeigen, daß, wenn d der Länge der Diagonalen entspricht,

$$d^2 = a^2 + b^2 + c^2$$

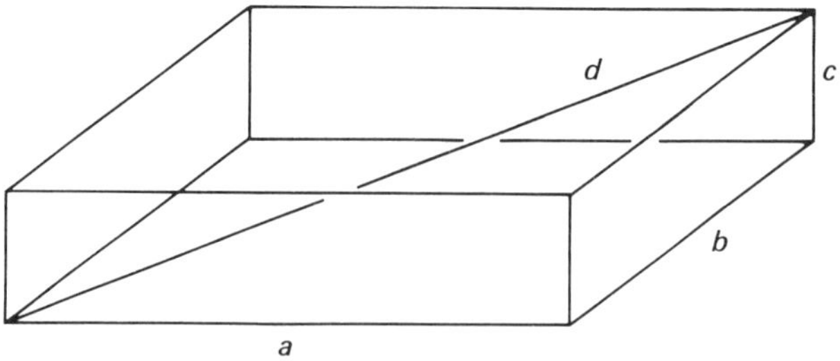

Zeigen Sie, daß eine Schachtel aus 4, 5 und 6 Längeneinheiten die gleiche Diagonalenlänge besitzt wie eine Schachtel aus 2, 3 und 8 Längeneinheiten.
Finden Sie weitere Schachtelpaare, deren Kanten aus ganzzahligen Einheiten bestehen und deren Diagonalen gleichlang sind. Es gibt zumindest noch drei andere Lösungen bei Kantenlängen, die kleiner sind als 10 Einheiten.

137 Magische Sterne

Setzen Sie in die leeren Kreise der Sterne (a) und (b) solche Zahlen ein, daß sich entlang jeder Geraden *beider* Sterne die gleiche Summe ergibt.

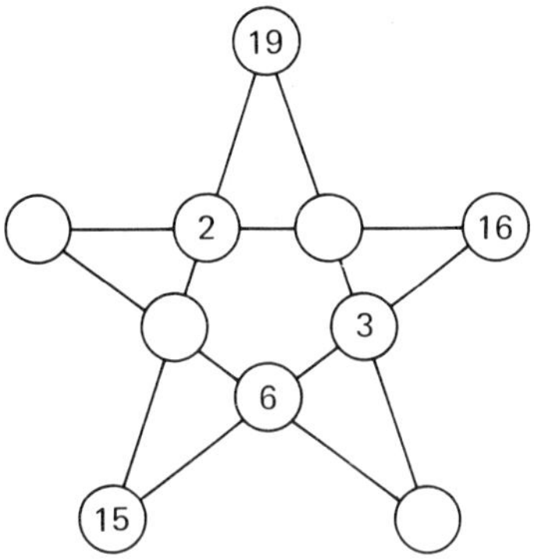

(a)

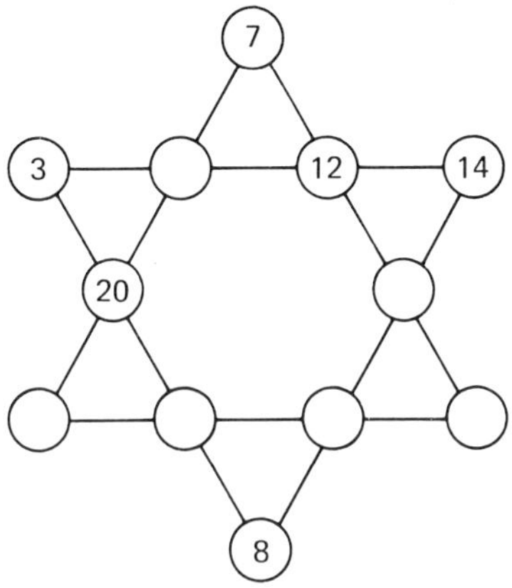

(b)

Die Sterne (c) und (d) sind ebenso magisch (d.h. die Zahlen entlang jeder Geraden bilden die gleiche Summe) und weisen die gleiche magische Zahl auf. Als weiteren Hinweis: die fehlenden Zahlen sind immer 1, 3, 4, 5 und 7. Was wollen Sie mehr!

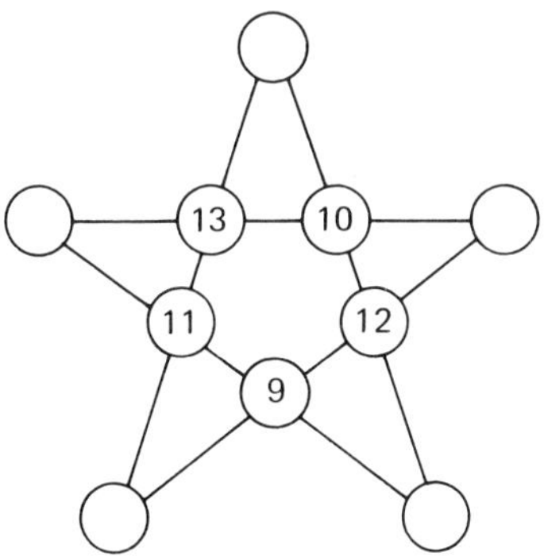

(c)

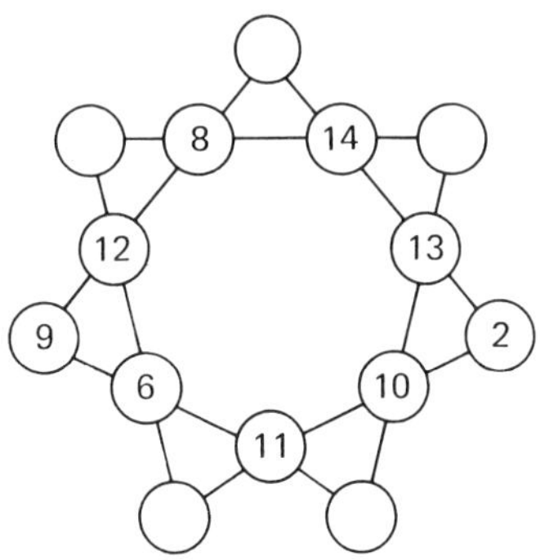

(d)

138 Auf Nummer sicher gehen

(a) ist eine versteckte Additionsaufgabe. Jeder Buchstabe steht für eine andere Ziffer. S beispielsweise steht für 3. Was bedeuten die anderen Buchstaben?
(b) ist ein anderes klassisches Problem der gleichen Art.

```
   C R O S S        S E N D
+  R O A D S     +  M O R E
 -----------     ----------
 D A N G E R      M O N E Y

     (a)             (b)
```

139 Verflixte Würfel

Ein Spieler bastelte sich drei Würfel.
Die Seiten des roten Würfels trugen jeweils zweimal die Zahlen 2, 4, 9.
Die Seiten des blauen Würfels trugen jeweils zweimal die Zahlen 3, 5, 7.
Die Seiten des gelben Würfels trugen jeweils zweimal die Zahlen 1, 6, 8.
Die Summe der Seiten dieser Würfel war stets gleich, und dennoch war sich der Spieler sicher, einen Würfel aussuchen zu können, der ihm eine bessere Chance gab, allerdings nur dann, wenn er seinen Gegner zuerst einen Würfel auswählen ließ. Erklären Sie es!

140 Das Transportproblem

Die drei Busunternehmen Aristoteles, Bacchus und Kopernikus stellen die Busse für den Heimtransport der Kinder der vier Schulen Pasteur, Quenstedt, Ritter und Bio.
Um alle Schüler transportieren zu können, lag die Anzahl der benötigten Busse bei

$P:8 \quad Q:5 \quad R:7 \quad S:5.$

In den Depots der Busunternehmen standen folgende Busse zur Verfügung:

$A:9 \quad B:6 \quad C:10$

Die erste Tabelle zeigt eine der vielen Möglichkeiten der Busunternehmen, ihre Busse den Schulen zuzuweisen.
Die nächste Tabelle zeigt die Entfernung zwischen den Busdepots und den Schulen, z.B. liegen zwischen C und Q 6 Kilometer.
Natürlich wollen die Schulbehörden ihre Unkosten so niedrig wie möglich halten und sind deshalb bestrebt, den besten Weg zu finden, wie die Busse von ihren Depots aus den Schulen zuzuweisen sind, um die insgesamt zurückgelegte Kilometerzahl zu verringern.
Gemäß der oberen Verteilung ergibt sich für die Busse eine Gesamtstrecke von

	P	Q	R	S	vorhandene Busse
A	3	1	5		9
B			2	4	6
C	5	4		1	10
benötigte Busse	8	5	7	5	

	P	Q	R	S
A	3	2	5	1
B	2	1	3	4
C	5	6	4	8

$$
\begin{aligned}
& (3\cdot 3) + (1\cdot 2) + (5\cdot 5) + (2\cdot 3) + (4\cdot 4) + (5\cdot 5) + (4\cdot 6) + (1\cdot 8) \\
= \; & 9 + 2 + 25 + 6 + 16 + 25 + 24 + 8 \\
= \; & \textit{115 Kilometer}
\end{aligned}
$$

Wenn kürzere Strecken besser genutzt würden, ließe sich die Gesamtkilometerzahl deutlich verringern. Tatsächlich kann sie auf nur 67 Kilometer reduziert werden. Wie?

141 Karten lesen Gedanken

Stellen Sie sich vor, Sie hätten eine Anzahl Gewichte von jeweils
1 kg   2 kg   4 kg   8 kg   16 kg
Mit ihnen wäre es möglich, jede gerade Kilogrammzahl von 1 kg bis 31 kg zu wiegen.
Zeichnen Sie die folgende Tabelle ab, und vervollständigen Sie sie bis 31, um zu zeigen, welche Gewichte jeweils benutzt werden.

	16	8	4	2	1
1					✓
2				✓	
3				✓	✓
4			✓		
5			✓		✓
6			✓	✓	
7			✓	✓	✓
8		✓			
9		✓			✓
10		✓		✓	
11		✓		✓	✓
12		✓	✓		
13		✓	✓		✓
14		✓	✓	✓	
15		✓	✓	✓	✓
16	✓				
17	✓				✓

Nun schneiden Sie fünf Quadrate, z.B. 10 cm mal 10 cm, aus Pappe aus, und schreiben Sie deutlich sichtbar mit einem Filzstift auf die erste Karte all die Massen, die das 1-kg-Gewicht benötigen. Das Ergebnis ist in der nebenstehen Abbildung dargestellt.

1	3	5	7
9	11	13	15
17	19	21	23
25	27	29	31

Auf der zweiten Karte notieren Sie alle Massen, die das 2-kg-Gewicht benötigen (d.h. 2, 3, 6, 7, 10, 11, usw.); auf die dritte Karte setzen Sie all die Zahlen, die das 4-kg-Gewicht benötigen usw.
Sie sollten nun fünf Karten mit jeweils sechzehn Zahlen haben. Zur Kontrolle, ob Sie sie richtig beschriftet haben, können Sie im Lösungsteil nachschauen.
Das Spiel funktioniert nun so, daß man einen Freund bittet, sich eine Zahl zwischen 1 und 31 auszudenken und ihm dann nacheinander jede der Karten zeigt. Wenn seine Zahl auf der Karte erscheint, soll er mit "Ja" antworten, wenn nicht, dann mit "Nein". Nach der letzten Karte sollten Sie in der Lage sein, ihm die Zahl, die er sich ausgedacht hatte, zu nennen! "Wie?", werden Sie nun wohl fragen.
Angenommen, Ihr Freund denkt sich die Zahl 21 aus, dann wird sie auf drei Karten erscheinen, der 1-kg-Karte, der 4-kg-Karte und der 16-kg-Karte. Alles was Sie noch tun müssen, ist die Karten, auf die Ihr Freund mit "Ja" geantwortet hat, nämlich 1 + 4 + 16, zusammenzuzählen, und Sie erhalten 21. Um die Sache zu erleichtern, empfiehlt es sich, 1, 2, 4, 8 oder 16 auf die Rückseite der entsprechenden Karten zu schreiben, aber klein genug, daß Ihr Freund sie wahrscheinlich nicht bemerken wird. Sie können dann die Karten beliebig mischen und brauchen nicht auf die Seite zu schauen, die Sie Ihrem Freund zeigen, was ihn nur noch mehr verwirren wird.
Sie können auch erneut beginnen und eine Tabelle bis 63 erstellen, wofür Sie ein zusätzliches Gewicht von 32 kg benötigen. Dann brauchen Sie aber auch sechs Karten, mit jeweils 32 Zahlen.

142 3 x 3-magische Quadrate

Ein magisches Quadrat ist ein Zahlenquadrat, in dem sich die Zahlen jeder Zeile, Spalte und Diagonale zur gleichen Gesamtsumme addieren lassen, wie dies im Beispiel (a) der Fall ist, bei dem jede Gerade 24 ergibt, seine magische Zahl.
Vervollständigen Sie die magischen Quadrate (b) und (c), indem Sie zuerst die magischen Zahlen aus den kompletten Zahlengeraden errechnen.

11	3	10
7	8	9
6	13	5

(a)

6		
7	5	3

(b)

		10
	7	
4		5

(c)

Nun versuchen Sie sich einmal an (d) und (e), wo Ihnen zwar mehr Zahlen vorgegeben werden, die Vorgehensweise jedoch nicht so offensichtlich ist.

14	3	
		13
8	15	

(d)

11	1	
9		7
	15	5

(e)

8	1	6
3	5	7
4	9	2

(f)

Die Bildung magischer Quadrate ist ein uralter Zeitvertreib, Berichte darüber finden sich bis zurück ins China der vorchristlichen Zeit. Die Ausgangsbasis, das 3 x 3-Quadrat, wird dem chinesischen Kaiser Yu zugeschrieben, der um 2200 v.Chr. regierte. Ihre Faszination hat im Lauf der Jahre nicht nachgelassen, wie es zeitgenössische Bücher über das Thema beweisen. Alle 3 x 3-magischen Quadrate unterliegen im Grunde einem Schema, nämlich dem eines Quadrates, das aus den Zahlen 1, 2, 3, ..., 9 (f) aufgebaut ist.
Von diesem ausgehend lassen sich auch andere magische Quadrate bilden, indem z.B. alle Zahlen um eine vorgegebene Zahl, sagen wir 6, erhöht werden. Eine andere Möglichkeit besteht darin, die Zahlen 1 bis 9 durch die ersten neun ungeraden Zahlen 1, 3, 5, ..., 17 zu ersetzen.
Es gibt noch einen weiteren interessanten Weg, eine Sammlung aus neun Zahlen hervorzubringen, die ein 3 x 3-magisches Quadrat bilden, das nicht so leicht durchschaubar ist.
Nehmen Sie als Ausgangspunkt eine beliebige Zahl (z.B. 3), dann entscheiden Sie sich für zwei weitere voneinander verschiedene Zahlen (z.B. 2 und 5), die zu der Ausgangszahl, wie unten gezeigt, hinzugefügt werden.

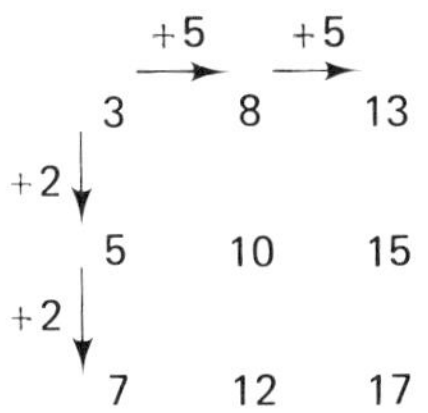

Nun schreiben Sie diese Zahlen in der Reihenfolge
3 8 13 5 10 15 7 12 17
und ersetzen in genau dieser Reihenfolge die Zahlen 1 bis 9 des ursprünglichen Quadrates. Das Ergebnis ist das magische Quadrat (g) mit der magischen Zahl 30.
Nun entwerfen Sie eigene magische Quadrate.
Wäre diese Methode auch mit Dezimalzahlen oder manchen negativen Zahlen zu realisieren?
Können Sie sie als allgemeingültig beweisen?

12	3	15
13	10	7
5	17	8

(g)

143 Weitere magische Quadrate

Der erste Anhaltspunkt über die Untersuchung magischer Quadrate in Europa findet sich im frühen 15ten Jahrhundert. Agrippa konstruierte magische Quadrate aller Ordnungen von 3 bis 9, die er mit den damals bekannten Erdplaneten in Verbindung brachte. Die Menschen unterlagen durch die Jahrhunderte immer einer gewissen Zahlenmystik (z.B. sagen wir noch heute "Aller guten Dinge sind drei" und glauben oft, daß 13 Unglück bedeutet), und magische Quadrate haben ihre ganz spezielle Aura. Albrecht Dürer fertigte einen Holzschnitt, den er *Melancholie* nannte, in dem er das Ausführungsdatum 1514 als Teil eines 4 x 4-magischen Quadrates erscheinen ließ.

16	3	2	13
5	10	11	8
9	6	7	12
4	15	14	1

In diesem magischen Quadrat addieren sich die Zeilen, Spalten und Hauptdiagonalen jeweils zur Zahl 34. Es kommen noch andere Kombinationen aus vier symmetrisch verteilten Zahlen in dem Quadrat vor, die auch 34 ergeben wie

16 13 4 1 und 3 8 14 9.

Welche weiteren Kombinationen können Sie entdecken?

Aus den Zahlen 1, 2, …, 16 lassen sich 880 grundlegend verschiedene 4 x 4-magische Quadrate aufbauen. Sie wurden erstmals 1693 von Freńicle veröffentlicht. Nicht alle von ihnen enthalten so viel Symmetrien wie Dürers Quadrat oben. Einige als *einfach* eingestufte besitzen nur die Grundvoraussetzung, magisch zu sein, während andere, als Nasik bezeichnet, als absolut perfekt angesehen werden und sogar noch mehr Symmetrien als Dürers Quadrat aufweisen. Hier ist für jedes ein Beispiel.

7	6	11	10
14	9	8	3
12	15	2	5
1	4	13	16

einfach

1	14	7	12
15	4	9	6
10	5	16	3
8	11	2	13

Nasik

Suchen Sie die Kombinationen vier symmetrisch verteilter Zahlen, deren Summe jeweils 34 ergeben. Basteln Sie sich quadratische Spielmarken, numerieren Sie sie von 1 bis 16 und probieren Sie einmal, wieviel verschiedene 4 x 4-magische Quadrate Sie zusammenstellen können.
Es gibt keinen besonders geschickten Weg, magische Quadrate gerader Ordnung zu entwerfen, doch ist für Quadrate ungerader Ordnung die folgende, auf Bachet de Meáziriac zurückgehende Methode wissenswert. Sie ist hier für ein 5 x 5-magisches Quadrat dargestellt, läßt sich aber gleichermaßen auf jedes ungerader Ordnung übertragen.

3	16	9	22	15
20	8	21	14	2
7	25	13	1	19
24	12	5	18	6
11	4	17	10	23

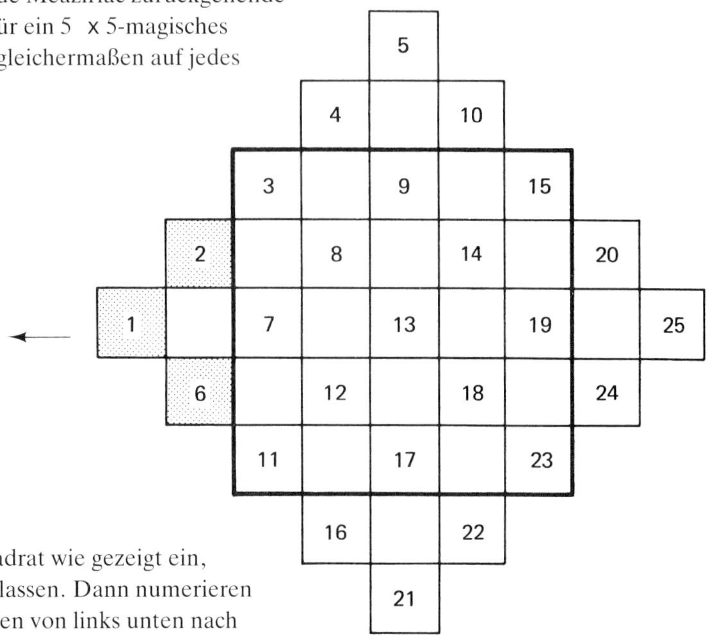

Als erstes fassen Sie das 5 x 5-Quadrat wie gezeigt ein, um die Diamantform entstehen zu lassen. Dann numerieren Sie in gezeigter Weise die Diagonalen von links unten nach rechts oben. Als nächstes stellen Sie sich vor, die Zahlen des Grundquadrates würden, ohne ihre Anordnung zu verändern, in die Freiräume der gegenüberliegenden Seite des Quadrates rutschen. Das Ergebnis ist ein magisches Quadrat.
Ein besonders erwähnenswertes magisches Quadrat ist Eulers 8 x 8-Lösung, die auch eine Springer-Route darstellt (siehe Aufgabe 89). Offensichtlich war Sie H. E. Dudeney, dem berühmten viktorianischen "Tüftler" nicht bekannt, da er sich über die mögliche Existenz eines solchen Quadrates mit den Worten äußerte "Kann eine perfekte Lösung gefunden werden? Ich bin überzeugt, daß es nicht geht, doch ist dies nur eine fromme Meinung."

144 Magische Quadrate höherer Ordnung

Im magischen Quadrat (a) ist zwar notwendigerweise

$$8 + 1 + 6 = 4 + 9 + 2$$

aber Sie haben wahrscheinlich nicht die zusätzliche Eigenschaft

$$8^2 + 1^2 + 6^2 = 4^2 + 9^2 + 2^2$$

bemerkt.
Ähnlich sind

$$8 + 3 + 4 = 6 + 7 + 2$$

und

$$8^2 + 3^2 + 4^2 = 6^2 + 7^2 + 2^2$$

miteinander verbunden.

8	1	6
3	5	7
4	9	2

(a)

9	2	10
8	7	6
4	12	5

(b)

12	5	15
13	10	7
5	17	8

(c)

Gilt dies auch bei anderen 3 x 3-magischen Quadraten? Kontrollieren Sie einmal, ob auch in (b) und (c) die Summen der zum Quadrat erhobenen Zahlen in den äußeren Zeilen (oder Spalten) übereinstimmen. Trifft es immer zu?
Zahlensammlungen wie diese, bei denen nicht nur ihre Summen, sondern auch die Summen von einigen Potenzen übereinstimmen, werden *magische Quadrate höherer Ordnung* genannt. Bis jetzt haben wir magische Quadrate zweiter Ordnung betrachtet, während das nun folgende ein Beispiel für ein magisches Quadrat dritter Ordnung darstellt, für das die obige Aussage auch in der dritten Potenz zutrifft:

$$1 + 5 + 8 + 12 = 2 + 3 + 10 + 11$$
$$1^2 + 5^2 + 8^2 + 12^2 = 2^2 + 3^2 + 10^2 + 11^2$$
$$1^3 + 5^3 + 8^3 + 12^3 = 2^3 + 3^3 + 10^3 + 11^3$$

Sie mögen vielleicht denken, daß so faszinierende Beziehungen zwischen Zahlen schwer zu finden sind, doch dem ist nicht so. Angenommen, wir erhöhen jede Zahl im letzten Beispiel um 2, dann ist wohl verständlich, daß

$$3 + 7 + 10 + 14 = 4 + 5 + 12 + 13$$

aber überraschend, daß auch

$$3^2 + 7^2 + 10^2 + 14^2 = 4^2 + 5^2 + 12^2 + 13^2$$

und

$$3^3 + 7^3 + 10^3 + 14^3 = 4^3 + 5^3 + 12^3 + 13^3$$

Untersuchen sie die Wirkung von einigen anderen hinzugefügten Zahlen.
Wie konstruiert man eigentlich ein magisches Quadrat höherer Ordnung? Beginnen Sie mit einer einfachen Gleichung wie

$$1 + 5 = 2 + 4$$

Addition von 5 zu jeder Zahl: $6 + 10 = 7 + 9$

Vertauschen Sie die Seiten, und verbinden Sie sie, um ein magisches Quadrat zweiter Ordnung zu erhalten:

$$1 + 5 + 7 + 9 = 2 + 4 + 6 + 10$$

und

$$1^2 + 5^2 + 7^2 + 9^2 = 2^2 + 4^2 + 6^2 + 10^2$$

Die jeder Zahl hinzugefügte 5 ist die kleinste Zahl, die sicherstellen konnte, daß sich alle Zahlen des magischen Quadrats von einander unterscheiden.
Sie können das gleiche Verfahren benutzen, um ein magisches Quadrat dritter Ordnung aufzubauen, wenn Sie dafür ein magisches Quadrat zweiter Ordnung zugrunde legen.
Addieren Sie 10 zu jeder oberen Zahl

$$11 + 15 + 17 + 19 = 12 + 14 + 16 + 20,$$

dann vertauschen und addieren Sie, um

$$\begin{aligned} &1^n + 5^n + 7^n + 9^n + 12^n + 14^n + 16^n + 20^n \\ = &2^n + 4^n + 6^n + 10^n + 11^n + 15^n + 17^n + 19^n \end{aligned}$$

zu erhalten, wobei $n = 1, 2$ oder 3. Benutzen Sie Ihren Rechner, um das Ergebnis zu überprüfen. Angenommen, es wäre am Ausgangspunkt

$$1 + 5 = 2 + 4$$

4 anstatt wie oben 5 addiert worden, so hätte das zu einem magischen Quadrat zweiter Ordnung mit den Zahlen
(1, 5, 6, 8) und (2, 4, 5, 9)
geführt, was sich auf
(1, 6, 8) und (2, 4, 9)
reduziert, da die 5 beiden gemeinsam ist.
Dies wiederum ist das magische Quadrat, das mit dem 3 x 3-magischen Quadrat zu Beginn der Aufgabe in Verbindung steht.
Nun addieren Sie 5 zu diesen Zahlensammlungen, und Sie werden das magische Quadrat dritter Ordnung
(1, 6, 8, 7, 9, 14) und (2, 4, 9, 6, 11, 13)
erhalten; da jedoch 6 und 9 beiden gemeinsam sind, folgt daraus

$$\begin{aligned} 1 + 8 + 7 + 14 &= 2 + 4 + 11 + 13 \\ 1^2 + 8^2 + 7^2 + 14^2 &= 2^2 + 4^2 + 11^2 + 13^2 \\ 1^3 + 8^3 + 7^3 + 14^3 &= 2^3 + 4^3 + 11^3 + 13^3 \end{aligned}$$

Versuchen Sie Ihre eigenen magischen Quadrate zu erfinden. Indem Sie die hier gezeigte Vorgehensweise wiederholen, können Sie leicht magische Quadrate vierter und fünfter oder sogar noch höherer Ordnung entstehen lassen.

145 Das Pascalsche Dreieck

Das Pascalsche Dreieck, die nach dem französischen Mathematiker und Philosophen Blaise Pascal benannte dreieckige Anordnung von Zahlen, mag Ihnen vielleicht schon vertraut sein, doch manches eventuell noch unbekannt.
Können Sie die beiden nächsten Zahlenreihen angeben?
Nennen Sie die Summe der Zahlen jeder Reihe – haben Sie auch schon ein Vermutung über die Summe der Zahlen in der zwölften Reihe? Diese Anordnung findet sich in vielen Situationen wieder; einige sollen nun beschrieben werden, damit Sie sie selbst untersuchen können.

1
1 1
1 2 1
1 3 3 1
1 4 6 4 1
1 5 10 10 5 1

Münzwurf

Eine Münze wird viermal geworfen. Unten sind die sechzehn verschiedenen Kombinationen aufgelistet, in denen die Folgen von Zahl (Z) und Wappen (W) auftreten können, wobei zuerst die Kombination aus viermal Zahl, dann die aus dreimal Zahl usw. bis zu der keine Zahl dargestellt ist.

Vier Zahlen	Drei Zahlen	Zwei Zahlen	Eine Zahl	Keine Zahl
ZZZZ	ZZZW	ZZWW	ZWWW	WWWW
	ZZWT	ZWZW	WZWW	
	ZWZZ	WWZZ	WWWZ	
	WZZZ	ZWWZ	WWZW	
		WZZW		
		WZWZ		
1	4	6	4	1

Die Anzahl der Kombinationsmöglichkeiten entspricht der fünften Reihe des Pascalschen Dreiecks. Untersuchen Sie Kombinationsmöglichkeiten für einen zwei-, drei- und fünfmaligen Münzwurf.

Potenzen der Zahl 11

$11^0 = 1$
$11^1 = 1 \quad 1$
$11^2 = 1 \quad 2 \quad 1$
$11^3 = 1 \quad 3 \quad 3 \quad 1$

Ab wann ähnelt dieses Muster nicht mehr einem Pascalschen Dreieck und warum?

Sechseck-Irrgarten

Sechzehn Ratten werden durch einen 6-Eck-Irrgarten geschickt, wobei sich die Gruppe an jeder Gabelung zur Hälfte nach links und zur anderen Hälfte nach rechts aufteilt.
Wieviel von ihnen verlassen den Irrgarten jeweils an den Punkten *p*, *q*, *r*, *s* und *t*? Schicken Sie nun 32 Ratten durch den Irrgarten, der um eine Station verlängert wird.

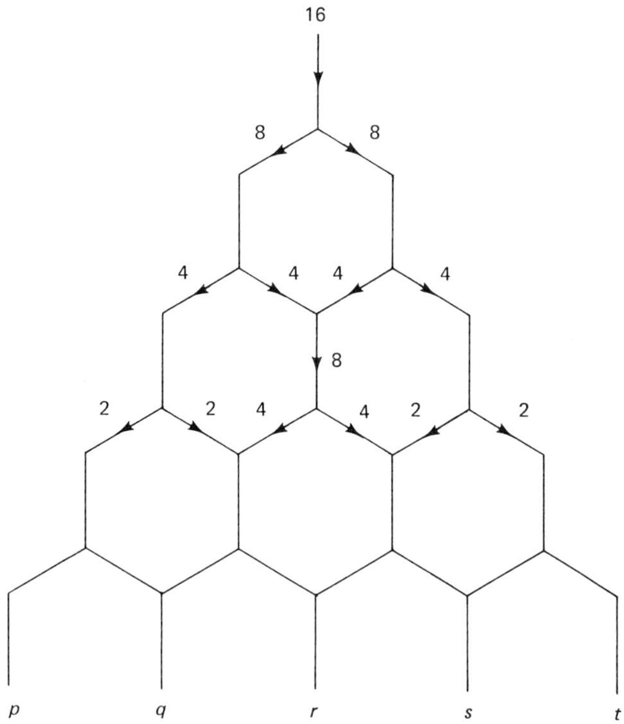

Das Experiment kann mit dem Galtonbrett durchgeführt werden. Dies ist ein schräggestelltes Brett mit Nägeln an den Stellen, die den Scheitelpunkten des 6-Ecknetzes entsprechen. Die Kugeln rollen auf den einzelnen Nagel zu, der sich an der Spitze des Netzes befindet. Normalerweise springt nun die Hälfte der Kugeln auf die rechte, die andere Hälfte auf die linke Seite. Das Verhältnis von Größe der Kugeln zu Entfernung der Nägel muß so gewählt sein, daß die rollenden Kugeln symmetrisch auf die Nägel treffen können.

Die kürzesten Wege in New Yorks Straßen

Die New Yorker Straßen bilden ein rechteckiges Gitter.
Der kürzeste Weg vom Start zum Punkt *A* verläuft geradeaus, und es existiert kein zweiter Weg derselben Länge.
Vom Start zum Punkt *B* gibt es allerdings schon sechs verschiedene Wege, zwei Häuserblocks nach rechts und zwei nach unten. An einigen Straßenkreuzungen wurden die Anzahl der kürzesten Wege schon eingetragen; ergänzen Sie die fehlenden. Erkennen Sie das Pascalsche Dreieck wieder?

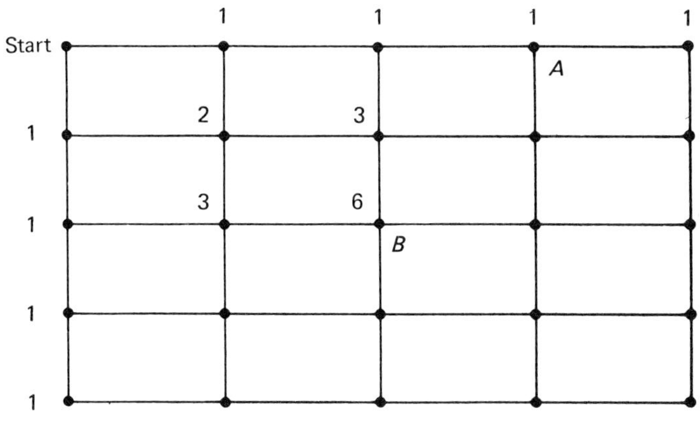

Cuisenaire – Stäbe

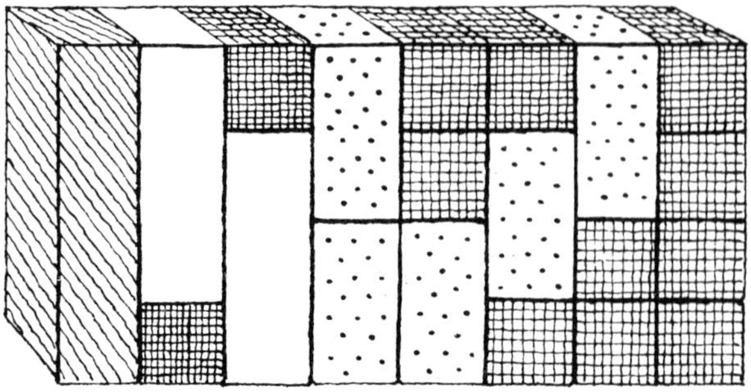

Einigen von Ihnen sind diese Stäbe vielleicht schon bekannt. Es sind farbige hölzerne Stäbe mit den Längen 1, 2, 3, 4, 5, etc., die als Hilfsmittel benutzt werden, um den Schülern in der Grundschule den Zahlenraum zu vermitteln.
In der obigen Zeichnung werden alle acht Möglichkeiten gezeigt, wie diese Stäbe zu der Länge 4 angeordnet werden können.

Es gibt für 1 Stab 1 Möglichkeit.
Es gibt für 2 Stäbe 3 Möglichkeiten.
Es gibt für 3 Stäbe 3 Möglichkeiten.
Es gibt für 4 Stäbe 1 Möglichkeit.

Auf welche Weisen können die Stäbe kombiniert werden, um 5 darzustellen?

Binome

$(1 + a)^0 = 1$
$(1 + a)^1 = 1 + a$
$(1 + a)^2 = 1 + 2a + a^2$
$(1 + a)^3 = 1 + 3a + 3a^2 + a^3$
$(1 + a)^4 = 1 + 4a + 6a^2 + 4a^3 + a^4$

Wenn algebraische Ausdrücke wie $(1 + a)^n$ ausmultipliziert werden, entsprechen die Koeffizienten immer der Zahl in einer Reihe des Pascalschen Dreiecks.

Zahlenfolgen im Pascalschen Dreieck

Im Pascalschen Dreieck können eine Vielzahl an Zahlenfolgen entdeckt werden, wenn man es einmal entlang der Diagonalen betrachtet.

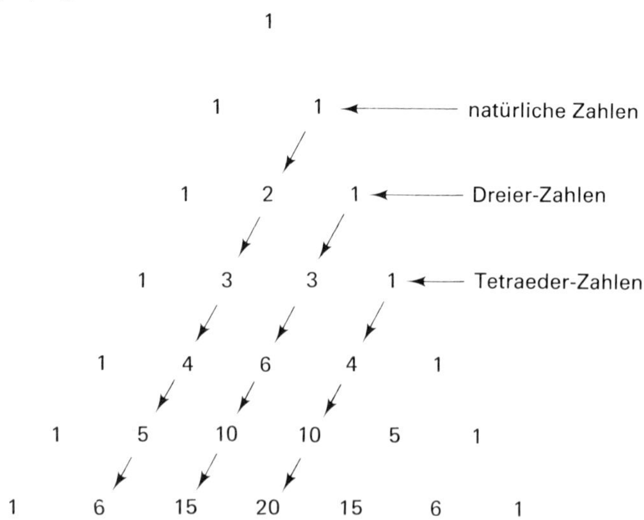

Ebenso entspricht die Summe der Zahlen einer Diagonalen immer der nächsten Zahl in der angrenzenden Diagonalen. Beispielsweise

$$1 + 2 + 3 + 4 + 5 = 15$$
$$1 + 3 + 6 + 10 = 20$$
$$1 + 4 + 10 = 15$$

Nun können noch Abwandlungen des Pascalschen Dreiecks untersucht werden.

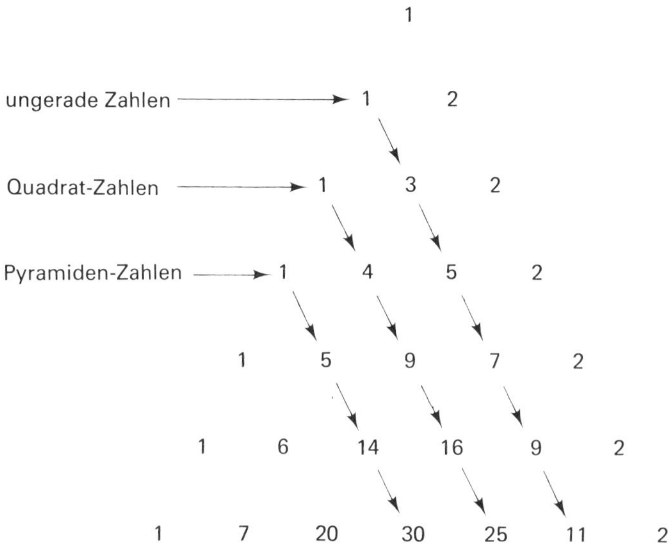

146 Fibonacci-Folgen

Briefmarken kleben

Einmal angenommen, Sie haben einen großen Vorrat an 10- und 20-Pfennig Briefmarken. Auf wieviel verschiedene Weisen könnten Sie dann die Briefmarken auf eine Postkarte kleben, um 10 Pf, 20 Pf, 30 Pf, 40 Pf, 50 Pf, etc. aufzulisten?
Um z.B. 40 Pf zu erhalten, sind fünf Anordnungen möglich.

Treppensteigen

In gewisser Weise ähnlich ist die Frage, auf wieviel verschiedene Weisen eine Person eine Treppe mit einer festgelegten Stufenzahl erklimmen kann, wenn sie immer nur eine oder zwei Treppenstufen auf einmal nimmt.

Spiralige Quadrate

Dies hier ist ein völlig anderes Beispiel. Es gilt, immer die längsten Seiten der Rechtecke, die laut nebenstehender Zeichnung nacheinander konstruiert werden, zu notieren. Beginnen Sie mit einem Quadrat mit einer Seitenlänge von 1 cm, und fügen Sie ein gleichgroßes Quadrat hinzu, um ein 2 x 1 Rechteck zu erhalten. Setzen Sie an seine längste Seite ein 2 x 2-Quadrat, um ein 3 x 2-Rechteck zu bilden, dann an dessen längste Seite ein 3 x 3-Quadrat, um ein 5 x 3-Rechteck zu bilden usw.

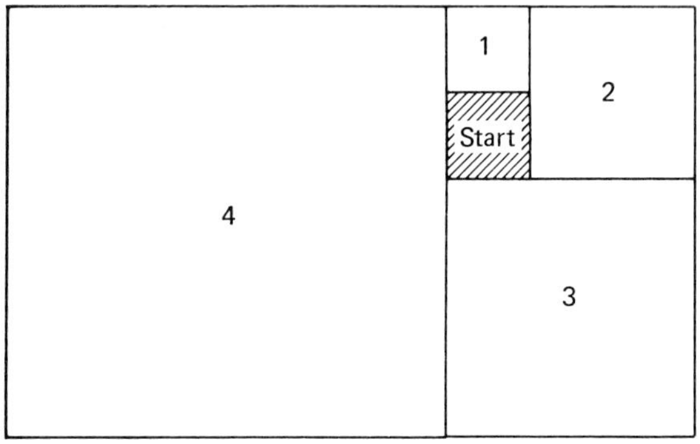

Das Pascalsche Dreieck

Addieren Sie die Zahlen entlang der im Pascalschen Dreieck eingezeichneten Linien.

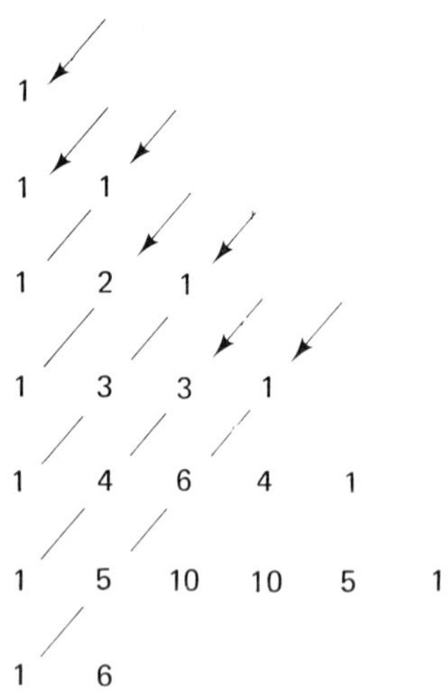

Die Fibonacci-Folge

In den obigen Beispielen sollten Sie Zahlen einer bestimmten Folge gefunden haben:

1 1 2 3 5 8 13 ...,

bei der die nächste Zahl jeweils durch Addition der beiden vorhergehenden gebildet wird. So ist z.B. 13 = 5 + 8, und die nächste Zahl wäre dann 8 + 13 = 21. Die Folge ist allgemein bekannt unter dem Namen Fibonacci-Folge.
Wie sieht hier die Folge der Differenzen aus, die durch die fortlaufenden Zahlen gebildet wird?
Es gibt außer der Tatsache, daß die dritte Zahl die Summe der beiden vorhergehenden ist, noch eine nette Verbindung für jede Dreier-Gruppe aufeinanderfolgender Zahlen. Können Sie sie herausfinden?
Die Zahlenfolge tritt in der Natur in vielen überraschenden Formen auf. Wenn Sie die Schuppen eines Tannenzapfens betrachten, wird Ihnen auffallen, daß sie spiralförmig angeordnet zu sein scheinen. Nun zählen Sie einmal die Anzahl solcher Spiralen, und Sie werden entdecken, daß sie immer einer der Zahlen der Fibonacci-Folge entsprechen. Auf ähnliche Weise liegen auch die Samen im Kopf einer Sonnenblume spiralig angeordnet; und die Anzahl der Spiralen wird wieder eine Fibonacci-Zahl sein.

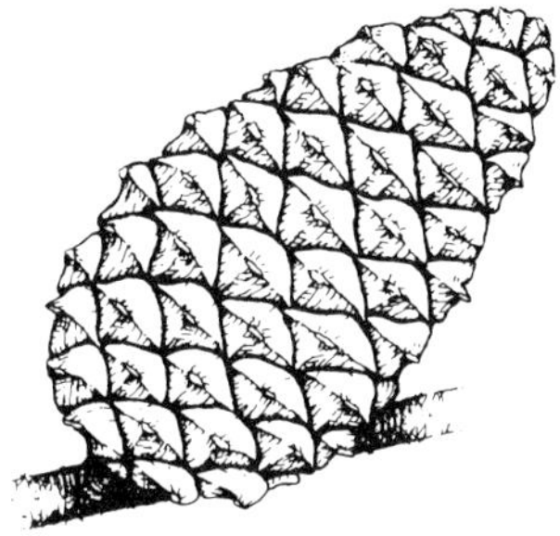

Die Rechteck-Konstruktion in "Spiralförmig angeordnete Quadrate" gibt eine sehr praktische Anleitung, wie sich eine Spirale über Kreisviertel in jedem neu hinzugekommenen Quadrat zeichnen läßt.
Zeichnen Sie eine Kopie der Rechteck-Konstruktion auf kariertes Papier, und setzen Sie sie fort, soweit es Ihnen Ihr Papier erlaubt; zeichnen Sie dann die Spirale ein.

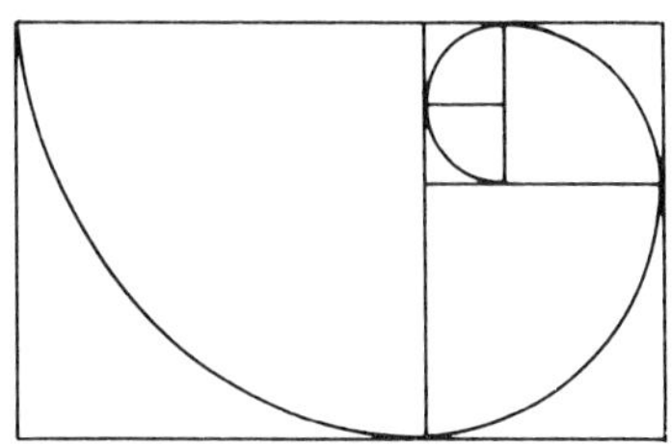

147 Fibonacci-Folge und der goldene Schnitt

Zahlenfolge:	1	1	2	3	5	8	13	21
Brüche:	$\frac{1}{1}$	$\frac{2}{1}$	$\frac{3}{2}$	$\frac{5}{3}$	$\frac{8}{5}$	$\frac{13}{8}$	$\frac{21}{13}$	

Drücken Sie mit Hilfe Ihres Rechners die Brüche in Dezimalform aus. Was können Sie feststellen?
Nun wählen Sie zwei beliebige Zahlen als Ausgangspunkt und entwerfen aus ihnen eine Fibonacci-Folge, indem Sie die Regel, stets die beiden letzten Zahlen zu addieren, zugrunde legen. Bilden Sie wieder die Brüche.
Beginnen Sie z.B. mit 2 und 9:

Fibonacci-Folge:	2	9	11	20	31	51	82	133
	$\frac{9}{2}$	$\frac{11}{9}$	$\frac{20}{11}$	$\frac{31}{20}$	$\frac{51}{31}$	$\frac{82}{51}$	$\frac{133}{82}$	

Gleichgültig von welchen Zahlen Sie ausgegangen sind, sollten Sie festgestellt haben, daß sich Ihre Brüche immer stärker einer Zahl, die mit 1,61803... beginnt, angenähert haben.
Diese Zahl wurde von den Griechen in einem geometrischen Zusammenhang untersucht. Sie wollten die Strecke AB an einem Punkt P so unterteilen, daß das Verhältnis $AP:PB$ dem Verhältnis $AB:AP$ entspricht.

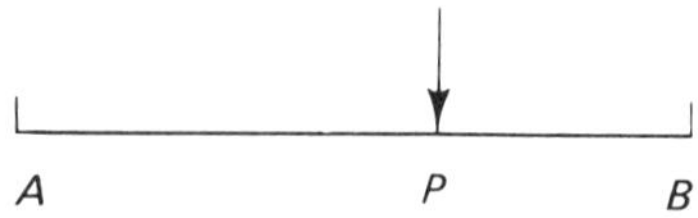

Dieses Verhältnis ist als der goldene Schnitt bekannt, und sein genauer Wert wird durch $\frac{1}{2}(1 + \sqrt{5})$ angegeben. Können Sie dies zeigen?
Interessant ist auch das Verhältnis einer Diagonalen zu den Seiten eines regelmäßigen Fünfecks, und diese Tatsache erlaubt es, ein regelmäßiges Fünfeck nur mit Stift, Zirkel und Lineal zu konstruieren. Gelingt es Ihnen?

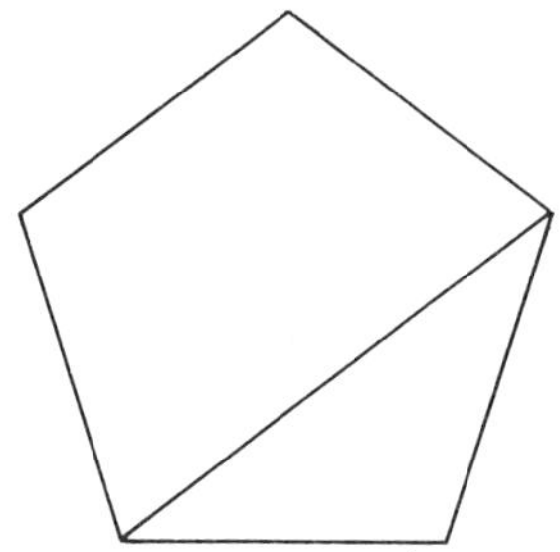

Psychologen haben Tests durchgeführt, die den Schluß nahelegen, daß die Leute die Rechteckform, deren Seiten im Verhältnis des goldenen Schnittes zueinander stehen, als die angenehmste empfinden. Künstler wie auch Architekten wurden von dieser Eigenschaft in ihren Bann gezogen und benutzten sie beim Entwurf ihrer Bilder und Gebäude. Wenn Sie bei einem Rechteck, dessen Seiten dem goldenen Schnitt genügen, ein Quadrat wegschneiden, bleibt interessanterweise ein kleineres Rechteck übrig, dessen Seiten auch wieder dem goldenen Schnitt genügen.

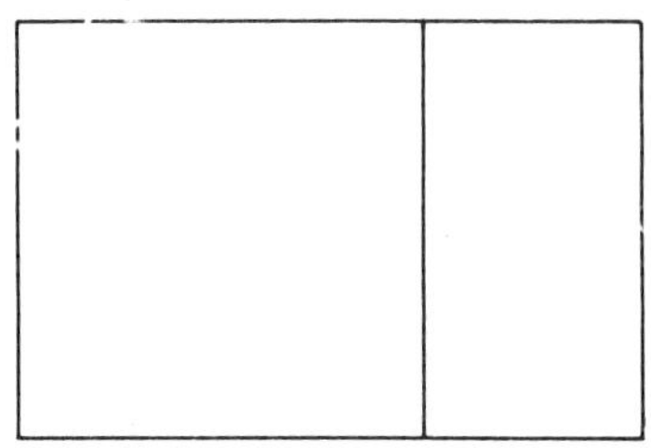

Wenn Regeln ähnlich der Fibonacci-Regel aufgestellt werden, können andere interessante Folgen entstehen. Beginnen Sie z.B. mit zwei Zahlen, und bilden Sie die nächste immer aus der Summe der vorhergehenden und dem zweifachen der davor liegenden Zahl:

1 1 3 5 11 21 43 85 ...

Was passiert nun mit aufeinanderfolgenden Brüchen?

148 Ein Wiegeproblem

Ein Gemüsehändler besaß eine Waage und vier Gewichte. Es waren solche Gewichte, mit denen er jede ganze Kilogrammzahl von 1 bis 40 abwiegen konnte.
Wie schwer war jedes Gewicht, und wie schaffte er es, all die verschiedenen Kilogrammzahlen abzuwiegen?

149 Ähnliche Rechtecke

Ein rechteckiges Stück Papier hat die Eigenschaft, daß, wird es in der Mitte gefaltet, ein kleineres Rechteck mit genau der gleichen Form wie das Original entsteht. Was kann über die Längen seiner Seiten ausgesagt werden?

150 Ein magischer Würfel

27 einheitliche Würfel sind von 1 bis 27 durchnumeriert. Es gibt verschiedene Möglichkeiten, sie so zu einem 3 x 3 x 3-Würfel zusammenzusetzen, daß jede aus den einheitlichen Würfeln gebildete Reihe, die parallel einer Kante des Hauptwürfels verläuft, Zahlen enthält, die zusammen 42 ergeben. Auch die Raumdiagonalen ergeben jeweils 42, nicht jedoch die Flächendiagonalen. In der Abbildung wird für eine Lösungsmöglichkeit die Zusammensetzung der obersten Lage gezeigt. Können Sie die Zusammensetzung der beiden anderen Lagen herausfinden?

151 Eine Frage der Waage

In einer Schachtel befinden sich 27 neue rote Billardkugeln, die alle exakt gleich aussehen. Es ist jedoch bekannt, daß eine von ihnen fehlerhaft ist und mehr wiegt als die anderen. Vorausgesetzt, sie haben zwar eine Waage, aber keine Gewichte. Zeigen Sie, wie Sie mit nur drei Wiegevorgängen die fehlerhafte Kugel herausfinden können.

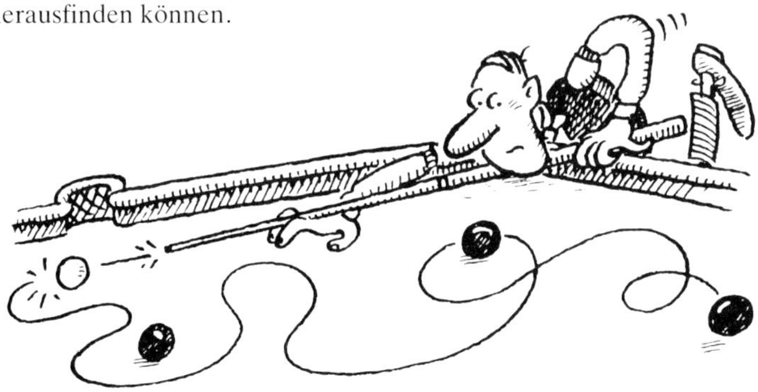

152 Nochmals: bringen Sie den Rechner zum Schwitzen

1) Welchen Rest ergibt die Divisionsaufgabe 89328 : 729?
2) Wie können Sie mit der $\sqrt{}$-Taste den Wert $\sqrt[3]{200}$ berechnen?
3) Welches ist die kleinste Zahl x, die bei der Eingabe $1/x$ auf Ihrem Rechner die Antwort 0 ergibt?

153 Das einzige magische Sechseck

Setzen Sie die Zahlen 1, 2, 3, ..., 19 so in die Sechsecke ein, daß die Summe der Zahlen jeder geraden Anordnung gleich ist.

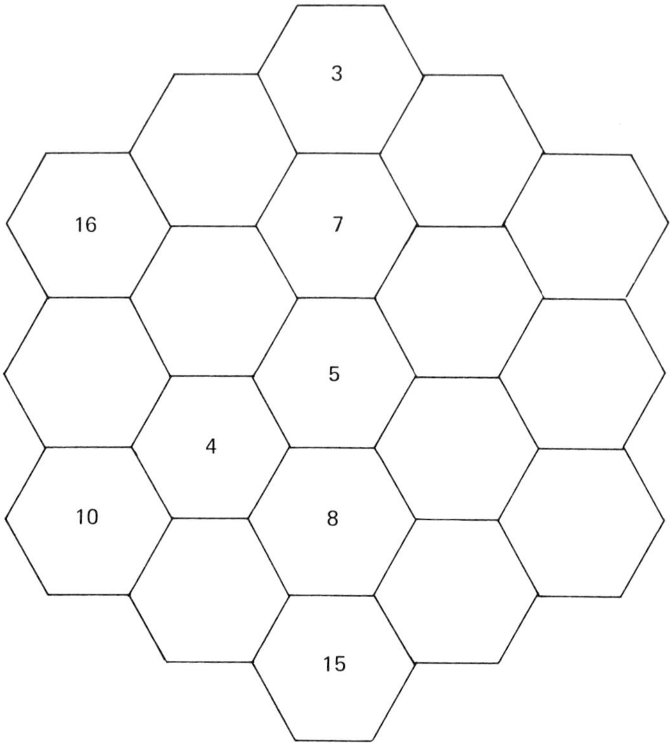

154 Nim

Das Spiel Nim für zwei Personen scheint absolut einfach zu sein. Sie benötigen einen Vorrat an Spielsteinen (Streichhölzer oder Zeichenstifte tun es auch), und das Spiel kann dann damit beginnen, daß die Steine willkürlich auf mehrere Haufen verteilt werden. In dem hier gezeigten Beispiel sind es drei Haufen mit 7, 9 und 6 Steinen.

Abwechselnd nimmt jeder Spieler so viele Steine von einem Haufen, wie er will (er kann alle Steine eines Haufens nehmen, er muß jedoch mindestens einen nehmen). Sieger ist der Spieler, der den letzten Spielstein an sich nimmt.

Es steckt mehr hinter diesem Spiel, als es zunächst scheinen mag. Versuchen Sie, eine Gewinn-Strategie zu entwickeln.

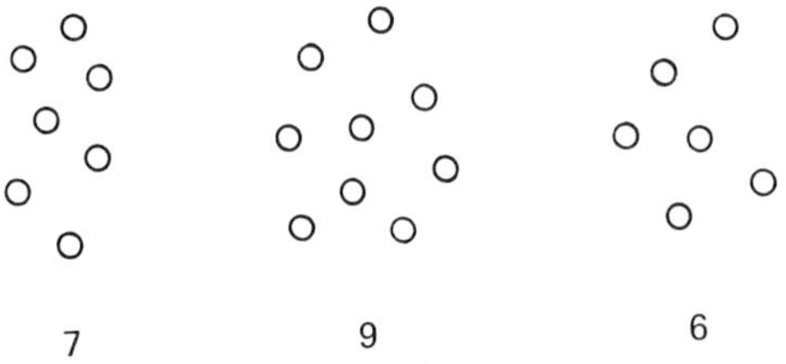

Lösungsteil

Aufgabe 1

In allen drei Fällen trifft die gleiche Lösung zu.

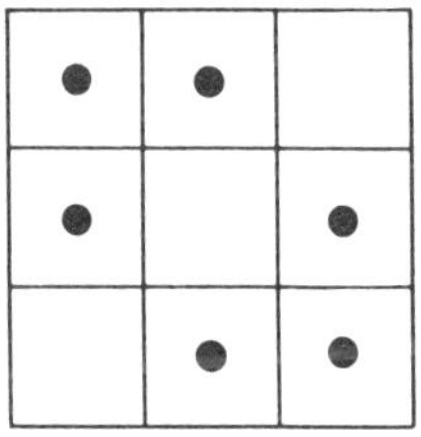

In (d) oder (e) können keine, in (f) aber drei Spielmarken hinzugefügt werden.

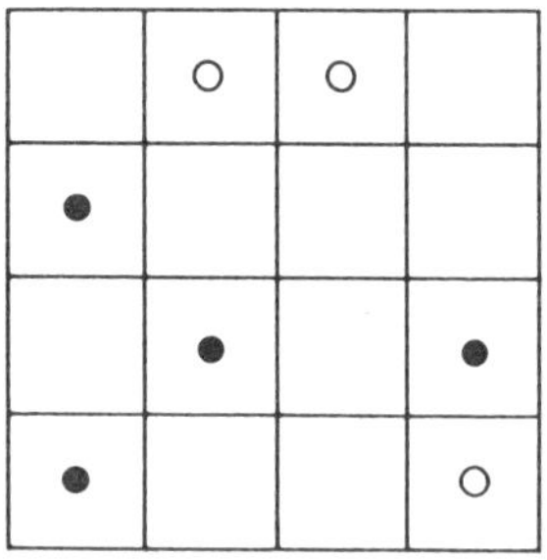

(f)

Die Lösungen für eine 4 x 4-Fläche weisen eine gewisse Symmetrie auf, wie sie oft in den 'besten' Lösungen gefunden wird. Beachten Sie auch, daß sie ebenso in (d) und (e) vorkommt, die als die 'schlechtesten' Lösungen bezeichnet werden könnten. Dieses Phänomen findet sich bei vielen mathematischen Problemen dieser Art.

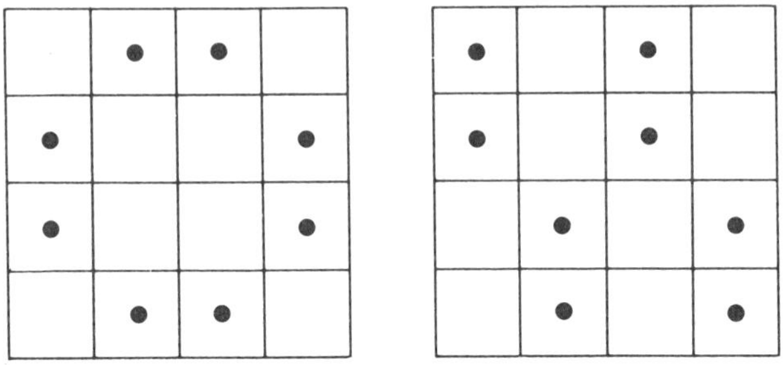

Lösung für ein 4 × 4 Brett

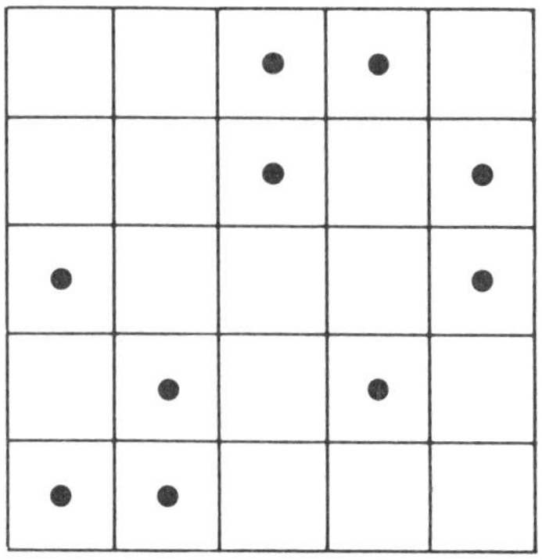

Lösung für ein 5 × 5 Brett

Aufgabe 2

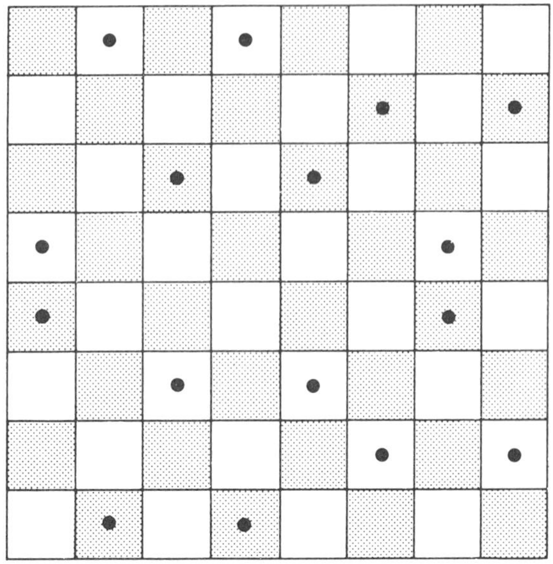

Auch die hier gezeigte Lösung für das klassische Schachbrett-Problem weist wieder eine Symmetrieachse auf.
Diese und die vorige Aufgabe basieren beide auf dem Prinzip, $2n$ Spielsteine so auf eine $n \times n$-Fläche zu setzen, daß nie drei Spielsteine in einer Linie liegen.

Aufgabe 3

Dieses Spiel ist mit den zwei vorhergehenden Aufgaben eng verwandt, aber komplementär zu ihnen. Hier verfolgt der Spieler die Strategie, den Gegner zu zwingen, mit seinem Zug eine Dreier-Linie zu komplettieren.

Aufgaben 4, 5 und 6

Die Annäherung an einen kurvigen Weg als eine Folge von kleinen Streckenzügen ist in der Mathematik von fundamentaler Bedeutung und das Kernstück der Integralrechnung und numerischer Methoden. Das Ergebnis führt nicht nur zu einer hübschen Zeichnung, sondern kann auch mit Hilfe von bunten Fäden oder farbiger Wolle entstehen, die 1) durch ein Stück Pappe gefädelt oder 2) entlang dünner, in ein Stück Sperrholz geschlagener Nägel gespannt werden.

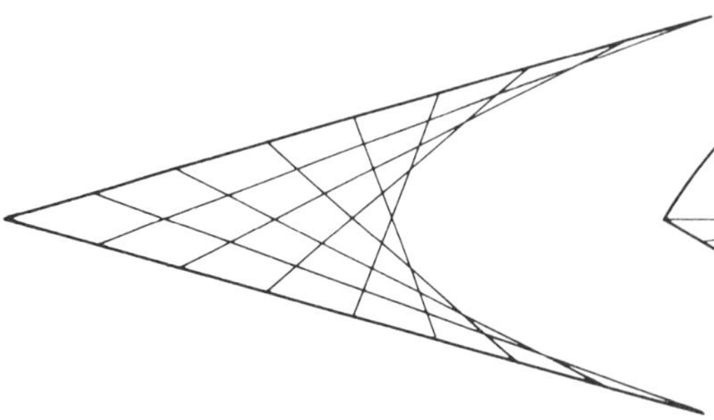

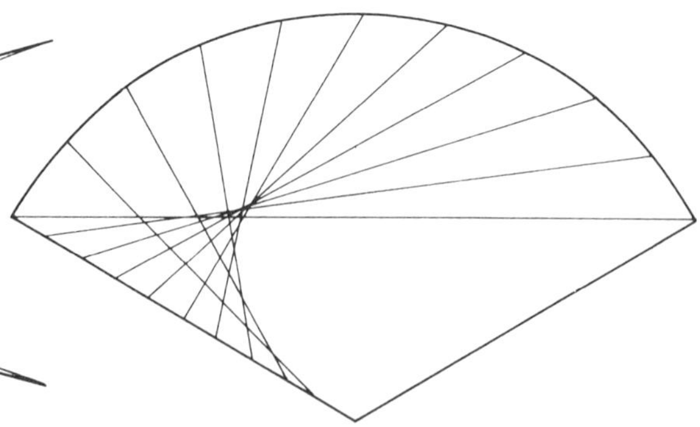

Aufgabe 7

Dies ist eigentlich ein recht einfaches Puzzle. Die zwei Teile entsprechen jeweils einem ganzen und einem halben Quadrat. Es ist überraschend, wie viele Figuren sich aus ihnen zusammenfügen lassen. Um alle Figuren legen zu können, kann es nötig sein, eines der Teile zu drehen. Bei welchen Figuren kann darauf verzichtet werden?

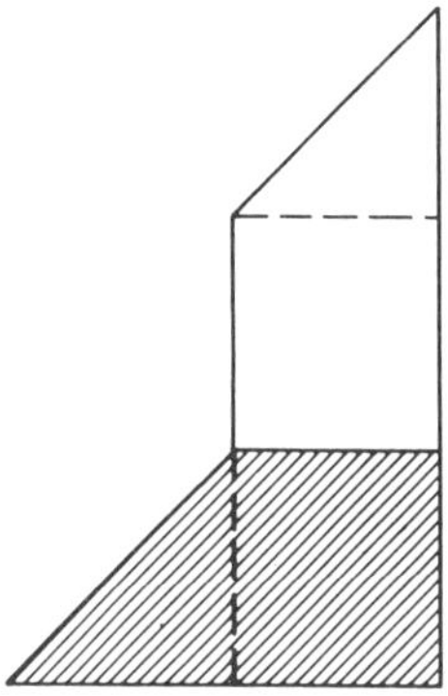

Aufgabe 8

Wenn Sie dies ohne Modell richtig lösen konnten, haben Sie ein gutes räumliches Vorstellungsvermögen.

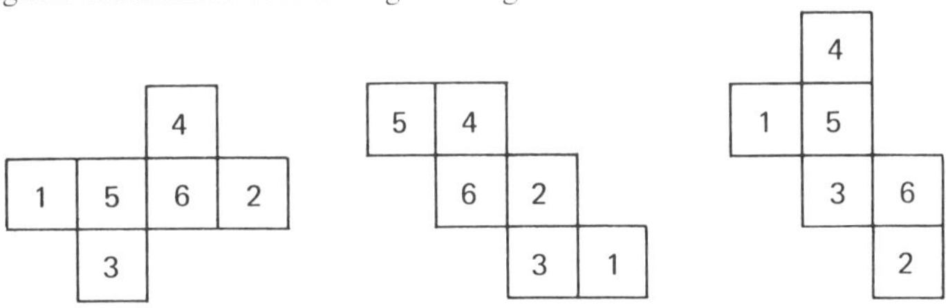

(a) (b) (c)

Aufgabe 9

Hier besteht das Geheimnis darin, dreidimensional zu denken und einen Tetraeder zu bilden.

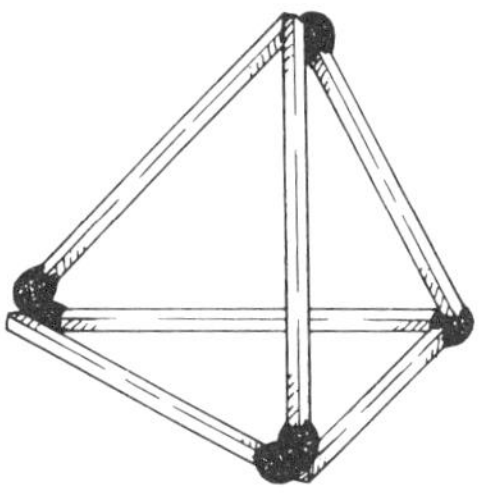

Aufgabe 10

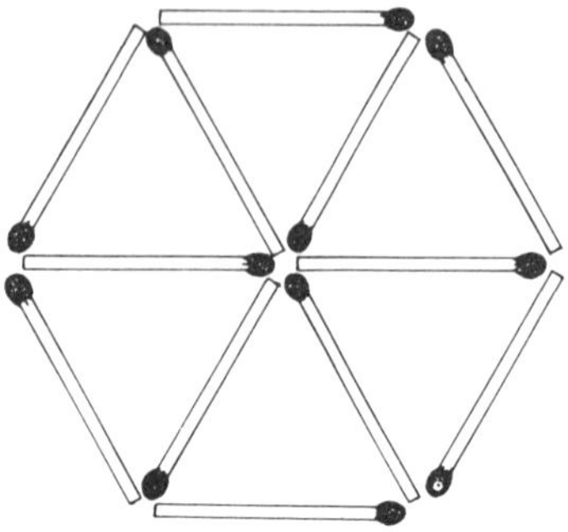

Dreieckige Schafställe mögen ungewöhnlich sein, doch sie lösen das Problem.

Aufgabe 11

Numerieren Sie die Karte auf beiden Seiten, und falten Sie sie dann, wie unten gezeigt.

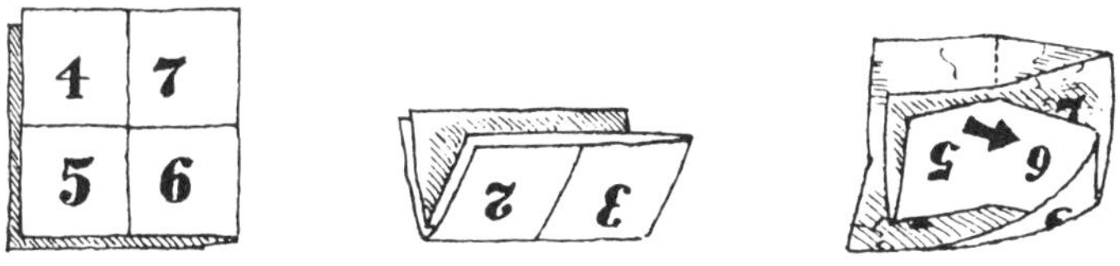

Dann öffnen Sie die Karte ein bißchen und falten sie so, daß sich die 5 neben der 6 befindet, während 4 und 5 aufeinandergelegt werden. 4 liegt dann neben 3 und es ist nicht weiter schwer, 1 und 2 aufeinanderzulegen und so zu falten, daß 1 über 2 und 2 über 3 liegt.

Aufgabe 12

Der Schausteller muß erst die Ziege über den Fluß bringen. Dann nimmt er den Wolf mit und bringt die Ziege zurück. Als nächstes nimmt er den Kohlkopf mit ans andere Ufer und kehrt schließlich noch einmal zurück, um die Ziege abzuholen.

Aufgaben 13, 14, 15, 16 und 17

Sie zeigen eine Vielfalt an Möglichkeiten, die zur Entstehung einer Ellipse führen. Aufgabe 13 zeigt, daß eine Ellipse im wesentlichen ein in eine Richtung gestreckter Kreis ist. Aufgabe 14 zeigt die Ellipse als einen aus einem Winkel betrachteten Kreis – wir sehen zwar selten einen Kreis, doch haben wir gelernt, eine Ellipse, die in unserem Blickfeld erscheint, dahingehend zu interpretieren, daß sie stellvertretend für runde Gegenstände steht. Aufgabe 15 zeigt einen interessanten Weg, eine Ellipse entstehen zu lassen, indem man Papier entlang der Berührlinien faltet. Diese und die Aufgabe 16 legen automatisch die zwei Brennpunkte der Ellipse fest. Aufgabe 17 ist ein Beispiel für die Ellipse als Weg eines Punktes auf einem sich bewegenden Gegenstand, und es gibt viele Situationen, für die das zutrifft.

Es gibt noch viele andere interessante Anleitungen für die Zeichnung von Ellipsen, und dem Leser wird daher empfohlen, nach Büchern über technische Zeichnungen Ausschau zu halten. Auch aus historischer Sicht ist die Ellipse sehr beachtenswert. Johannes Kepler hat aus seinen astronomischen Beobachtungen abgeleitet, daß sich die Planeten auf einer elliptischen Bahn bewegen, wobei die Sonne in einem der Brennpunkte steht. Heutzutage sind wir mit dem Gedanken vertraut, daß künstliche Satelliten die Erde 'umkreisen', doch wie vielen Menschen ist es bewußt, daß sie auf einer elliptischen Bahn kreisen, wobei sich die Erde in einem der Brennpunkte befindet?
In Aufgabe 13 wird gezeigt, daß der Flächeninhalt der Ellipse mit πab berechnet werden kann, wenn der längste Radius a und der kürzeste b ist. Deshalb entspricht der Flächeninhalt einer Ellipse $2\pi b^2$, wenn $a = 2\,b$, was den doppelten Flächeninhalt des Kreises ergibt, aus dem sie gewonnen wurde. Ähnliches gilt für einen dreifach in eine Richtung gestreckten Kreis, sein Flächeninhalt ist verdreifacht.
Der Ellipsenumfang kann nicht annähernd so leicht bestimmt werden, und es gibt auch keine exakte Formel dafür. Wenn die Ellipse nicht zu stark gedehnt ist, ergibt $\pi(a + b)$ eine vernünftige Annäherung an ihren Durchmesser. Aber im allgemeinen stellt die 1914 von Ramanujan gegebene Formel eine viel bessere Annäherung dar: $\pi\{3(a + b) - \sqrt{[(a + 3b)(3a + b)]}\}$.

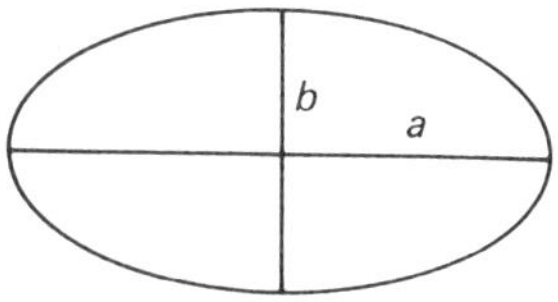

(a)

Aufgabe 18

Dieses Spiel muß nach einer begrenzten Anzahl von Zügen enden, da es mit neun zur Verfügung stehenden Armen beginnt (drei Punkte mit jeweils drei Armen) und jeder Zug zwei Arme belegt, aber nur einen neuen Punkt mit einem benutzbaren Arm entstehen läßt. Die Wirkung eines Spielzuges besteht demnach darin, die Gesamtzahl der verfügbaren Arme um einen zu verringern. Folglich sind höchstens acht Züge möglich. Das Spiel kann auch mit weniger Zügen beendet werden, wenn ein Arm durch den Rest des Netzes isoliert wird.
Diese Netze entsprechen den verschiedenen Möglichkeiten chemischer Atome mit drei Valenzen, sich zu komplexen Molekülen zusammenzufügen.

Aufgabe 19

A und *D* stimmen überein.

Aufgabe 20

Siehe nebenstehende Abbildungen.

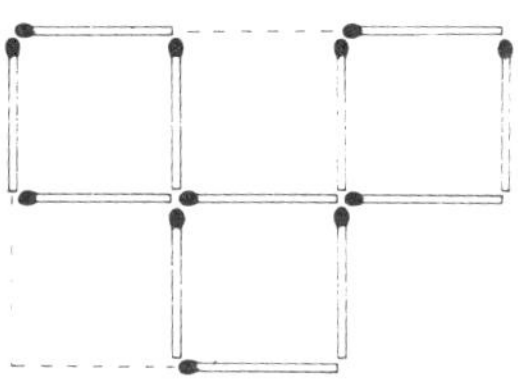

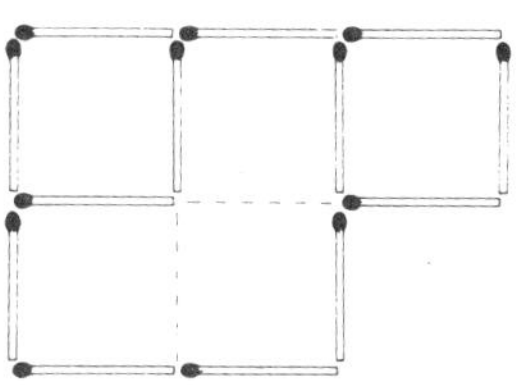

Aufgabe 21

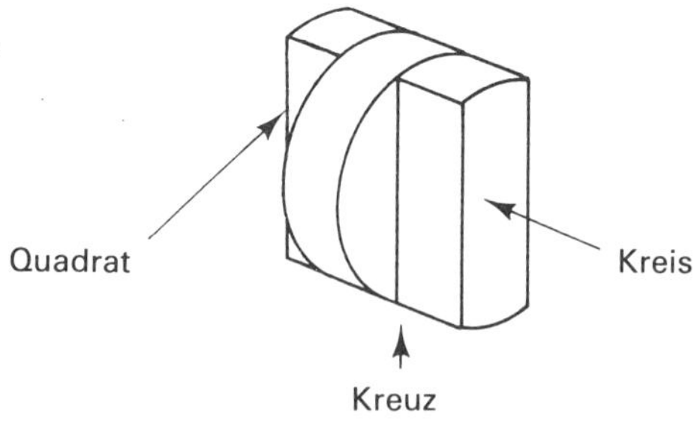

Aufgabe 22

Diese Aufgabe mag einem als fast unlösbar erscheinen. Sie ähnelt in vielem der Aufgabe 33. Des Rätsels Lösung besteht darin, *C*, wie unten gezeigt, für sich alleine auf die Hauptlinie zu rangieren.

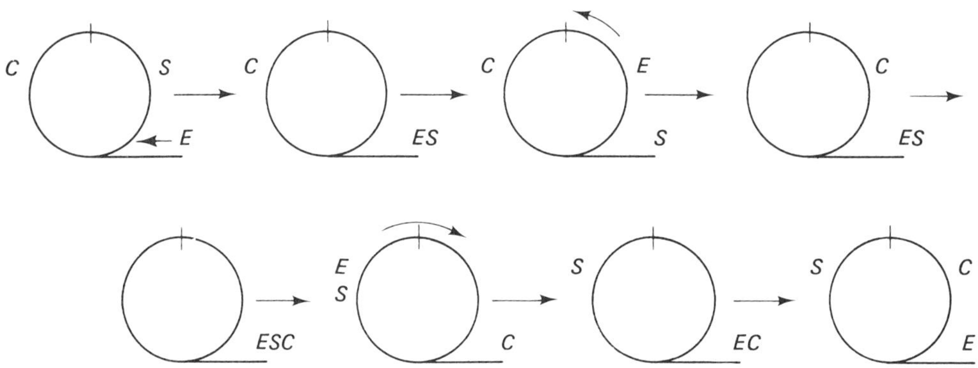

Aufgabe 23

Als erstes füllen Sie den 3-Liter Krug. Dann schütten Sie diese 3 Liter in den 5-Liter Krug. Nun füllen Sie nochmals den 3-Liter Krug und gießen noch so viel in den schon zum Teil gefüllten 5-Liter Krug, bis er voll ist. So verbleibt genau noch 1 Liter in dem 3-Liter Krug.

Auf diese Weise ist es möglich, jede ganze Literzahl abzumessen. Sicherlich gibt es effektivere Möglichkeiten, größere Mengen abzumessen. 5 Liter und 3 Liter können direkt abgemessen werden, und da $6 = 3 + 3$, wie $8 = 5 + 3$, sind auch 6 und 8 Liter leicht abzumessen. Doch wie steht es mit 7 und 4 Litern?

Aufgabe 24

Diese Aufgabe hat viel mit den Aufgaben 12 und 35 gemein und existiert in ähnlichen Formen schon seit Anfang dieses Jahrhunderts.

Hier beruht die Lösung auf der Tatsache, daß das Kanu zwar zwei Jungen transportieren kann, aber nur einer benötigt wird, um es ans andere Ufer zu bringen. Ein Junge paddelt das Kanu zu den Soldaten ans linke Ufer. Ein Soldat paddelt dann sich und seine Ausrüstung ans rechte Ufer, wo er auch bleibt. Nun paddelt der zweite Junge das Boot ans linke Ufer, nimmt den ersten Jungen auf und kehrt zum rechten Ufer zurück. Dieser Vorgang wird solange wiederholt, bis auch der letzte Soldat den Fluß überquert hat.

Aufgabe 25

Der Block wird um 2 Meter nach vorne bewegt.
Obwohl viele Figuren als Querschnitt für eine Rolle benutzt werden könnten, ist für ein Rad doch nur ein Kreis das Richtige – es sei denn, Sie bevorzugen eine etwas holprige Fahrweise! Um eine möglichst glatte Fahrweise zu erhalten, muß die Radachse im Radmittelpunkt befestigt werden. Natürlich weisen nur runde Räder eine konstante Entfernung von der Achse zum Rand auf. Siehe auch *Machines, Mechanisms and Mathematics* von A. B. Bolt und J. E. Hiscocks, und *Riddles in Mathematics* von E. P. Northrop.

Aufgabe 26

Die Ergebnisse sind für jemanden, dem sie zum erstenmal begegnen, sehr erstaunlich. Es sollte jedoch bei systematischem Vorgehen möglich sein, ein Schema herauszufinden, nach dem sich die Anzahl der Drehungen in einem Band in Verbindung bringen läßt mit dem Ergebnis, das man erhält, wenn man das Band in der Mitte der Länge nach durchschneidet. Diese Aufgabe ist zum einen sehr amüsant, zum anderen hat sie aber auch eine ernste Seite, da sie Fragen über die Natur verschiedener Oberflächen impliziert. Siehe zum Beispiel *Mathematics and the Imagination* von E. Kasner und J. Newman oder *Experiments in Topology* von S. Barr.

Aufgabe 27

A und *B* liegen innen und *C* außen.
Jedesmal, wenn die Mauer überwunden wird, gelangt man von innen nach außen oder umgekehrt.
In *Experiments in Topology* von S. Barr findet jeder, der diesen Zweig der Mathematik verfolgen möchte, weitere Anregungen.
Auch in *Mathematics and the Imagination* von E. Kasner und J. Newman findet sich in dem Kapitel "Rubber-sheet Geometry" ein lesenswerter Abschnitt zu diesem Thema.

Aufgabe 28

Die Wege erscheinen als Kreisbögen, da der Packkarton immer über eine der Kanten gekippt wird.

Aufgabe 29

Die Bewegungsrichtungen von A, B, C und D lassen sich jeweils finden, indem Linien (hier gestrichelt) zu dem Punkt gezogen werden, um den sich das Rad dreht und dann die Pfeile, die die Bewegungsrichtung anzeigen, im rechten Winkel dazu abgetragen werden.

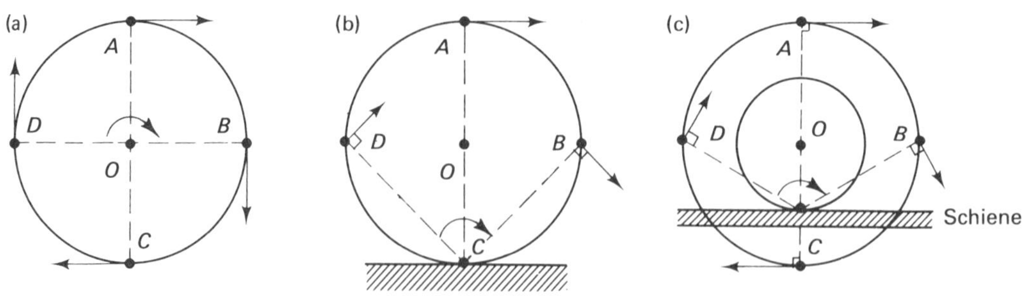

In (a) dreht sich das Rad um seinen Mittelpunkt *O*.
In (b) dreht sich das Rad um *C*, den Punkt, der den Untergrund berührt.
In (c) dreht sich das Rad um den Punkt, in dem es die Schienen berührt.
A bewegt sich jeweils von links nach rechts, während die Bewegungsrichtungen sowohl von *B* als auch von *D* wesentlich anders verlaufen. Abbildung (c) verdeutlicht, warum immer behauptet werden kann, daß ein Teil eines IC-Zuges rückwärts fährt – je schneller der Zug vorwärts rollt, desto schneller wird sich Punkt *C* rückwärts bewegen.

Aufgabe 30

(a) gegen den Uhrzeigersinn, 4 Umdrehungen
(b) im Uhrzeigersinn, 1 Umdrehung
(c) gegen den Uhrzeigersinn, 1 Umdrehung
(d) im Uhrzeigersinn, $\frac{1}{2}$ Umdrehung
Regel I Bei einer geraden Anzahl rotierender Wellen verläuft die Bewegungsrichtung der letzten Welle immer genau entgegengesetzt zu der Bewegungsrichtung der ersten Welle.
Regel II Wenn sich auf einer Welle nur ein Zahnrad befindet, wie dies in (a), (b), (c) und (d) der Fall ist, bestimmt nur die Anzahl der Zähne von *A* und *B* den Winkel, um den sich *B* dreht:

$$\text{der Winkel, um den sich } B \text{ dreht} = \left(\frac{\text{Anzahl der Zähne auf } A}{\text{Anzahl der Zähne auf } A} \right) \text{Umdrehungen}$$

Die Zahnrad-Ketten in (e), (f) und (g) müssen in Teile zerlegt werden, auf die sich die obigen Regeln anwenden lassen.

(e) Bei jeder Umdrehung von *B* dreht sich die zweite Welle 3mal. *B* vollzieht 4 Umdrehungen pro Umdrehung der zweiten Welle. Demnach dreht sich *B* 12mal ($3 \cdot 4$), während sich *A* einmal dreht. *B* dreht sich in die gleiche Richtung wie *A*, da eine ungerade Anzahl von Achsen vorliegt.

(f) Bei jeder Umdrehung von *A* vollzieht die zweite Welle eine $\frac{1}{3}$ Drehung. Bei jeder vollständigen Drehung der zweiten Welle vollzieht die dritte Welle eine $\frac{2}{3}$ Drehung. *B* wiederum vollzieht nun eine $\frac{1}{2}$ Drehung bei jeder Drehung der dritten Welle. *B* vollzieht demnach $\frac{1}{3} \cdot \frac{2}{3} \cdot \frac{1}{2} = \frac{1}{9}$ Drehung während jeder vollständigen Umdrehung von *A*. Da hier eine gerade Anzahl an Wellen vorhanden ist, dreht sich *B* genau entgegengesetzt zu *A*.

(g) Bei jeder Umdrehung von *A* vollzieht die zweite Welle 3 Umdrehungen. Während jeder Drehung der zweiten Welle dreht sich *B* $1\frac{1}{2}$ mal. Demnach dreht sich *B* $4\frac{1}{2}$ mal ($3 \cdot 1\frac{1}{2}$) pro Umdrehung von *A*. Da hier eine ungerade Anzahl von Wellen vorhanden ist, dreht sich *B* in die gleiche Richtung wie *A*.

Manchmal werden Zahnräder dazu benutzt, Umdrehungsgeschwindigkeiten zu steigern, wie beispielsweise bei Handbohrern oder Schneebesen, während in anderen Maschinen Zahnräder die Umdrehungsgeschwindigkeiten herabsetzen, wie in einer Uhr, einem Schallplattenspieler oder einem Handmixer.

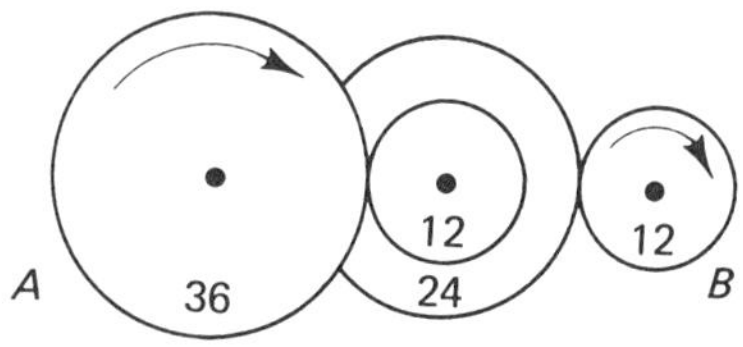

(1)

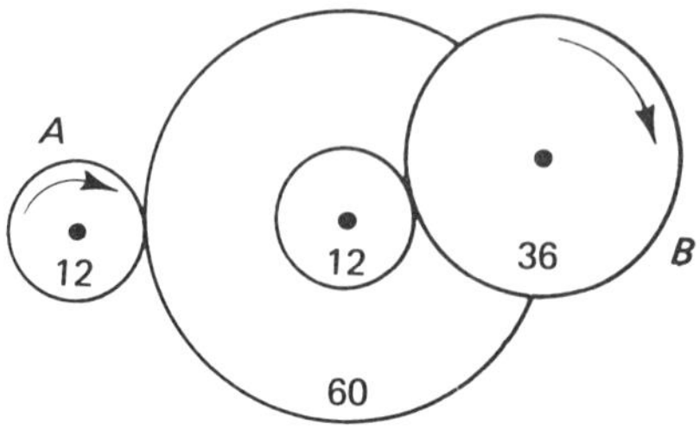

(2)

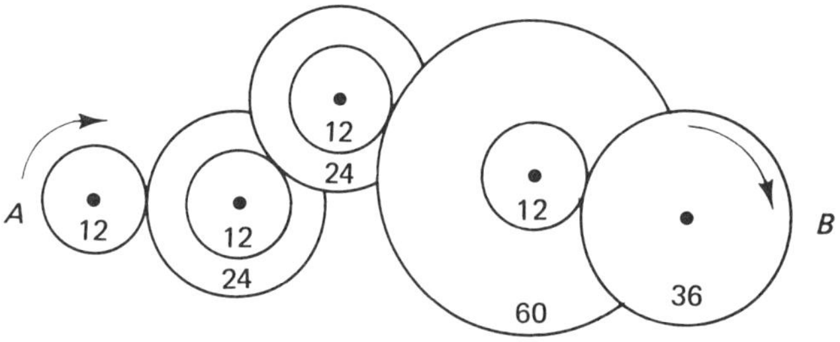

(3)

Die Bewegungsrichtung der äußeren Welle kann immer umgekehrt werden, indem man eine weitere Welle mit nur einem Rad der Kette hinzufügt. Die Anzahl der Zähne kann gleich der Anzahl der letzten Welle gewählt werden.
Weitere Anregungen über Zahnradketten finden Sie in *Machines, Mechanisms and Mathematics* von A. B. Bolt und J. E. Hiscocks.

Aufgabe 32

Es werden sechzehn Schritte benötigt. Man denkt sie sich am besten als vier Schritt-Einheiten, in denen die vier Springer von den Eckquadraten auf die mittleren Quadrate gesetzt werden und umgekehrt, in einer Art Square Dance, in dem sie sich als Quartett um das zentrale Quadrat drehen. Diese Aufgabe ist schon seit langem bekannt; ihre erste Erwähnung in Europa reicht bis 1512 zurück.

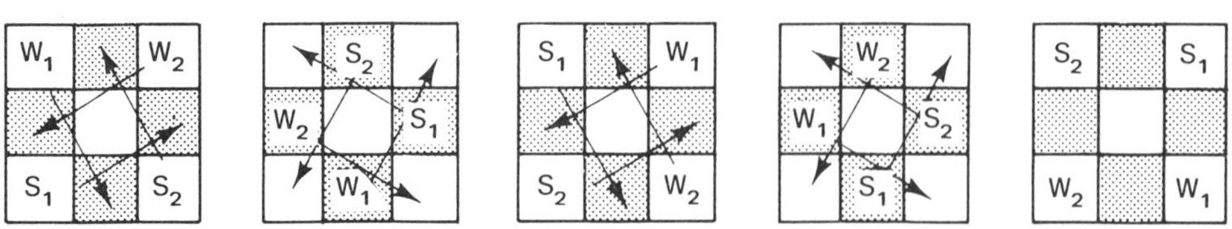

Aufgabe 33

Hier handelt es sich um eine andere Verschiebe-Aufgabe, die Anfang dieses Jahrhunderts bekannt wurde. Wie die meisten dieser Art kann sie den Tüftler schon etwas schikanieren, da sie sich zwar leicht erklären läßt, jedoch manchmal fast unlösbar erscheint, bis sie sich letztendlich doch lösen läßt. Bunte Steinchen, die die Waggons und die Lokomotive darstellen sollen, können hilfreich sein.

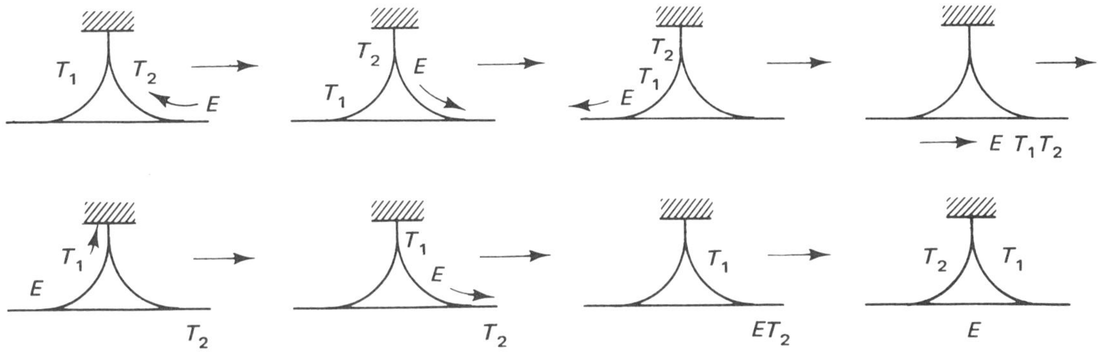

Aufgabe 34

Malen Sie jeden 1-cm-Würfel so an, daß die drei Seiten, die in einer Ecke aneinanderstoßen, alle rot und die drei Seiten, die in der gegenüberliegenden Ecke aneinanderstoßen, alle blau sind. Die acht Würfel können dann so zusammengesetzt werden, daß ein roter oder ein blauer 2-cm-Würfel entsteht.
Der 3-cm-Würfel ist ein viel härterer Brocken, und es ist deshalb eventuell eine optische Hilfe vonnöten. Das Färben funktioniert. Die 27 1-cm-Würfel haben 27 x 6 Seiten, während die drei 3-cm-Würfel 3 x 6 Seiten aus jeweils neun Quadraten aufweisen. Demnach sind genau ausreichend Quadrate vorhanden, wenn sie richtig angemalt werden.
In einem roten 3-cm-Würfel sind die kleineren Würfel in vier Varianten vorhanden.

(a) 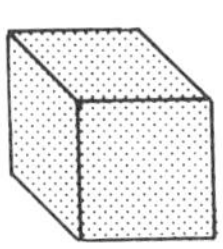 8-Eck-Würfel mit 3 roten Flächen

(c) 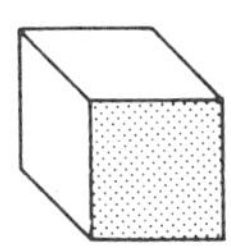 6-Flächen-Würfel mit 1 roten Fläche

(b) 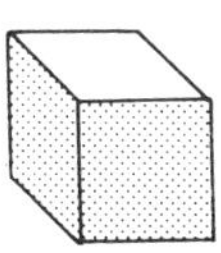 12-Kanten-Würfel mit 2 roten Flächen

(d) 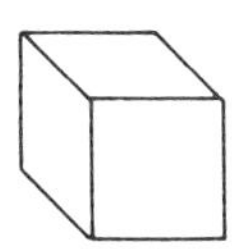 ein Zentralwürfel ohne Färbung

Wenn es eine Lösung gibt, muß auch die gleiche Anzahl an blauen und gelben Würfeln vorhanden sein. Solche Überlegungen wiederum führen zu der folgenden Lösung:

6 Würfel $R_2B_2G_2$
3 Würfel $R_3B_2G_1$
3 Würfel $R_3B_1G_2$
3 Würfel $R_2B_3G_1$
3 Würfel $R_2B_3G_1$
3 Würfel $R_1B_3G_2$
3 Würfel $R_2B_1G_3$
3 Würfel $R_1B_2G_3$
1 Würfel jeweils R_3B_3 B_3G_3 G_3R_3

Die Buchstaben bezeichnen die Farbe und die Indizes die Anzahl der Seiten dieser Farbe. Wo zwei oder drei Seiten der gleichen Farbe vorkommen, stoßen sie immer aneinander.

Diese Bezeichnung wurde für die Aufgabe erdacht und ist für die Beschreibung verschiedener Würfel sehr hilfreich. Dies ist ein klassischer Kunstgriff, der von Mathematikern benutzt wird, um ein Problem ohne viele Worte mit Buchstaben und Symbolen in den Griff zu bekommen.

Aufgabe 35

Wie bei der vorherigen Aufgabe ist es auch hier hilfreich, eine Art Zeichensystem zu entwickeln, um die Situation zu beschreiben. Hier werden die Ehepaare mit *Aa*, *Bb*, *Cc* etc. bezeichnet, wobei der Großbuchstabe für den Ehemann und der Kleinbuchstabe für seine Frau steht.
Bei drei Paaren muß das Boot fünfmal über das Wasser gerudert werden. Eine Lösungsmöglichkeit ist unten dargestellt:

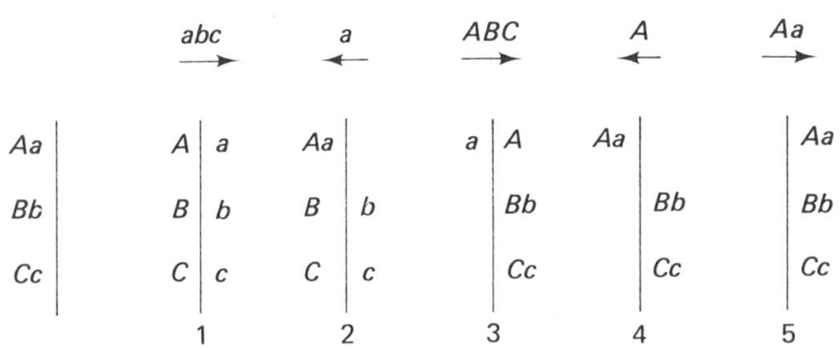

Zuerst rudern die drei Frauen *abc* an das andere Ufer und Gattin *a* rudert dann das Boot zurück. Als nächstes rudern die drei Ehemänner *ABC* in Sicherheit, lassen Frau *a* im Hotel und schließlich kehrt Ehemann *A* zurück, um seine mutige Gattin zu erretten!
Vielleicht fällt Ihnen die Lösung der Aufgabe leichter, wenn Sie beschriftete Papierstückchen benutzen, um die Personen darzustellen.

Die folgende Lösung für fünf Paare entspricht zwar allen Bedingungen, doch sind hier immerhin dreizehn Ruderfahrten vonnöten; vielleicht finden Sie eine bessere Vorgehensweise. Wenn es Ihnen gelingt, würde es der Autor gerne von Ihnen erfahren.

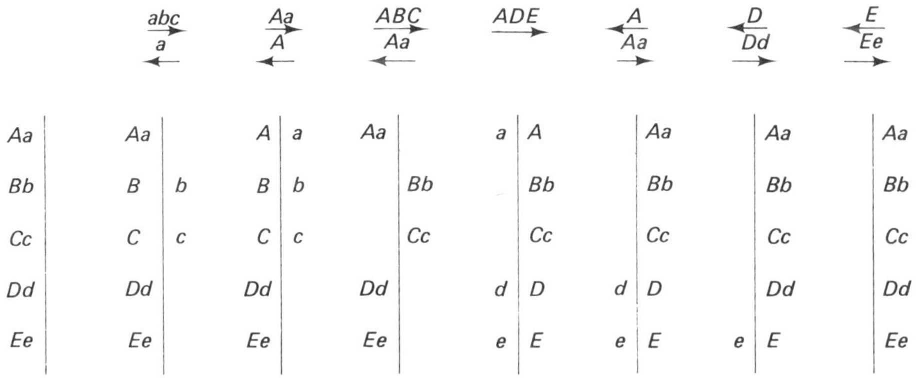

Zuerst rudern die drei Frauen *abc* an das andere Ufer, und Frau *a* kehrt mit dem Boot zurück. Dann rudern *A* und seine Frau an Land, die Gattin steigt aus, und *A* bringt das Boot zurück. (*A* verläßt das Boot nicht, da er sonst mit *b* und *c* in Abwesenheit ihrer Ehemänner an einem Ufer wäre.) Nun rudern *ABC* auf die andere Seite, und *Aa* kehren wieder um und lassen *Bb* und *Cc* in Sicherheit zurück. Die drei Ehemänner *ADE* rudern daraufhin an das rettende Ufer und lassen ihre drei Gattinnen *abc* kurzzeitig im Hotel zurück. *A* kehrt zurück, um seine Frau aufzunehmen, unmittelbar gefolgt von *D* und *E*.

Aufgabe 36

Hier handelt es sich um eine neue Version einer klassischen Aufgabe. Wenn Sie sich den Raum in etwa wie eine Schuhschachtel vorstellen und Sie sie vollständig auseinanderklappen, präsentiert sich die kürzeste Entfernung von *A* nach *B* als ein Weg über den Boden, die Seitenwand und die Decke von 10 m Länge.

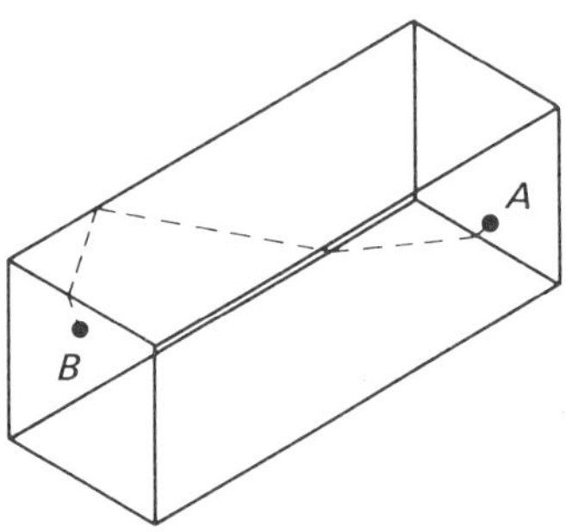

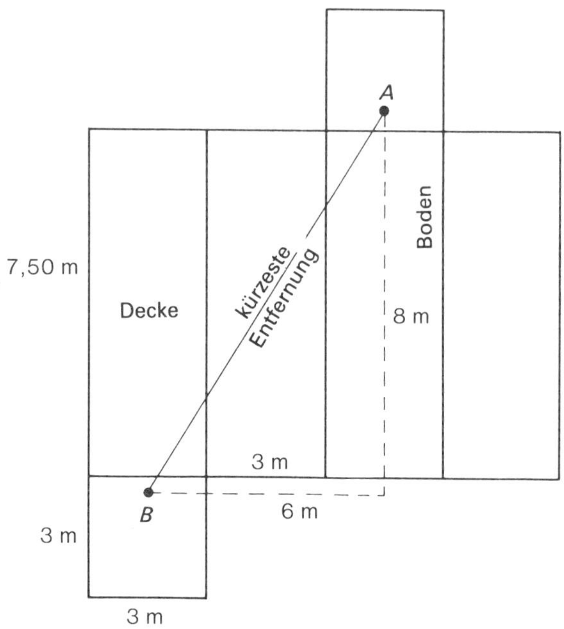

Aufgabe 37

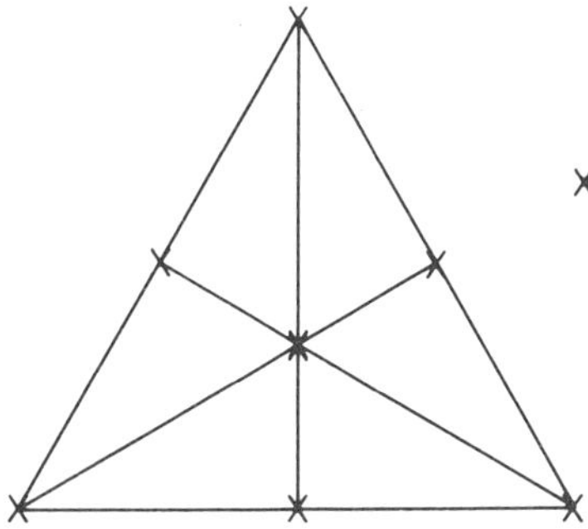

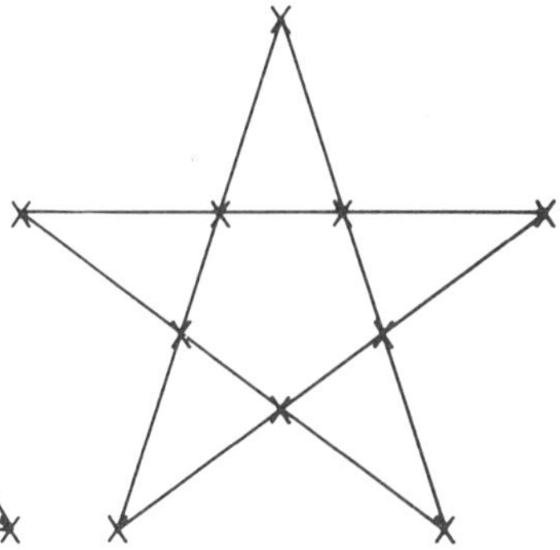

Aufgabe 38

Zunächst werden Sie vielleicht denken, daß diese Aufgabe so ziemlich aufs Geratewohl angegangen wird, doch dann tauchen die ersten Mosaike in den Gedanken auf, und die Vorgehensweise bekommt System.
Es ist eine besonders hilfreiche Methode, ein 3 x 3-Quadrat oder ein 4 x 2-Rechteck als Ausgangspunkt zu wählen und sich dann Möglichkeiten vorzustellen, die Grenzen wie in (a) zu verändern.

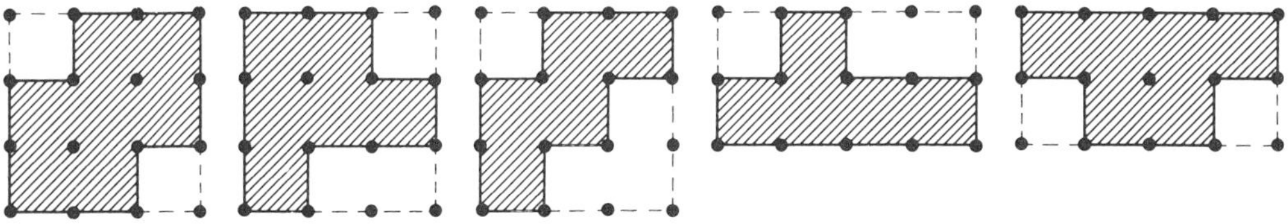

(a)

Es gibt nur eine Lösung, wenn man von einem 5 x 1-Rechteck ausgeht, und nur eine begrenzte Anzahl von Möglichkeiten, wenn man ein 4 x 2-Rechteck zugrunde legt. Die meisten Figuren entstammen einem 3 x 3-Quadrat. Diese Aufgabe verdeutlicht, daß Figuren gleichen Umfanges nicht notwendigerweise auch den gleichen Flächeninhalt aufweisen.
Die Tatsache, daß ein Dreieck mit Seitenlängen aus 3, 4 und 5 Einheiten einen rechten Winkel besitzt, bereichert die Anzahl der Figuren mit einem 12er Umfang auf eine interessante Weise. Einige der möglichen Figuren sind in (b) dargestellt.

(b)

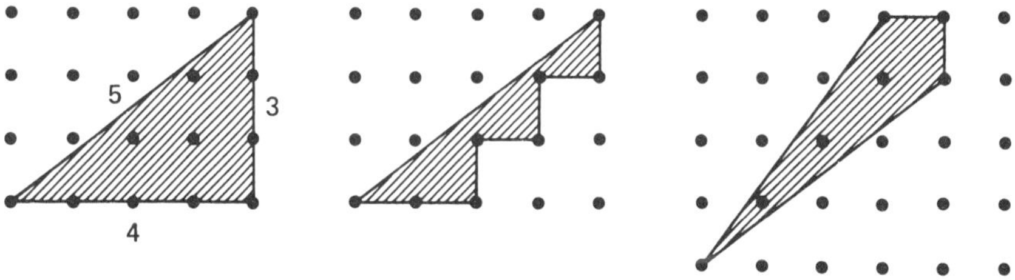

Wieviel Figuren mit 12er Umfang letztendlich gefunden werden können, hängt davon ab, welche Art von Figur überhaupt erlaubt ist. Wenn sich die Ränder kreuzen dürfen, können viele zusätzliche Figuren entdeckt werden. Falls die Ränder dieselbe Strecke sogar zweimal passieren dürfen, wird die Summe der Figuren riesig. Wenn mit einer Gruppe an dieser Aufgabe getüftelt wurde, war es immer interessant zu beobachten, welche Figuren akzeptiert wurden. Dies führt dann schnell zu der Diskussion über die Notwendigkeit einer genauen Definition der "Figur mit einem Umfang aus 12 Einheiten, die auf einem Pinboard entworfen werden kann". Welche Figuren in (c) halten Sie für akzeptabel?

(c)

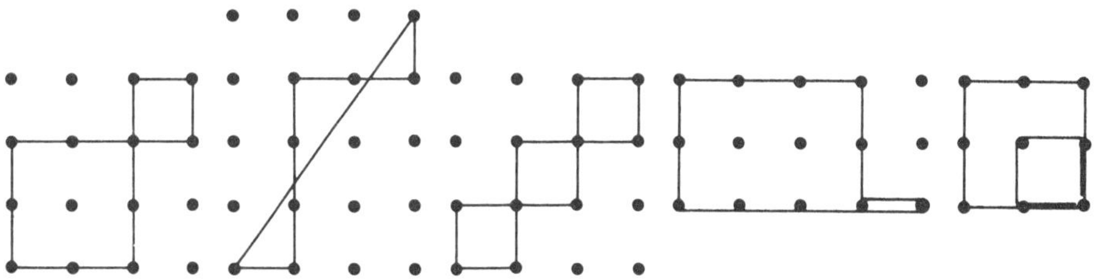

Aufgaben 39 und 40

Bei Handarbeiten sind sich wiederholende Muster durchaus üblich. Die Art und Weise, in der Steine zu einer Mauer gesetzt, Dächer gedeckt, Steinfliesen verlegt, Teppiche und Tapeten hergestellt werden - das alles entspricht Mosaiken, da die Grundeinheiten ständig wiederholt werden.

Es ist interessant festzustellen, daß jedes beliebige Viereck als Grundstein für ein Mosaik verwendet werden kann. Schneiden Sie aus einem Stück Pappe ein Viereck aus und benutzen Sie es als Schablone, an der Sie den Außenrand nachfahren können. Beginnen Sie mit einem Viereck (schraffiert), und zeichnen Sie die anderen ein, indem Sie das Viereck nacheinander in den Mittelpunkten der Seiten um 180° drehen.

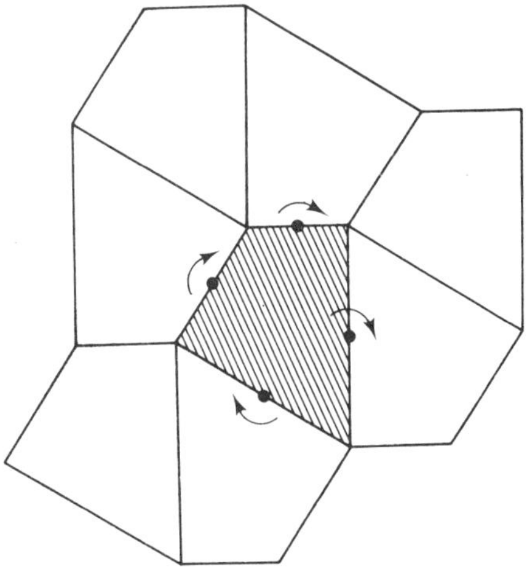

Im Laufe der Jahre wurden in Zeitschriften wie *Mathematics Teaching* und *Mathematical Pie* viele interessante Mosaike veröffentlicht. Jedoch für jeden, der Intersse an diesen Bindegliedern zur Kunst besitzt, ist das Buch *The Graphic Work of M. C. Escher* ein absolutes Muß. Eine Verbindung zur Chemie findet sich in *The Third Dimension in Chemistry* von A. F. Wells.

Aufgabe 41

Wenn die Fläche einer Figur vermessen werden soll, liegt der Gedanke nicht fern, die Figur mit einem Mosaik aus einer Grundform, die einer Flächeneinheit entspricht, zu überdecken. Diese Grundform ist üblicherweise ein Quadrat. Das Ziel dieser Aufgabe ist es, den Flächeninhalt konstant zu halten (2 Flächeneinheiten) und zu untersuchen, wie viele verschiedene Figuren auftreten können, selbst mit der Beschränkung der Scheitelpunkte auf die Punkte eines 3 x 3 Pinboard. Der Schlüssel zum Entdecken neuer Figuren liegt darin zu erkennen, daß Dreiecke den halben Flächeninhalt eines Rechtecks besitzen wie zum Beispiel in (a), (b) und (c). Um nun neue Figuren mit einer Fläche aus 2 quadratischen Einheiten zu bilden, braucht man nur diese Dreiecke auf viele verschiedene Weisen zusammenzufügen.

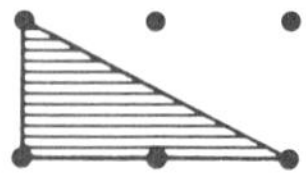

1 Flächeneinheit

(a)

½ Flächeneinheit

(b)

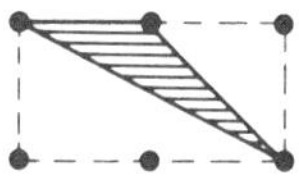

½ Flächeneinheit

(c)

Die Fläche einer Figur kann von zwei Seiten betrachtet werden, und beide sollte man untersuchen:

1) als die Summe kleinerer Figuren,
2) als das, was übrig bleibt, wenn Teile aus einer größeren Figur ausgeschnitten wurden.

So kann z. B. die in (d) gezeigte schraffierte Figur 1) als Summe einer Flächeneinheit und zweier Dreiecke aus jeweils einer halben Flächeneinheit oder 2) als ein größeres Quadrat aus vier Einheiten, abzüglich einer Flächeneinheit und zweier Dreiecke aus jeweils einer halben Flächeneinheit, gesehen werden.

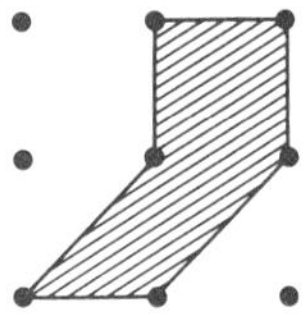

(d)

Diese Aufgabe ist viel fundamentaler und bedeutsamer als die üblichen Schulbuchaufgaben, laut denen rechteckige Flächen über die Multiplikation der Länge mit der Breite gefunden werden sollen.

Auf einem 5 x 5 Pinboard können viel mehr Figuren entstehen, da nun auch Dreiecke wie die folgenden möglich sind.

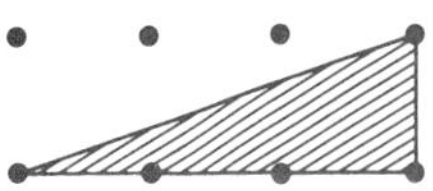

1½ Flächeneinheiten

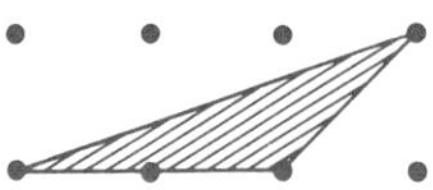

1 Flächeneinheit

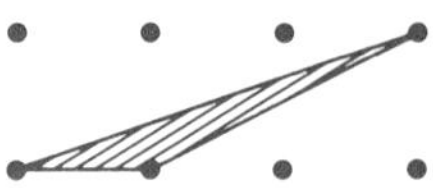

½ Flächeneinheit

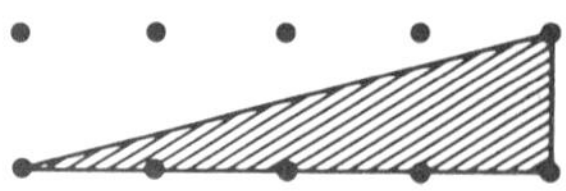

2 Flächeneinheiten

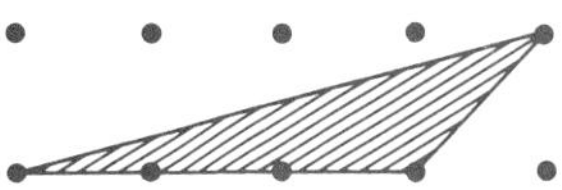

1½ Flächeneinheiten

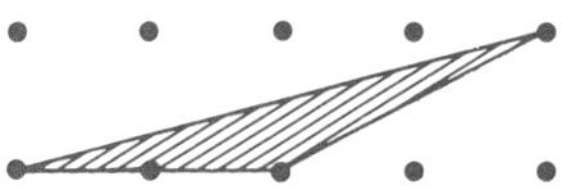

1 Flächeneinheit

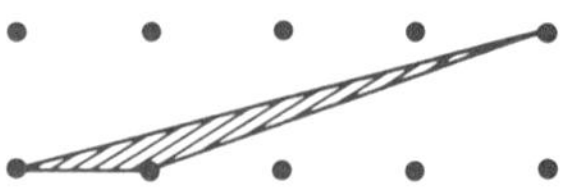

½ Flächeneinheit

Aufgabe 42

Wenn Sie sich an diese Aufgabe setzen, sollten Sie die Flächen zu den von Ihnen entworfenen Figuren richtig herleiten können.
Für alle Figuren, die nur einen Nagel einschließen, gilt

$$A = \tfrac{1}{2} r,$$

das heißt, die Fläche entspricht genau der Hälfte der für die Figur benötigten Randnägel.
Für alle Figuren mit 12 Randnägeln gilt

$$A = i + 5,$$

das heißt, die Fläche entspricht der Anzahl der inneren Nägel plus 5.
Diese Ergebnisse sind Spezialformen der allgemein gültigen Formel

$$A = i + \tfrac{1}{2} r - 1,$$

bekannt als der Satz von Pick.

Aufgabe 43

Da 24 Schritte zwischen den 25 Nägeln liegen, die besucht werden sollen, haben alle Wege eine Länge von 24. Im allgemeinen beträgt die Länge $n^2 - 1$. Es können Wege mit Drehsymmetrie gebildet werden – versuchen Sie, Wege entstehen zu lassen, indem Sie an den Enden beginnen und in der Mitte zusammentreffen.

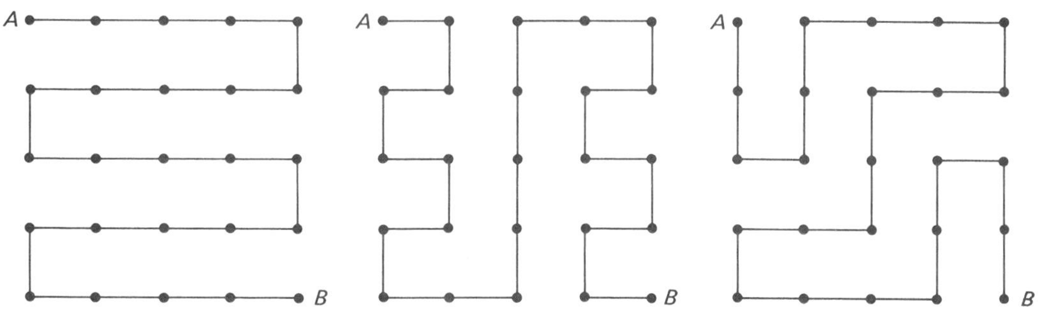

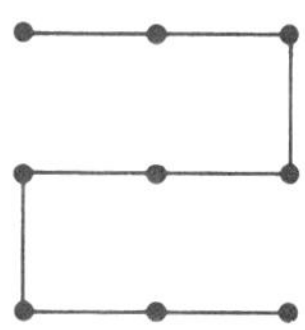

Wenn diagonale Wege erlaubt sind, gibt es auf einem 3 x 3-Brett viele Möglichkeiten. Da hier 9 Nägel vorhanden sind, werden immer 8 Schritte benötigt, um von A nach B zu gelangen. Soll der kürzeste Weg verfolgt werden, müssen die Schritte quer, hoch oder tief eingeschlagen werden, um jedoch den längsten Weg zu gehen, ist es nötig, so viele Schritte wie möglich diagonal zu setzen.
Der kürzeste Weg ist 8 Einheiten lang, wobei eine Einheit die Entfernung eines Nagels zum nächstliegenden darstellt.

Auf einem 3 x 3-Brett sind, wie hier gezeigt, nur zwei Arten von diagonalen Schritten möglich. Ein Schritt wie *PQ* hat die Länge von $\sqrt{5}$, was annähernd 2,236 Einheiten entspricht, während ein Schritt wie *QR* die Länge von $\sqrt{2}$ hat, was annähernd 1,414 Einheiten entspricht.

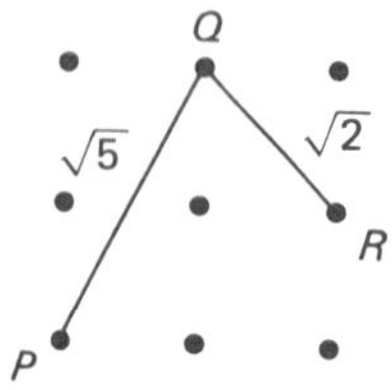

Diese Ergebnisse können vom Satz des Pythagoras über rechtwinklige Dreiecke abgeleitet werden. Wenn sich der Weg nicht überkreuzen darf, sieht die längste Strecke aus wie in (a) und weist eine Länge von annähernd 12,13 auf. Wenn sich der Weg überkreuzen darf, können viel mehr Schritte wie *PQ* vollzogen werden, so daß die Route wie in (b) aussieht, mit einer Länge von annähernd 15,42. Beachten Sie die Symmetrie bei beiden Lösungen.

(a)

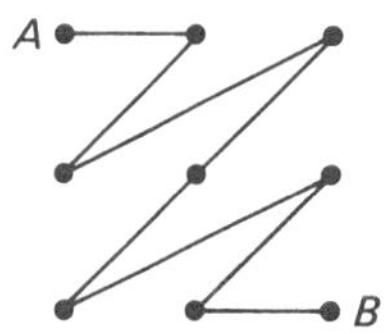

$AB = 1 + \sqrt{2} + \sqrt{5} + \sqrt{2} + \sqrt{2} + \sqrt{5} + \sqrt{2} + 1 \approx 12{,}13$

(b)

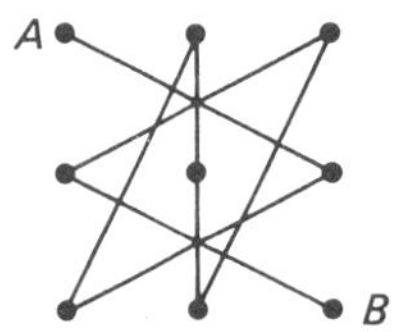

$AB = \sqrt{5} + \sqrt{5} + \sqrt{5} + 1 + 1 + \sqrt{5} + \sqrt{5} + \sqrt{5} + \approx 15{,}42$

Eine Lösung, die vielleicht besser aussehen mag als die obere, da sie keine kleinen Schritte enthält, ist in (c) dargestellt, doch entspricht ihre Länge $4\sqrt{5} + 4\sqrt{2}$, also etwa 14,6.

(c)

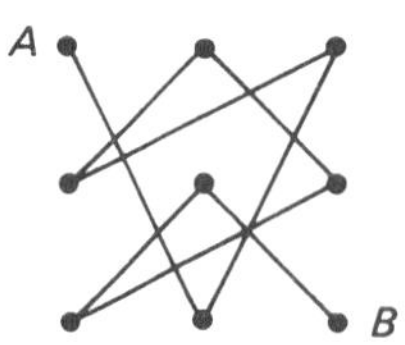

Aufgabe 45

Diese Aufgabe wird in zwei Schritten gelöst. Der erste besteht darin, festzulegen, wieviel verschiedenartige Dreiecke und wieviel dann von jeder Sorte gebildet werden dürfen.

Diese Zeichnungen zeigen die acht Arten von Dreiecken, die auf einem 3 x 3 Pinboard gebildet werden können.

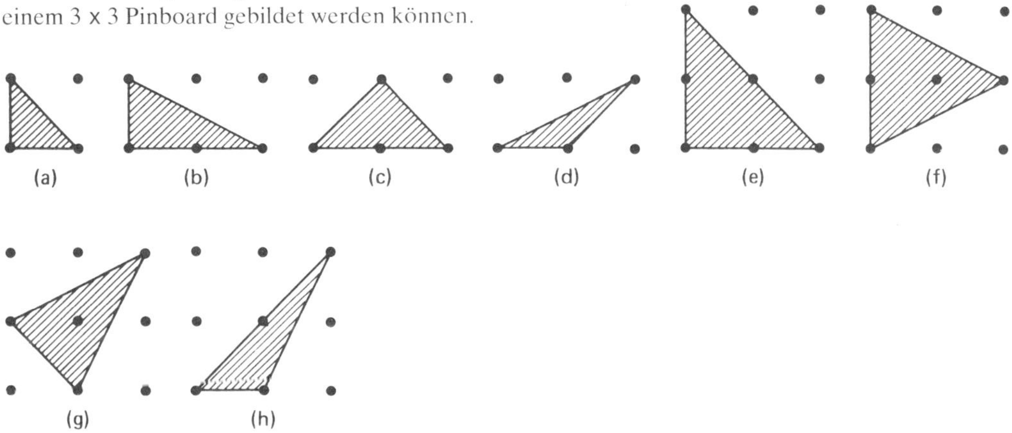

Es sollte nun nicht mehr allzu schwer zu erkennen sein, daß die folgenden möglich sind

16 vom Typ (a)	vier pro Nagel-Quadrat bei vier Quadraten
16 vom Typ (b)	zwei pro Nagelpaar vom Rand des Brettes
8 vom Typ (c)	vier zu jeder Seite und vier zum Mittelpunkt hinweisend
16 vom Typ (d)	zwei pro Ecke, zwei pro Seitenmittelpunkt
4 vom Typ (e)	einen pro Brett-Ecke
4 vom Typ (f)	einen pro Seite
4 vom Typ (g)	einen pro Brett-Ecke
8 vom Typ (h)	zwei pro Seite

Insgesamt lassen sich also 76 verschiedene Dreiecke spannen.

Aufgabe 46

Es ist wahrscheinlich hilfreich, alle Punkte, die von den Geraden geschnitten werden, mit Buchstaben zu versehen und dann die Dreiecke nach den Buchstaben zu benennen. Obwohl es scheinen mag, daß diese Aufgabe viel mit der vorhergehenden gemeinsam hat, muß man sich ihr doch anders nähern. Listen Sie z. B. erst alle Dreiecke mit der Seite *AB*, dann die mit *AC* etc. auf.

ABE	*ABG*	*ABH*	*ABI*
ACD	*ACE*	*ACG*	*ACI*
ADE	*AEI*	*AGH*	*AGI*
BCE	*BCF*	*BCG*	*BCI*
BEF	*BEG*	*BGI*	*BHI*
CDI	*CEG*	*CEI*	*CFG*
DEI	*DFH*	*EFG*	*EGI*
GHI			

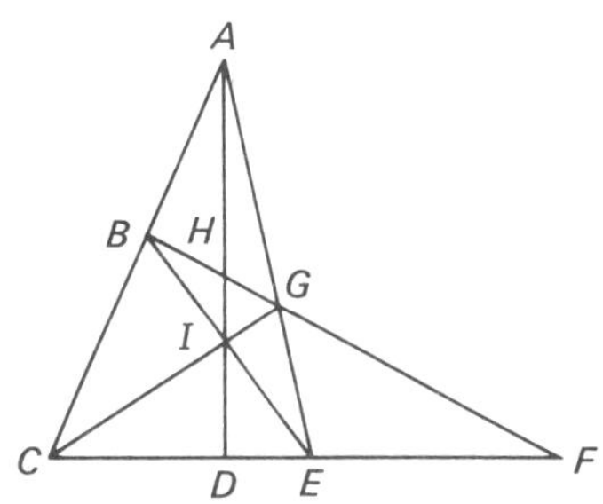

Wenn Sie die Buchstaben in alphabetischer Reihenfolge lassen, fällt es schnell auf, falls ein Dreieck zweimal gezählt wurde.

Aufgabe 47

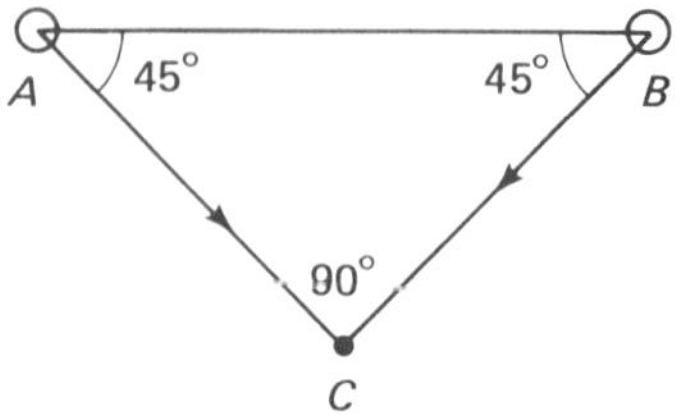

Dies ist eine interessante Aufgabe, die zunächst unlösbar erscheinen mag.
Die Boote werden sich, egal welchen Weg sie verfolgen, solange nicht treffen, bis der Funker sie zum Punkt *C* steuert, der in der Zeichnung zu sehen ist. An diesem Punkt gleichen sich die Entfernungen *AC* und *BC*, und die Peilung auf *C* von *A* aus beträgt 90° mehr als die Peilung auf *C* von *B* aus. Wenn das Boot *A*, auf welchem Weg auch immer, *C* erreicht, wird *B* auch da sein.

Aufgabe 48

$A \rightarrow C \rightarrow E \rightarrow B \rightarrow D \rightarrow A \rightarrow B \rightarrow C \rightarrow D \rightarrow E \rightarrow A$
Es gibt viele weitere Lösungen, wie
$A \rightarrow B \rightarrow C \rightarrow D \rightarrow A \rightarrow C \rightarrow E \rightarrow B \rightarrow D \rightarrow E \rightarrow A$
Ein Netz gilt als durchquerbar, wenn es nachgezogen werden kann, ohne daß der Stift abgesetzt oder ein Weg zweimal begangen werden muß. Das hier dargestellte erste Netz ist demnach durchquerbar, während sich das zweite Netz nur in vier Teilen zeichnen läßt, der Stift also dreimal neu angesetzt werden muß.

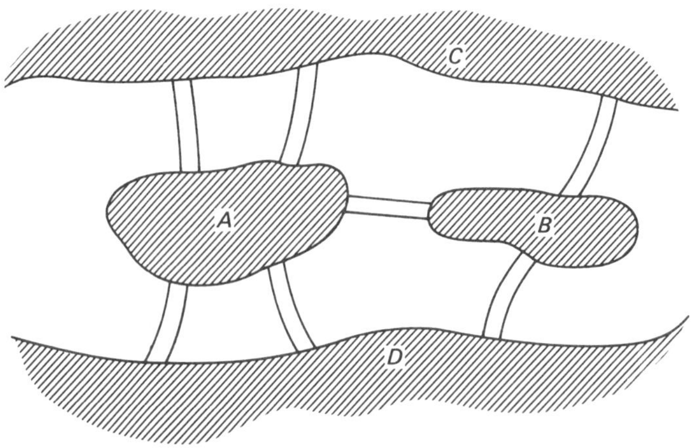

Der Mathematiker Euler war der erste, der sich Anfang des 18. Jahrhunderts mit durchquerbaren Netzen beschäftigte, indem er das inzwischen berühmte Problem der Königsberger Brücken studierte. Königsberg war eine deutsche Stadt, die auf zwei Inseln entlang der Ufer des Flusses Pregel erbaut wurde. Die Inseln und die Ufer wurden in gezeigter Weise durch sieben Brücken miteinander verbunden. Die Bürger dieser Stadt hatten über viele Jahre hinweg versucht, einen Weg herauszufinden, wie man von einem Punkt der Stadt aus jede Brücke einmal überqueren und an den Ausgangspunkt zurückkehren könnte. Sie konnten keinen entsprechenden Weg finden, und erst als Euler dieses Problem bekannt wurde, konnte er schlüssig beweisen, daß es sich nicht lösen ließ.

Als erstes ersetzte er die obere Karte durch ein Netz, das alle wichtigen Stellen enthielt, wobei er jedes Gebiet der Stadt auf einen Punkt und die Brücken zu Bögen reduzierte. Im veränderten Aussehen der Aufgabe wird deutlich, daß das Netz nicht gezeichnet werden kann, ohne den Stift abzusetzen.

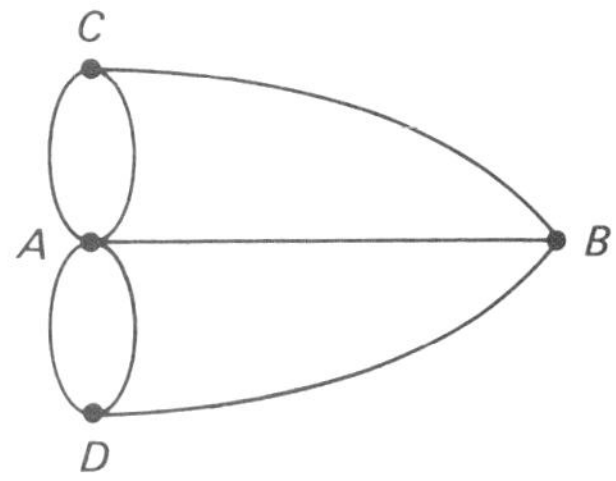

Euler erkannte den Schlüssel zu dem Problem in der Tatsache, daß eine ungerade Anzahl von Bögen in *A*, *B*, *C* und *D* zusammentrafen – 3 in *B*, *C* und *D* und 5 in *A*.
Er zeigte, daß ein Punkt eines Netzes, in dem eine ungerade Zahl von Bögen zusammentrifft (ein ungerader Knotenpunkt), nur ein Start- oder Zielpunkt auf dem Weg durch das Netz sein kann, und demnach das Königsberg-Problem mit seinen 4 ungeraden Knotenpunkten unlösbar ist.
Um zu erkennen, warum ein ungerader Knotenpunkt kein Durchgangspunkt in einem durchquerbaren Netz sein kann, betrachten wir einmal den 3er-Knotenpunkt *P*, der hier mit den als 1, 2 und 3 bezeichneten Armen abgebildet ist. Beim Durchwandern eines Netzes, in dem *P* erscheint, soll sich der Stift beim ersten Anlauf über 1 dem Punkt *P* nähern. Er kann z. B. über 2 weitergehen und muß irgendwann über 3 zurückkehren, doch bleibt dann kein weiterer, bislang unbenutzter Weg übrig, *P* zu verlassen. Ähnliche Argumente können für jeden beliebigen ungeraden Knotenpunkt benutzt werden, woraus zu folgern ist, daß ein solcher nur als Start- oder Zielpunkt genutzt werden kann. Demzufolge kann gezeigt werden, daß ein Netz nur durchquerbar ist, wenn 1) alle Knotenpunkte gerade sind oder 2) alle Knotenpunkte bis auf zwei gerade sind, die dann Start- und der Zielpunkt sein müssen. Die Stadt Königsberg kann demnach ihr Problem lösen, indem sie z. B. auf die Brücke *AB* verzichtet oder eine zweite Brücke von *A* nach *B* baut. Ein gutes Buch über dieses und ähnliche Probleme ist *Mathematical Recreations and Essays* von W. W. Rouse Ball.

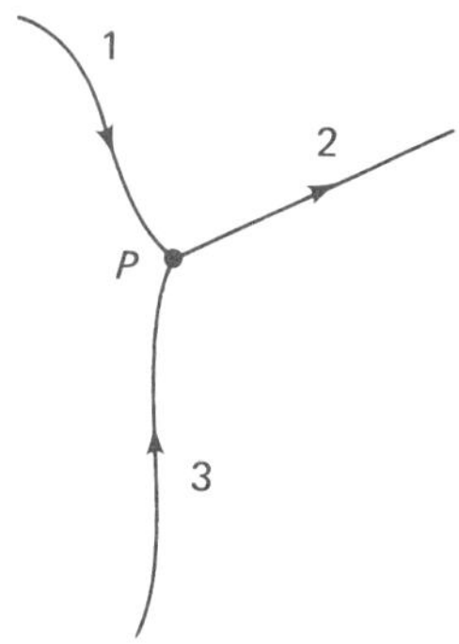

Aufgabe 49

Eine Lösungsmöglichkeit der Springer-Aufgabe ist hier dargestellt. Überprüfen Sie, wie jedes Quadrat angegriffen werden kann.
Es gibt analoge Problemstellungen für die anderen Schachfiguren. So kann es z. B. mit fünf Königinnen, neun Königen oder acht Läufern erreicht werden. Versuchen Sie es einmal!

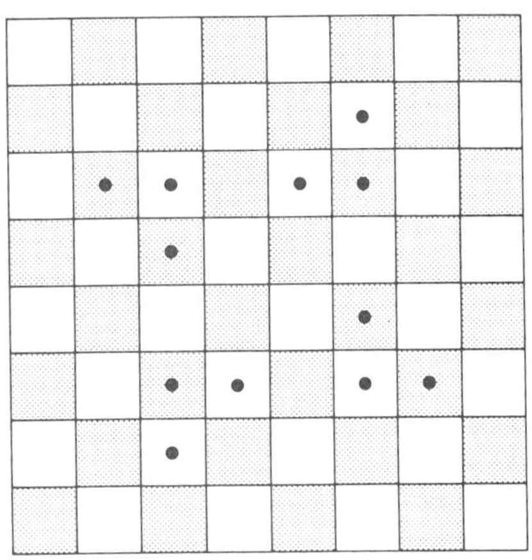

Aufgabe 50

Um diese Aufgabe sinnvoll zu anzugehen, ist es wiederum nötig, eine Methode zu entwickeln, die vollzogenen Schritte festzuhalten. Es ist zudem hilfreich, das Eisenbahnnetz in einem größeren Maßstab aufzuzeichnen und als Ersatz für die Züge numerierte Spielsteine zu benutzen. Für die folgende Lösung benötigt man fünfzehn Schritte, die durch die Pfeile dargestellt sind.

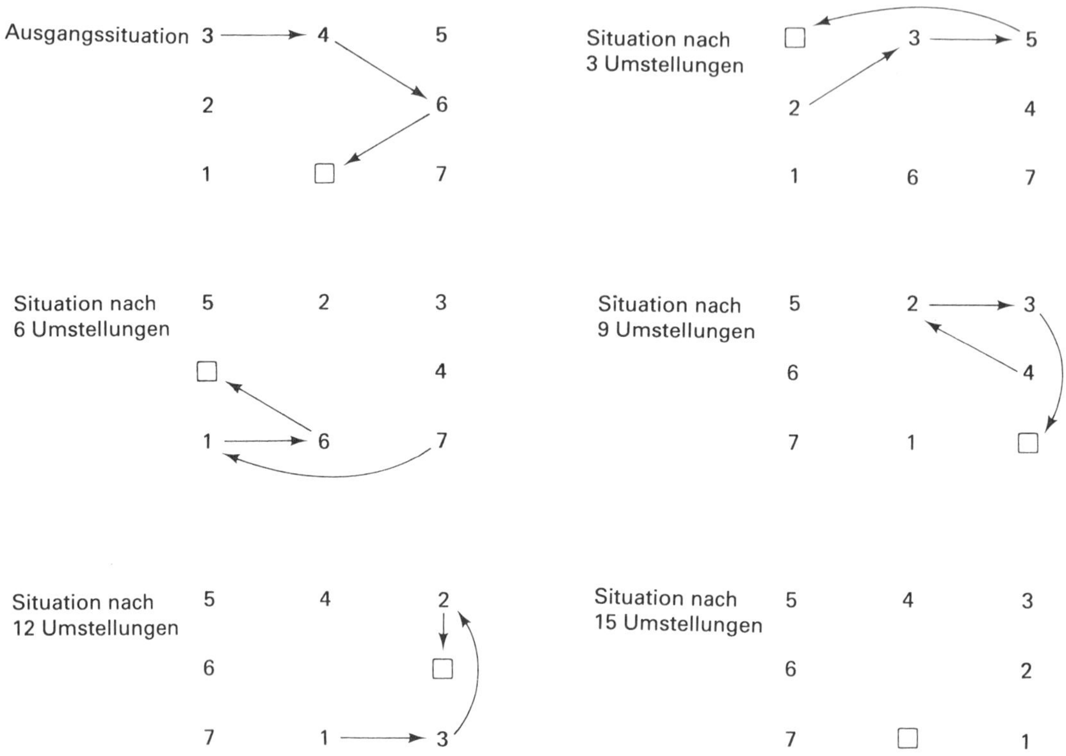

Aufgaben 51 bis 55 – allgemeine Bemerkungen

Diese Aufgaben zielen darauf ab, ein besseres Verständnis über die Beziehungen bewegter Figuren zueinander zu vermitteln. Viele Elemente der traditionellen Geometrie, wie sie in den Schulen gelehrt wird, haben sich aus der Landvermessung entwickelt, und es wurde nur wenig unternommen, um den Schülern die Geometrie der Bewegung näherzubringen. Die hier vorgestellten Gedanken entstammen dem Interesse des Autors, die Geometrie stärker in Beziehung zu unseren Alltagserfahrungen zu setzen und wurden näher untersucht in dem Buch *Machines, Mechanisms and Mathematics*. Um möglichst viel aus diesen Aufgaben herauszuholen, ist es wichtig, Modelle zu basteln, für deren Herstellung verschiedene Baukästen verwendet wurden, doch lassen sich auch mit dicken Pappstreifen befriedigende Ergebnisse erzielen.

Aufgabe 51

Dic übliche Beschreibung lautet: 'AB bewegt sich vor und zurück'. Der von A verfolgte Weg ist Teil eines Kreises mit Mittelpunkt in D und dem Radius DA. Jeder andere Punkt von AB ist ein ähnlicher Teil eines Kreises mit Mittelpunkt auf der Geraden DC.
BC bewegt sich immer im gleichen Winkel wie AD, in diesem Fall 30°.
Der Bus-Scheibenwischer legt einen wohl günstigeren Ausschnitt frei, doch der plausiblere Grund ist darin zu suchen, daß diese Wischerblätter das Wasser effektiver auf die Seite drücken, als das bei den üblichen Auto-Scheibenwischern der Fall ist, die die Hälfte der Zeit das Wasser an der Scheibe hinauftransportieren, an der es dann erneut herunterrinnen kann.

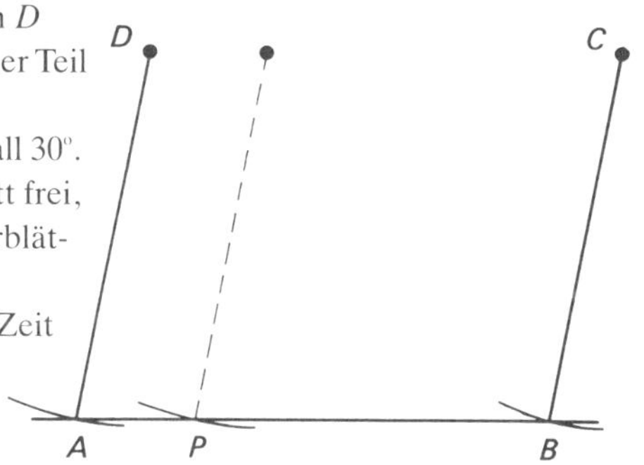

Aufgaben 52 und 53

Es ist interessant festzustellen, daß die modernen Trapez-Schaukelpferde im wesentlichen die gleiche Verbindung "beinhalten" wie einige viktorianische Schaukelpferde. Man findet die gleiche Verbindung auch im Mittelpunkt von Schaukeln mancher moderner Kinderspielplätze, doch ist nicht klar, welchen Vorteil dies gegenüber einer einfachen Aufhängung haben soll.
Es ist lehrreich, das Trapez-Schaukelpferd oder den Steuermechanismus des Autos zu basteln und durchaus die aufgewendete Zeit und Mühe wert.

Aufgabe 54

Die Verbindung für Watts Parallel-Bewegung verfolgt einen Weg, der dem einer großen, schmalen Acht ähnelt, während, Tchebycheffs Verbindung eher einen Weg beschreibt, der an einen gequetschten Halbkreis erinnert. Das sieht man aber am besten, wenn man selbst Modelle bastelt.

Aufgabe 55

Dies ist einem Storchschnabel nicht unähnlich, den man zur Vergrößerung von Figuren in vielen Spielwarengeschäften erhalten kann. Die Kombination aus zwei einfachen Verbindungen, um eine einzige für Übertragungen zu erhalten, ist "im Einsatz" faszinierend zu beobachten.

Aufgabe 57

Die vier Teile sind nicht nur untereinander identisch, sie haben auch die gleiche Form wie das Original.

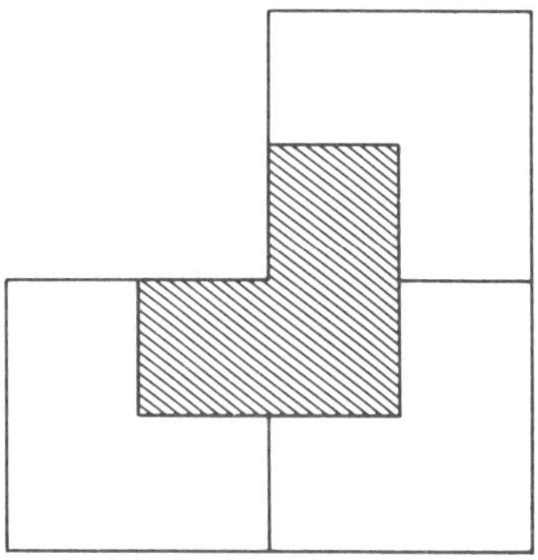

Aufgabe 58

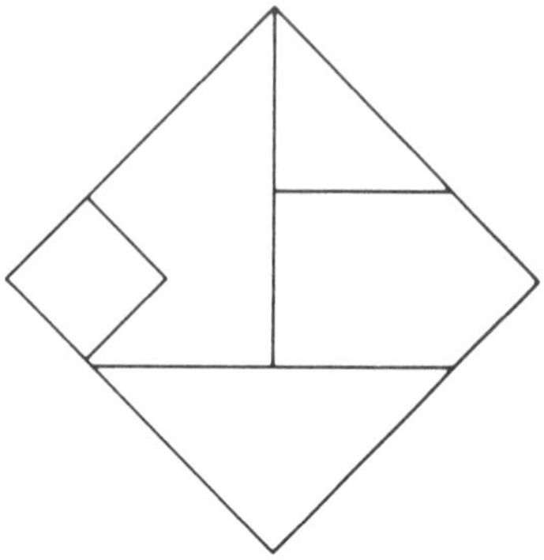

Dieses Spiel ist nun auch aus Plastikteilen im Handel erhältlich, doch können Sie sich mit Leichtigkeit ein eigenes aus bunter Pappe basteln.

Aufgabe 59

A vollführt zwei Umdrehungen. Der Kopf der Königin "steht Kopf", wenn Penny *A* oberhalb von Penny *B* gerollt ist, aufrecht, wenn sich *A* rechts neben *B* befindet, auf dem Kopf, wenn *A* unterhalb von *B* und aufrecht, wenn *A* zurück an den Startpunkt gerollt ist.

Aufgabe 60

Ein Eisbär!
Eine Lösung setzt am Nordpol an (siehe (a), doch gibt es unendlich viele Möglichkeiten in der Nähe des Südpols. Der Jäger könnte z. B. irgendwo 3 Meilen nördlich des Breitengrades starten, der aus einen Umfang von 3 Meilen besteht (siehe (b)), … oder 3 Meilen nördlich des Breitengrades, der aus einem Umfang von $1\frac{1}{2}$ Meilen besteht … oder etc.

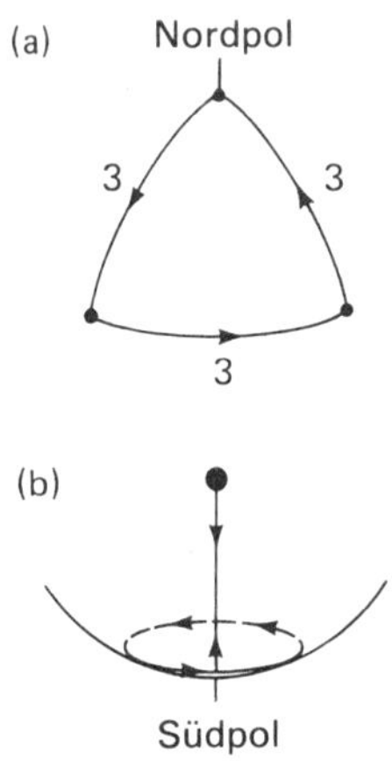

Aufgabe 61

Es ist überraschend, daß es insgesamt sechs Kombinationen gibt, und Sie mögen vielleicht schon das Handtuch geworfen haben, bevor Sie zu den hier gezeigten Lösungen umgeblättert haben.

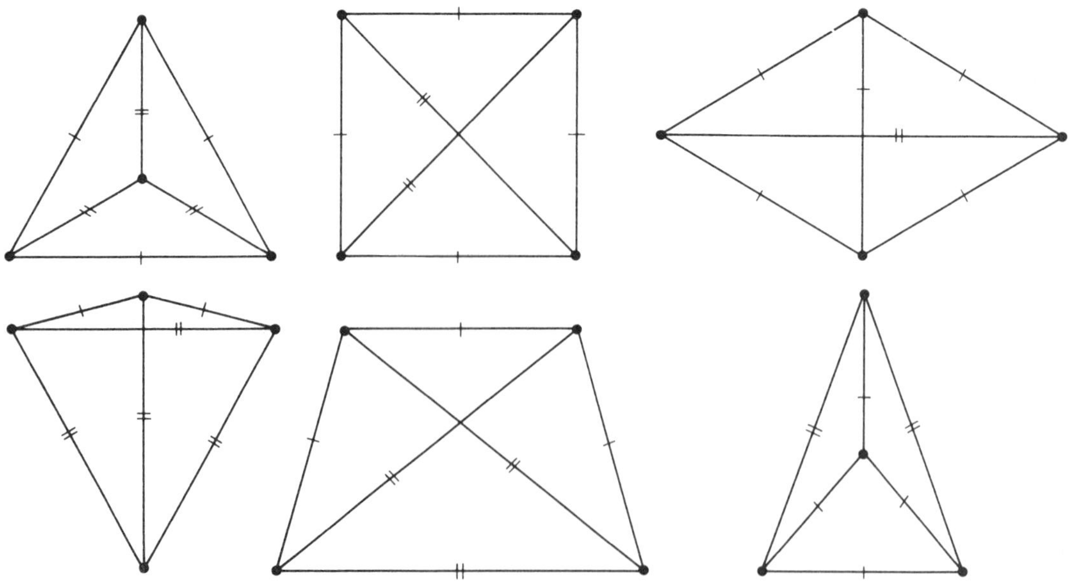

Aufgabe 62

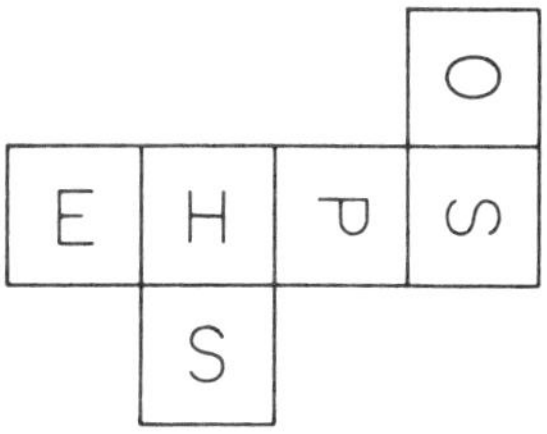

Gegenüber von H muß der Buchstabe S liegen. Die Anordnung der Buchstaben ist in dem auseinandergefalteten Netz des Würfels gezeigt, dem entnommen werden kann, daß der Buchstabe S tatsächlich zweimal auftaucht.

Aufgabe 63

Es klappt eigentlich immer, doch müssen Sie darauf achten, daß die Dreiecke genau wie gezeigt beschriftet und die Faltanleitungen sorgfältig ausgeführt werden. Wenn man ein größeres Hexaflexagon basteln will, dürfte es leichter sein, die Dreiecke einzeln auszuschneiden und dann zusammenzukleben.
Weitere Anregungen zu Hexaflexagons finden Sie in *Mathematical Puzzles and Diversions* von Martin Gardner.

Aufgabe 64

Dies ist eine hübsche Demonstration des Satzes von Pythagoras. Hier zeigt sich die Flächengleichheit zweier kleinerer Quadrate zu dem Quadrat über der Hypothenuse.
Zeigen Sie auch, wie die Teile 1, 2, 3 und 4 zu einem Parallelogramm zusammengefügt werden können.

Aufgabe 65

Dies ist nicht so leicht, wie es für jemanden erscheinen mag, der sich vorher nie damit beschäftigt hat. Dem Autor sind Leute bekannt, die die Figuren richtig gebastelt hatten und doch nicht dazu in der Lage waren, sie zu einem ganzen Tetraeder zusammenzufügen. Angesichts der zwei halben Teile ist die Versuchung groß, die langen Kanten parallel verlaufen zu lassen.

Aufgaben 67 und 68

Sie wurden mit einbezogen, da die Erfahrung lehrt, daß Konstruktionen mit Zirkel und Lineal kaum in der Schule gelehrt werden, obwohl sie von vielen Lernenden aller Alterstufen als anregend und reizvoll empfunden werden.
In der ersten Aufgabe finden sich einige der grundlegenden Konstruktionen mit Zirkel und Lineal, die zweite Aufgabe zeigt einige Anwendungen.
Eine ähnliche Aufgabe besteht darin, Winkelhalbierende etc. zu konstruieren, dabei aber nur die zwei Seiten eines Lineals zu benutzen, um ein Paar paralleler Linien mit vorgegebenem Abstand zu erhalten. Mit dieser Methode können viele der traditionellen Konstruktionen ohne Zirkel bewerkstelligt werden.

Aufgabe 70

Hier sind die beiden einzigen anderen, grundlegend verschiedenen Lösungen für ein 4 x 4-Brett dargestellt.

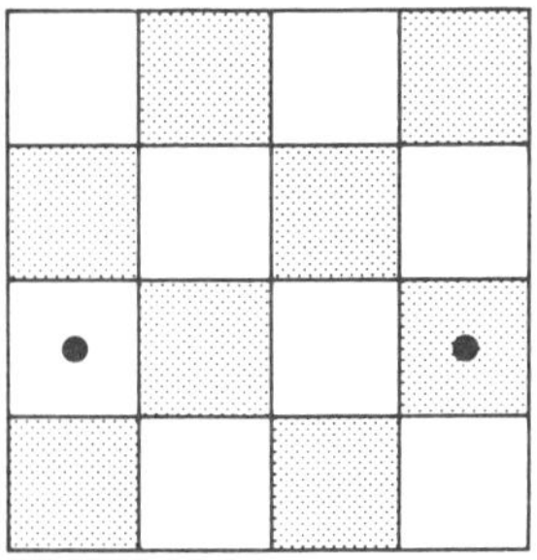

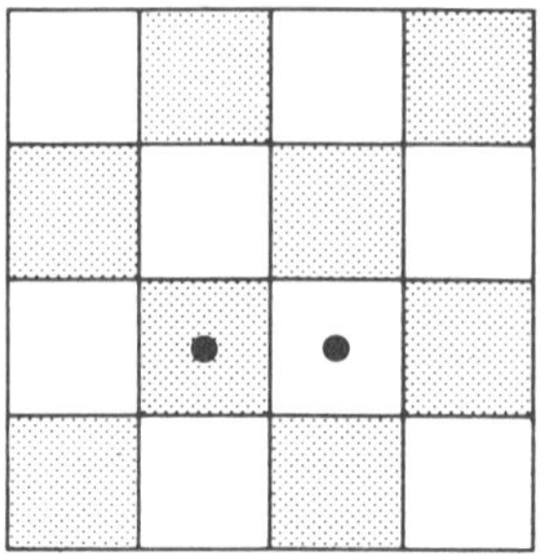

4 × 4 Lösung

Für ein 5 x 5-Brett gibt es viele Lösungen, die alle drei Königinnen benötigen. Unten werden zwei weitere gezeigt. Wieviel verschiedene Lösungen haben Sie herausgefunden?

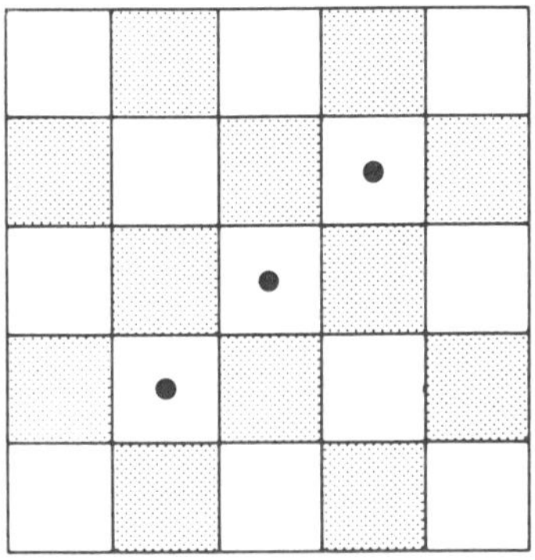

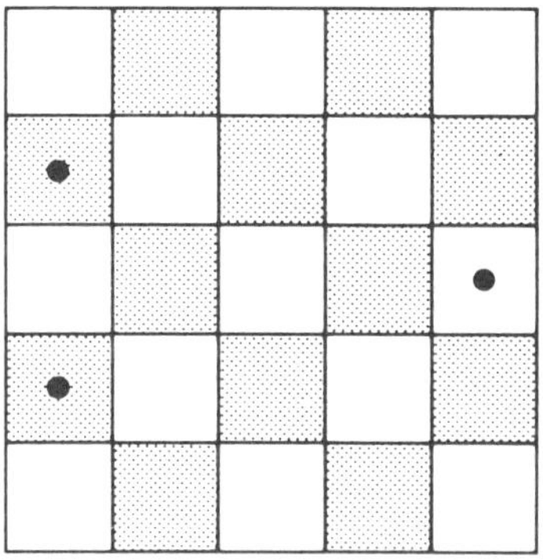

Auf einem 6 x 6-Brett werden auch nur drei Königinnen benötigt, doch gibt es im wesentlichen nur eine Möglichkeit, während für die Lösung auf einem 7 x 7-Brett vier Königinnen gebraucht werden.

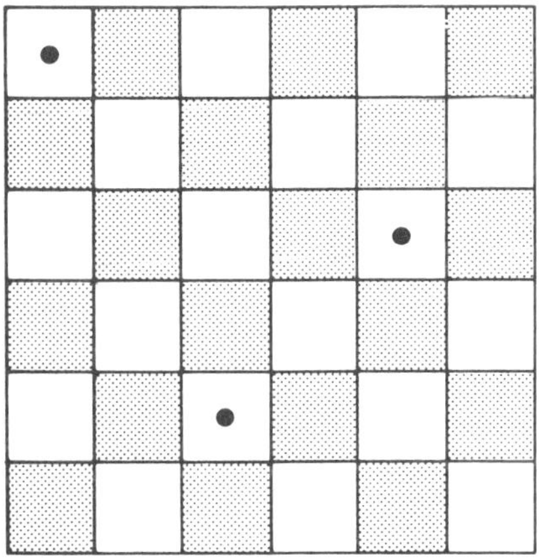

6 × 6 Lösung

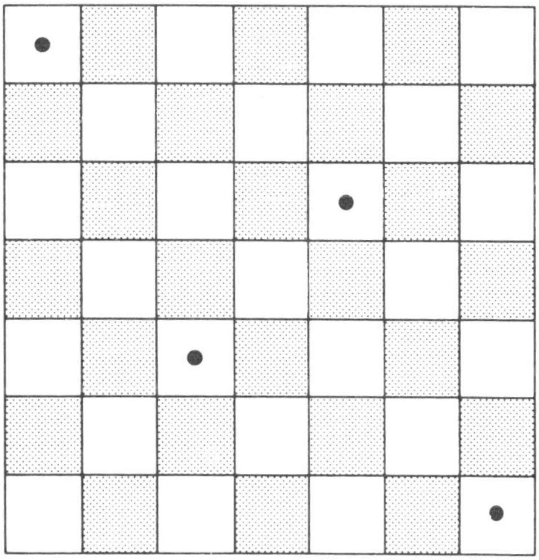

7 × 7 Lösung

Für die Lösung auf einem 8 x 8-Brett sind fünf Königinnen vonnöten, und die hier gegebene Lösung entspricht auch Jaenischs weiterer Bedingung, daß keine Königin von einer anderen bedroht wird.

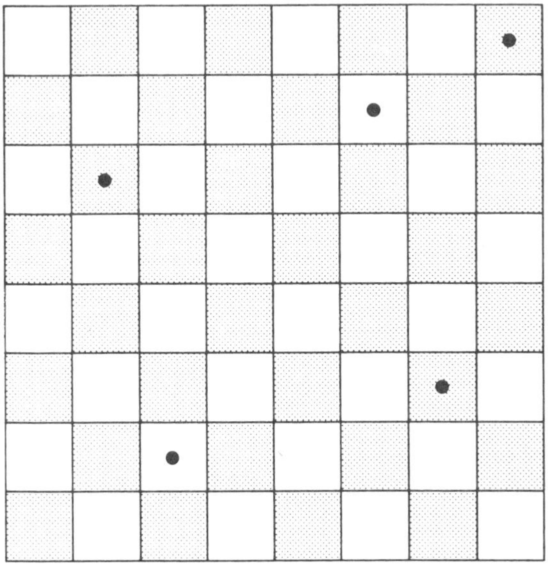

8 × 8 Lösung
(mit gegenseitiger Bedrohung)

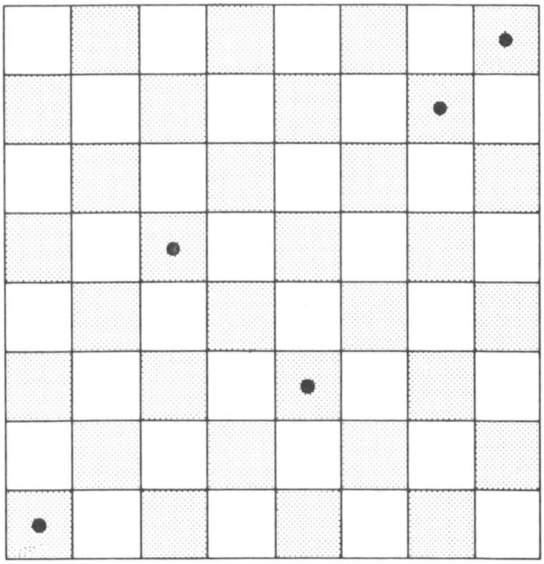

8 × 8 Lösung
(mit gegenseitigem Schutz)

Eine gute Empfehlung für weitere Details über Setzspiele ist *Mathematical Recreations and Essays* von W. W. Rouse Ball.

Aufgabe 71

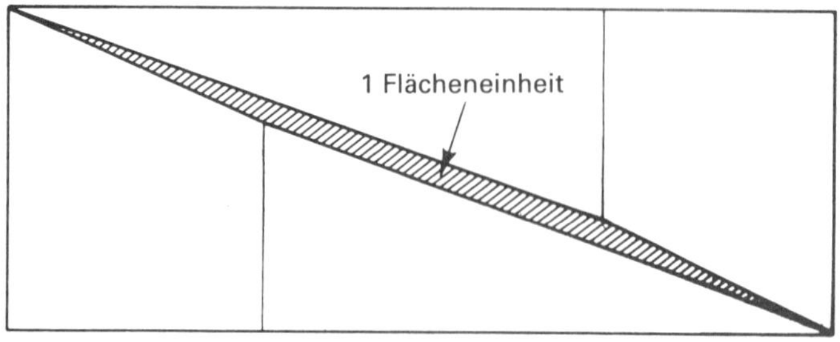

Dies ist eine alte Kopfnuss! Der Haken liegt darin, daß das Gebilde, das aussieht wie eine Diagonale des 13 x 5-Rechtecks, in Wirklichkeit ein schmales Parallelogramm ist, dessen Fläche genau einer Flächeneinheit entspricht.

Aufgabe 72

A, *C*, *E*, *G*, *H* und *I* sind ungerade Knotenpunkte, und von daher muß jeweils eine der Straßen, die zu ihnen führen, zweimal befahren werden. (vgl. Kommentar zu Aufgabe 48.) Um die zurückzulegende Gesamtentfernung zu verkleinern, können die zweimal zu befahrenden Straßen wie folgt passiert werden: *AG*, *HC* und *IE*. Eine mögliche Fahrtstrecke sieht so aus:

$A \to B \to C \to D \to E \to F \to A \to G \to F \to I \to E \to I \to D \to H \to C \to H \to B \to G \to H \to I \to G \to A$

mit einer Gesamtentfernung von

$(6 \cdot 13) + (9 \cdot 12) + (6 \cdot 5) = 216$ Kilometern.

Aufgabe 73

Es ist unmöglich!
Stellen Sie sich einmal die Dominosteine halb Schwarz und halb Weiß gefärbt vor, passend zu den Feldern des Schachbrettes. Wenn zwei diagonal entgegengesetzte Quadrate des Brettes entfernt werden, verliert das Brett zwei Quadrate gleicher Farbe. In der gezeigten Zeichnung verbleiben 30 schwarze und 32 weiße Quadrate, so daß keine Möglichkeit besteht, das Brett vollständig mit Dominosteinen zu bedecken, da mit jedem Stein ein schwarzes und ein weißes Quadrat bedeckt wird.

Aufgabe 74

Es ist ganz einfach – gewußt wie!

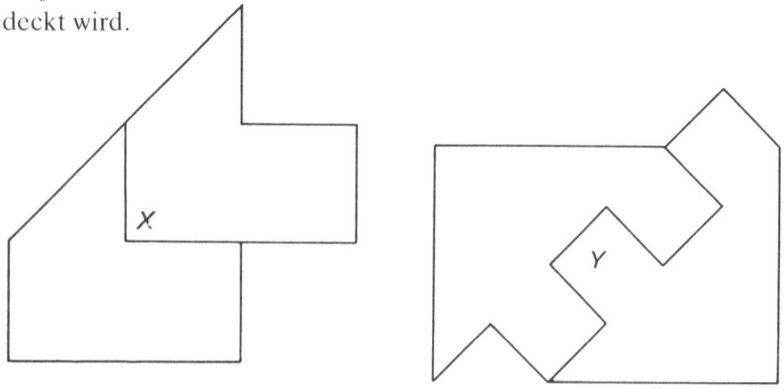

Aufgabe 75

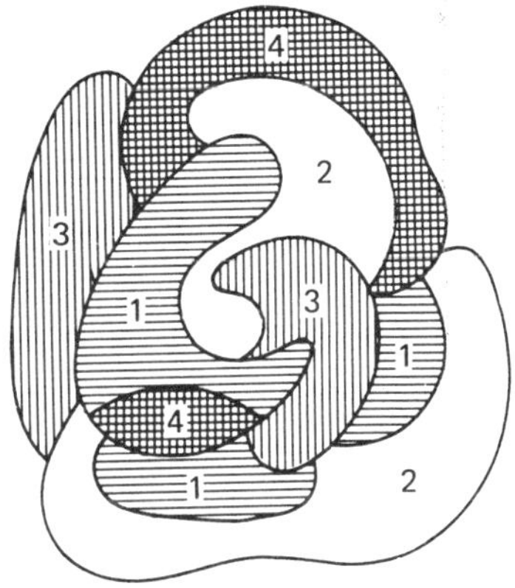

Die Erfahrung zeigt, daß die Herausforderung, eine Karte zu finden, die nicht mit weniger als fünf Farben gefärbt werden kann, Spaß macht. Oft denkt man, man sei erfolgreich, bis irgend jemand zeigt, wie es sich mit vier Farben "zurück-färben" läßt. Die Zeichnung hier zeigt, wie die vorgegebene Karte mit nur vier Farben bemalt werden kann.
Interessanterweise ist es auf der Oberfläche eines Torus (ähnlich einem Schwimmreifen) möglich, eine Karte zu zeichnen, die nicht mit weniger als sieben Farben bemalt werden kann. Siehe, zum Beispiel, *What is Mathematics* von R. Courant und H. Robbins oder *Riddles in Mathematics* von E. P. Northrop.

Aufgabe 76

Wenn Sie Mosaikspiele mögen, wird Ihnen dieses gefallen! Die hier gezeigten Lösungen wurden von einem 11-jährigen Jungen entdeckt, der über eine Zeitdauer von wenigen Wochen ein ganzes Übungsheft mit verschiedenen Lösungsmöglichkeiten füllte. Auch Sie können Wege finden, andere Figuren, wie beispielsweise ein 5 x 5-Quadrat, zu bilden, indem Sie einen Satz Pentominos zugrunde legen. Sie können oft Pentominos und die Hexominos der nächsten Aufgabe aus Holz oder Plastik im Handel finden, doch können auch solche aus gefärbter Pappe absolut ausreichen.
Eine sehr gute Empfehlung zu dieser wie auch der nächsten Aufgabe ist *Polyominoes* von Solomon W. Golomb.
Mit allen Pentominos lassen sich Parkette bilden.

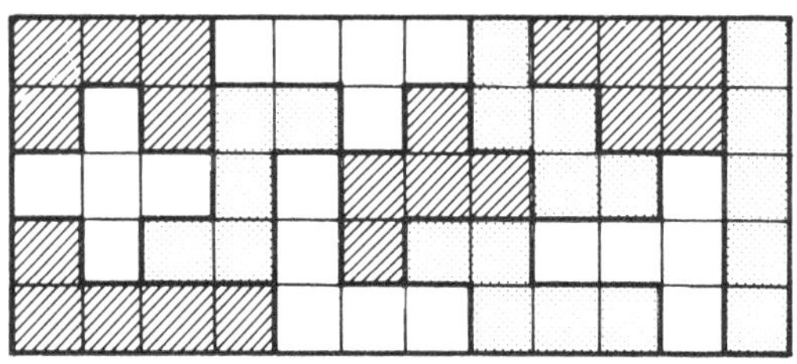

12 × 5 Lösung

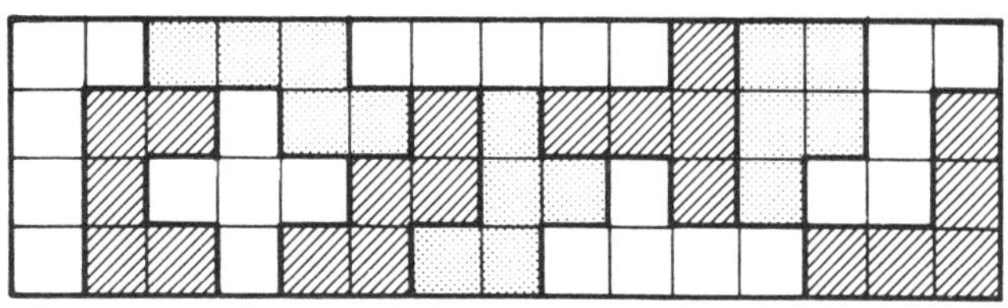

15 × 4 Lösung

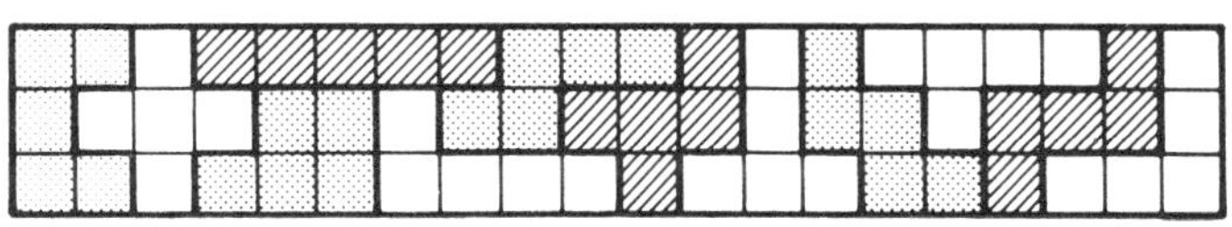

20 × 3 Lösung

Die unteren Zeichnungen zeigen die Pentominos, mit denen sich ein Gerüst für eine oben offene Schachtel bilden läßt, wobei die Grundplatte stets schraffiert wurde.

Versuchen Sie neun Quadrate so anzuordnen, daß jedes der zwölf Pentominos hineinpaßt.

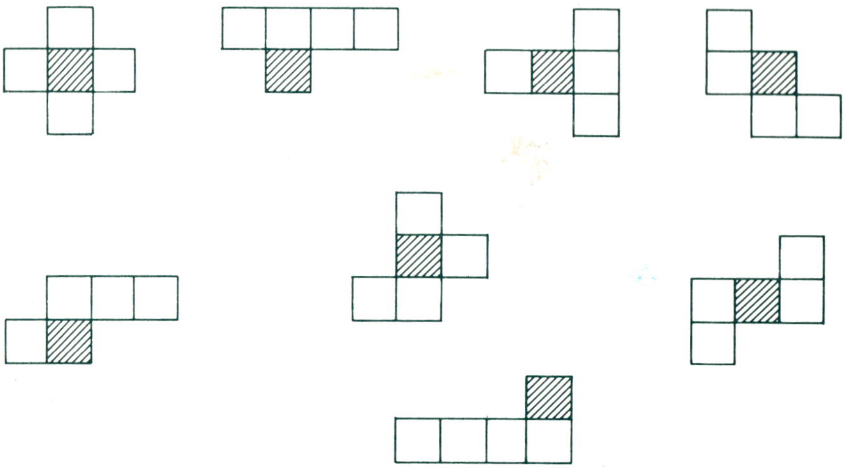

Aufgabe 77

Hier sind die 35 verschiedenen Hexominos. Die schraffierten können zu Würfeln gefaltet werden.
Beachten Sie die systematische Vorgehensweise, nach der die Hexominos hier dargestellt wurden. Zuerst der einzige mit einer Geraden aus sechs Quadraten, dann die drei mit Geraden aus fünf Quadraten. Als nächstes Geraden aus vier Quadraten mit zwei unterschiedlich plazierten Quadraten darunter, auf beiden Seiten, etc.
Es gibt nur 11 *gerade* und demnach 24 *ungerade* Hexominos.
Das 7 x 6-Rechteck besteht aus 42 Quadraten. Stellen Sie es sich einmal wie ein Schachbrett schwarz und weiß gefärbt vor, dann sind 21 der Quadrate schwarz. Nun weisen sieben *gerade* Hexominos automatisch eine gerade Anzahl schwarzer Quadrate auf, was zusammengenommen nicht 21 ergeben kann.
Ein ähnliches Argument zeigt, warum nie alle 35 Hexominos zu einem Rechteck zusammengefügt werden können. Ein solches Rechteck bestünde aus 35 x 6 Quadraten und demnach aus 35 x 3 = 105 schwarzen Quadraten. Das wäre eine *ungerade* Anzahl schwarzer Quadrate. Nun verfügen aber die 11 *geraden* Hexominos über eine gerade Anzahl schwarzer Quadrate und ebenso die 24 *ungeraden* Hexominos. Demnach weisen die 35 Hexominos zusammengenommen eine *gerade* Anzahl schwarzer Quadrate auf. Demzufolge ist ein Rechteck nicht möglich.

Aufgabe 78

Die anderen beiden Halb-Würfel sehen Sie in (a).

(a)

Andere Möglichkeiten, einen 2 x 2 x 2-Würfel in zwei, aus einheitlichen Würfeln bestehende Teile zu zerlegen, basieren auf der Tatsache, daß immer acht Würfel betroffen sind, so daß die Teile immer aus 7 + 1 oder 6 + 2 oder 5 + 3 oder 4 + 4 einheitlichen Würfeln bestehen. Für die 4 x 4 Kombination existieren wie bereits erwähnt drei Lösungsmöglichkeiten während die anderen Kombinationen jeweils nur eine Lösung zulassen (siehe (b), (c) und (d)).

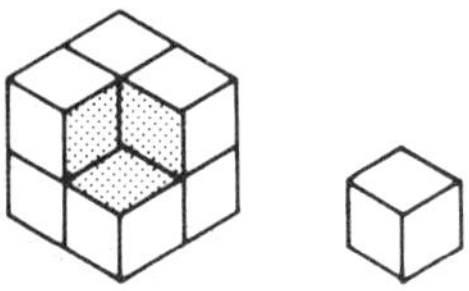

(b) 7 + 1 Lösung

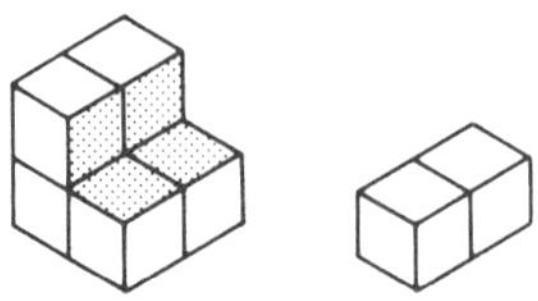

(c) 6 + 2 Lösung

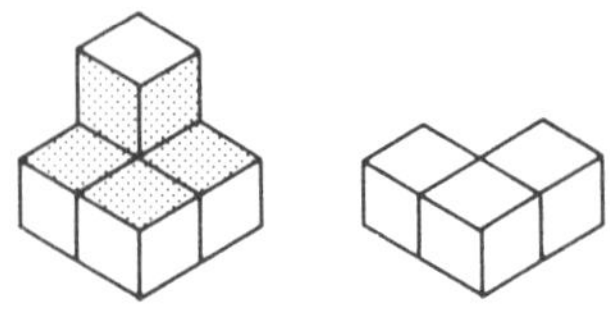

(d) 5 + 3 Lösung

Die beste Methode, neue Figuren zu entwerfen, ist es, einen Satz Würfel zu benutzen – auch Würfelzucker kann ganz nützlich sein, wenn nichts anderes in Reichweite ist!
Figuren, die aus fünf Würfeln bestehen – es gibt derer insgesamt 29 – nennt man Penta-Würfel. Zwölf von ihnen entsprechen den Pentominos, bei ihnen könnte jedes Quadrat eines Pentominos durch einen Würfel ersetzt werden. Demnach verbleiben siebzehn neuartige, dreidimensionale Figuren, die unten dargestellt sind. Viele von ihnen finden sich paarweise als Spiegelbilder, die sich aber nicht mit ihrem Partner ergänzen würden.

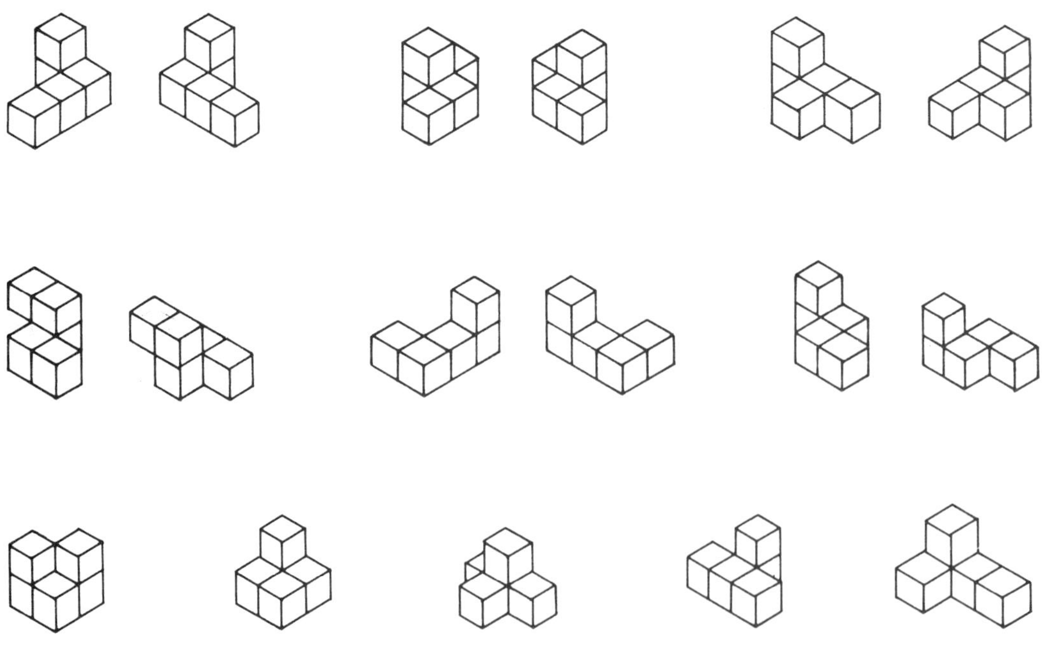

Diese Aufgabe ist eigentlich immer erfolgreich lösbar, besonders wenn bunte zusammensteckbare Würfel verwendet werden, um die Figuren zu konstruieren. Die Gelegenheit kann benutzt werden, um Figurenkonstellationen zu beschreiben. Die folgenden Beispiele zeigen Skizzen für die links gezeichnete Figur, wie sie in der Praxis schon aufgetreten sind.

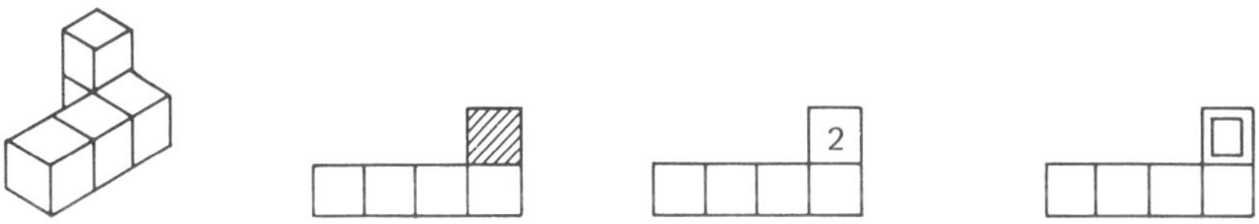

Als weitere Literatur versuchen Sie es einmal mit *Polyominoes* von S. W. Golomb oder *More Mathematical Puzzles and Diversions* von M. Gardner oder *Creative Puzzles of the World* von P. VanDelft und J. Botermans.

Aufgabe 79

Dies ist eine Erweiterung der vorhergehenden Aufgabe, ohne die Einschränkung durch den Gebrauch einheitlicher Würfel. Hier jedoch liegt die Herausforderung darin, Wege zu finden, einen Würfel in zwei gleiche Teile zu zerlegen. Für Ihre Untersuchungen mögen Sie Modellton als hilfreich empfinden, doch lassen sich Modelle Ihrer Lösungen mit bunter Pappe oder Holz attraktiver darstellen.

Aufgabe 80

Sie brauchen anfänglich Geduld, um eine Menge identischer Figuren auszuschneiden, doch die Ergebnisse sind lohnend. Es wird Sie überraschen, wie viele Figuren Sie mit diesem Handwerkszeug entdecken werden. Wenn Sie können, überreden sie jemanden, Ihnen bei der Herstellung der Dreiecke und Quadrate etc. zu helfen, je mehr, desto besser. Diese Vorgehensweise hat den Vorteil, daß Sie sich keine teuren Materialien kaufen müssen, sondern zum Beispiel leere Waschmittelkartons o. ä. verwenden können. Das Handwerkszeug des Autors wurde vor zehn Jahren hergestellt und ist immer noch benutzbar.

Aufgabe 81

Die Herstellung eines Dodekaeders ist eine sehr reizvolle Aufgabe. Seien Sie vorsichtig bei der akkuraten Vermessung des 72° Winkels, wenn Sie das erste Fünfeck mit dem Zirkel zeichnen, da Fehler an dieser Stelle später zu einem schlecht passenden Netz führen. Es ist nicht so schwer, wie Sie vielleicht anfangs denken, und das sternförmige Dodekaeder erfordert nurmehr die Geduld, zwölf Pyramiden hinzuzufügen, eine pro Fläche.

Aufgabe 82

Dieses Spiel wurde von einer Gruppe von Schülern entworfen, während sie Spiegelungen, Drehungen und Verschiebungen studierten.

Aufgabe 83

Egal, wie Sie versuchen, diesen Würfel zu zerschneiden, es führt kein Weg an der Tatsache vorbei, daß der Ein-Zentimeter-Würfel im inneren sechs Seiten hat, die alle gesägt werden müssen, so kann man die 27 Würfel nicht mit weniger als sechs Sägeschritten erhalten.

Aufgabe 84

Um darzustellen, daß es möglich ist, in einen Würfel ein Loch zu schneiden, durch das ein größerer Würfel paßt, ist es notwendig nachzuweisen, daß der Würfel einen Querschnitt besitzt, der größer ist als eine Quadratseite. Betrachten Sie das in der Abbildung gezeigte Rechteck *ABCD*. *A*, *B*, *C* und *D* liegen jeweils in der gleichen kurzen Entfernung zu den ihnen nächstgelegenen Ecken des Würfels. *AB* ist offensichtlich länger als die Kante *PQ*, da sie zueinander verdreht sind. *BC* ist länger als eine Kante, da sie fast so lang ist wie die Diagonale *QR*. Demnach ist es möglich, sich in einem Würfel ein quadratisches Loch vorzustellen, welches größer ist als die Seite des Würfels.

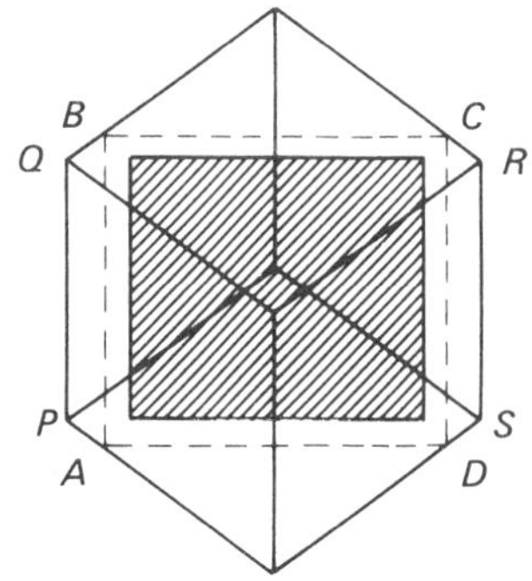

Aufgabe 85

Stellt man sich die Stücke in *P*, *Q* und *R* verbunden vor, so ergibt sich eine hübsche Möglichkeit: die Teile werden wie hier gezeigt in das "Quadrat" hineingedreht.

Das "Quadrat" ist nicht ganz exakt, vielmehr ein Rechteck im Verhältnis 7 : $\sqrt{48}$. Eine korrekte Lösung findet sich bei H. E. Dudeney in seinem Buch *The Canterbury Puzzles* (Dover).

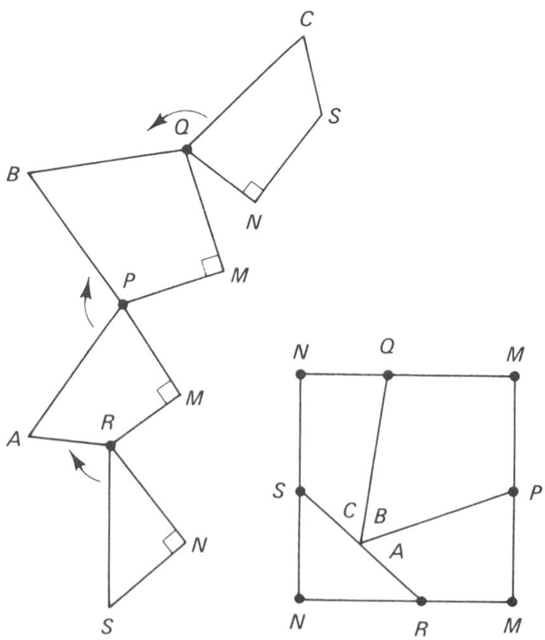

Aufgabe 86

Der Schlüssel zu dieser Tüftelei liegt in der Lage der Kreise, aus der sich die Form der Urne ergibt.

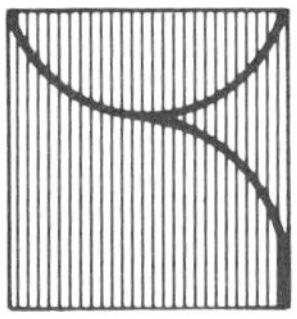

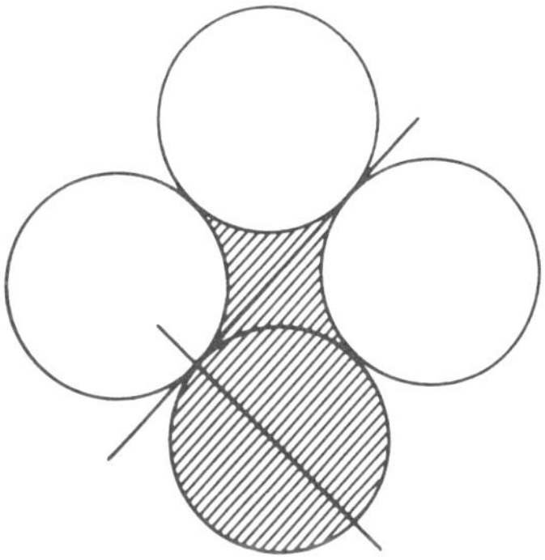

Aufgabe 87

Die anscheinend paradoxe Situation wird verständlich, wenn Frau Schmidt einmal den Fahrplan mit den Ankunftszeiten der *P*- und *Q*-Busse an ihrer Haltestelle betrachtet.

P Zeiten	*Q Zeiten*
10.09	10.10
10.19	10.20
10.29	10.30
10.39	10.40
10.49	10.50
10.59	11.00

Es besteht also eine Lücke von nur einer Minute zwischen der Abfahrt des *P*-Busses und der Ankunft des *Q*-Busses, aber eine Lücke von neun Minuten bis zur Ankunft des nächsten *P*-Busses. Das bedeutet, daß pro Zehn-Minuten-Einheit neun Minuten damit verbracht werden können, auf den *P*-Bus zu harren, während nur eine Minute Wartezeit für den *Q*-Bus anfällt. Daraus folgt für jemanden, der häufig zu dieser Haltestelle geht, daß er in neun von zehn Fällen auf den *P*-Bus wartet.

Aufgabe 88

Es müssen drei Pfennige versetzt werden. Verschieben Sie die drei Eck-Pfennige wie in der Abbildung.

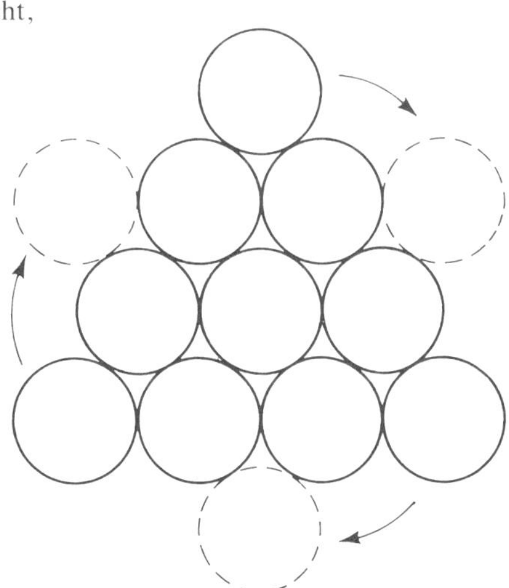

Aufgabe 89

Eine Springer-Reise auf einem 4 x 4-Brett ist nicht möglich, aber es läßt sich ein Weg finden, auf dem fünfzehn Quadrate besucht werden können. Die 5 x 5-, 6 x 6- und 7 x 7-Routen sind alle zu verwirklichen; hier wird für jede eine Lösung gezeigt.

6	9	2	15
1	12	5	8
10	7	14	3
13	4	11	

für ein 4 × 4 Brett
nicht lösbar

1	14	9	20	3
24	19	2	15	10
13	8	25	4	21
18	23	6	11	16
7	12	17	22	5

5 × 5 Lösung

11	22	33	44	13	24	3
32	43	12	23	2	45	14
21	10	39	34	37	4	25
42	31	36	1	40	15	46
9	20	41	38	35	26	5
30	49	18	7	28	47	16
19	8	29	48	17	6	27

7 × 7 Lösung

1	32	9	22	7	30
10	23	36	31	16	21
33	2	17	8	29	6
24	11	26	35	20	15
3	34	13	18	5	28
12	25	4	27	14	19

6 × 6 Lösung

Sie mögen wie der Autor und viele Leute vor ihm feststellen, daß das Entdecken von Reiserouten für Springer zur Faszination wird, der man sich immer wieder widmen kann!
5 x 4 und 4 x 3 sind die Größen kleiner Rechtecke, auf denen Springer-Touren möglich sind.

1	20	7	16	3
6	15	2	11	8
19	10	13	4	17
14	5	18	9	12

5 × 4 Lösung

1	4	7	10
8	11	2	5
3	6	9	12

4 × 3 Lösung

Unten sind Lösungen für die Kreuze gezeigt, wobei die zweite einen Rundweg darstellt.

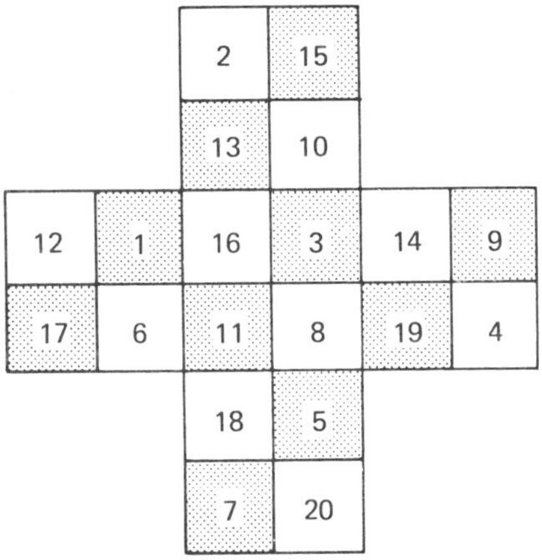

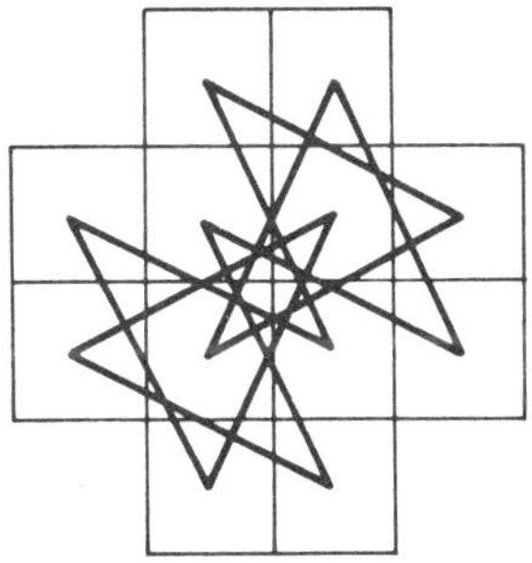

Die oben gezeigte Lösung für ein 6 x 6-Brett ist ein Rundweg, der auf Euler, den großen Mathematiker des achtzehnten Jahrhunderts, zurückgeht; das zuletzt besuchte Quadrat (36) ist durch einen Springer-Zug vom ersten (1) entfernt.
Der Grund, warum auf einem Brett mit ungerader Felderzahl kein Rundweg möglich ist, liegt in der Tatsache begründet, daß ein Springer-Zug den Springer immer auf ein Feld der anderen Farbe führt. Einmal angenommen, eine Reise beginnt auf einem schwarzen Quadrat, dann befindet sich der Springer nach einer geraden Zahl von Zügen, während der er eine ungerade Zahl von Feldern besucht hat, wieder auf einem schwarzen Quadrat. Eine sehr gute Empfehlung zu diesem Thema ist *Mathematical Recreations and Essays* von W. W. Rouse Ball.

Aufgabe 90

Wir sind gewohnt, an Entfernung als etwas mit Lineal oder Meterband Meßbares zu denken, doch es gibt viele Situationen, in denen das nicht angebracht ist. Wenn Sie z.B. in einer Stadt mit vielen Einbahnstraßen leben, dann kann sich die Länge der Fahrtstrecke mit dem Auto stark von der des Fußweges unterscheiden. Die Springer-Züge auf einem Schachbrett inspirieren besonders interessante Gedanken über Entfernungen. Da seine Fortbewegungsweise den Springer immer auf ein Feld der zu seinem letzten Aufenthaltsort entgegengesetzten Farbe führt, kann er von einem weißen zu einem anderen weißen Feld nur über eine gerade Anzahl von Zügen gelangen. Umgekehrt, jedes Quadrat, das durch eine gerade Anzahl von Zügen von einem weißen Feld entfernt ist, muß auch weiß sein. Die auf dem Brett unbeziffert gelassenen fünf weißen Quadrate sind immer zwei Züge von jeweils einem der mit 2 bezifferten Quadrate und somit vier Züge vom Springer entfernt.

Die linke Abbildung zeigt die Entfernung aller Felder eines Schachbrettes zu einem Springer, der in einer Ecke plaziert wurde. Ihr kann entnommen werden, daß kein Quadrat mehr als sechs Züge vom Springer entfernt liegt.

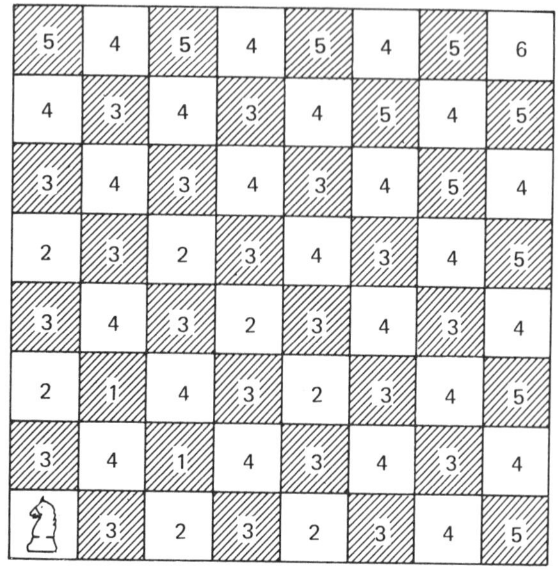

Aufgabe 91

In Wirklichkeit können geschickte Spieler der Kugel eine Drehung verleihen, die den Weg, auf den sie von der Seitenbande zurückgeworfen wird, wesentlich verändern kann. Dennoch gibt die in der Aufgabe beschriebene Methode eine gute Vorstellung von der Richtung, in die die Spielkugel gestoßen werden sollte.

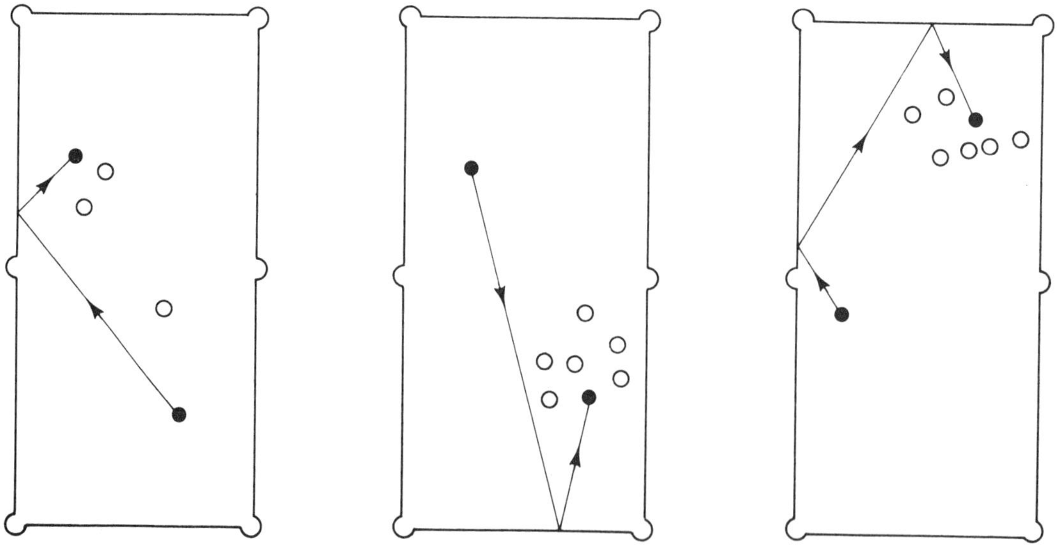

(d) (e) (f)

Aufgabe 92

Die Eulersche Formel kann kurz durch

$$E - K + F = 2$$

ausgedrückt werden, wobei E, K und F für Eckpunkte, Kanten und Flächen eines Polyeders stehen.
Polyeder mit Löchern erfüllen die Formel nicht. Eine weitere Literaturempfehlung ist z. B. *What is Mathematics* von R. Courant und H. Robbins oder *Experiments in Topology* von S. Barr.

Aufgabe 93

Wenn Sie mit Unterstützung Ihres Zirkels zur Tat schreiten wollen, so werden Sie mit dieser Aufgabe sicherlich viel Spaß haben. Beginnen Sie damit, eine Gerade über die Mitte Ihres Blattes zu ziehen und alle $\frac{1}{2}$ cm Schritte zu markieren, um die richtigen Radien für die Kreise leichter zu finden. Ein gut funktionierender Zirkel und eine sichere Hand garantieren das Gelingen einer schönen und exakten Zeichnung.

Eine gute Quelle für weitere Zeichnungen dieser Art ist *Book of Curves* von E. H. Lockwood.

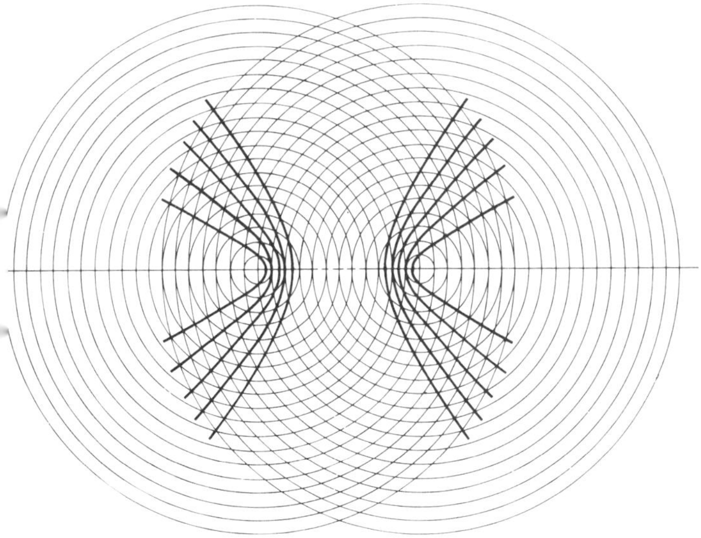

Aufgabe 94

Andere vergleichbare Oberflächen und Modelle finden Sie beschrieben und illustriert in Büchern wie *Mathematical Models* von H. M. Cundy und A. P. Rollett und *Mathematical Snapshots* von H. Steinhaus.

Aufgabe 95

Sie müssen sowohl auf die schräg liegenden Quadrate achten als auch auf die, die parallel zum Brett liegen. Sehen Sie sich z. B. die nebenstehende Abbildung an.

	X		O		
				X	
O					
X					O
			X		
		O			

Aufgabe 96

Die Antwort lautet nicht 15! Diese Abbildung hier zeigt einen Blick von oben auf die Bücher, und die gestrichelte Linie steht für den nur 9 cm langen Weg des Bücherwurms!

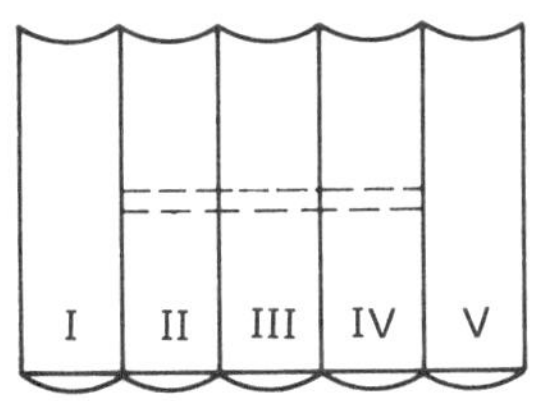

Aufgabe 97

Um diese Aufgabe zu lösen, stellen Sie sich am besten die Autobahn als Spiegelachse vor und tragen das Spiegelbild von Ahdorf ab. Dann verbinden Sie dieses Spiegelbild mit Behausen durch eine Gerade und erhalten dadurch an der Stelle, an der sie die Autobahn schneidet, die Position von *J*.

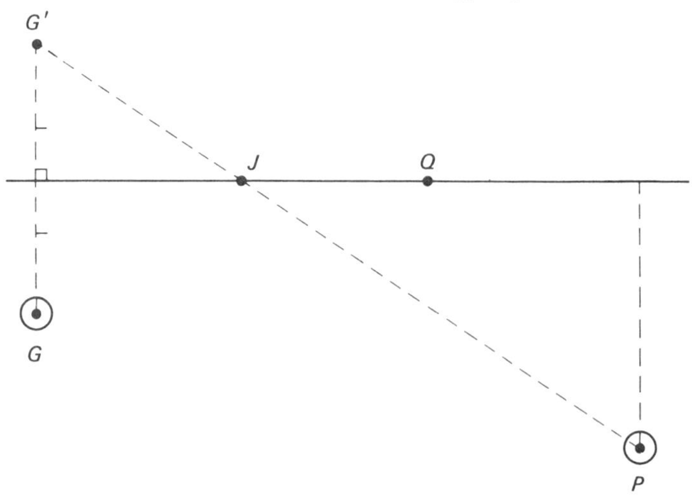

Um zu verstehen, warum dies die kürzeste Strecke ergibt, beachten sie, daß

$$GJ + JP = G'J + JP = G'P$$

Wenn Q einen anderen Punkt der Autobahn darstellt, dann ist

$$GQ + QP = G'Q + QP,$$ also größer als $G'P$,

da $G'QP$ ein Dreieck ist, und zwei Seiten zusammen immer länger sein müssen als die dritte Seite.

Aufgabe 98

Wie schnell er den Berg auch hinunterfährt, er kann die Durchschnittsgeschwindigkeit von 40 Stundenkilometern nicht erreichen. Um dies zu schaffen, müßte er die 10 Kilometer von A nach C in einer Viertelstunde fahren, doch benötigte er schon eine Viertelstunde für die Strecke hoch nach B.

Aufgabe 99

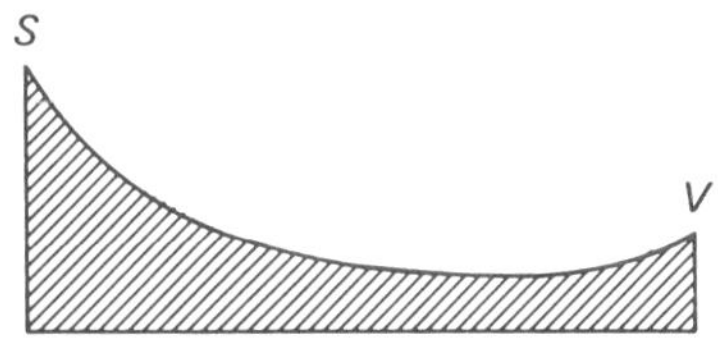

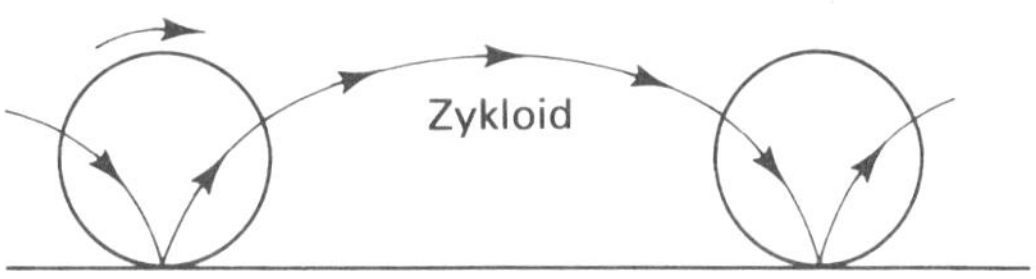

Anders als man denken mag, verläuft der Weg nicht als Gerade von S nach V. Der schnellste Abfahrtsweg ist in der Tat bogenförmig und kann sogar über einen Teil seiner Strecke hinweg ansteigen. Dieser Zykloidenbogen ist der Weg, den ein Punkt auf dem Rand des auf gerader Strecke rollenden Rades beschreibt.

Um einen Zykloidenbogen zu zeichnen, befestigen sie ein Metermaß auf dem oberen Teil eines Blattes auf einem Schreibtisch. Rollen Sie ohne abzurutschen einen runden Gegenstand (einen Blechdeckel, eine Untertasse) entlang dem Metermaß, und verfolgen Sie den Weg eines Punktes auf dem Rand des Gegenstandes. Sie können eindrucksvoll demonstrieren, daß so der schnellste Abfahrtsweg aussieht, indem Sie zwei Schienen aus Sperrholz oder Plastikgardinenschienen basteln, eine mit der Form eines umgekehrten Zykloidenbogens und die andere als Gerade, und in ihnen gleichzeitig zwei Murmeln hinunterrollen lassen.

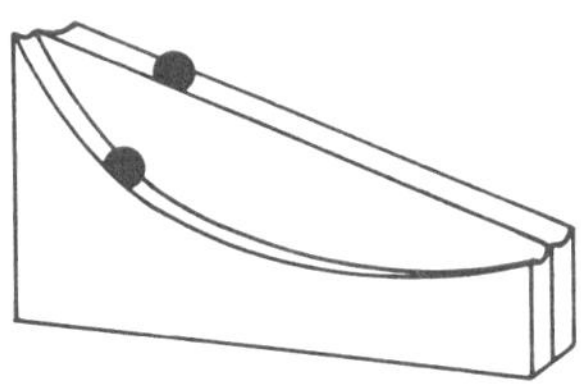

Siehe dazu auch *Machines, Mechanisms and Mathematics* von A. B. Bolt und J. E. Hiscocks oder *Riddles in Mathematics* von E. P. Northrop.

Aufgabe 100

E	A	I	O	I
U	E	U	E	O
O	I	A	O	A
I	U	E	A	I
A	O	U	E	U

Bei dem Entwurf Ihrer eigenen Tabelle beginnen Sie am besten mit einem Quadrat und überlegen, wie es sich in Pentominos unterteilen läßt. Dann füllen Sie es mit Buchstaben oder Motiven aus.

Aufgabe 101

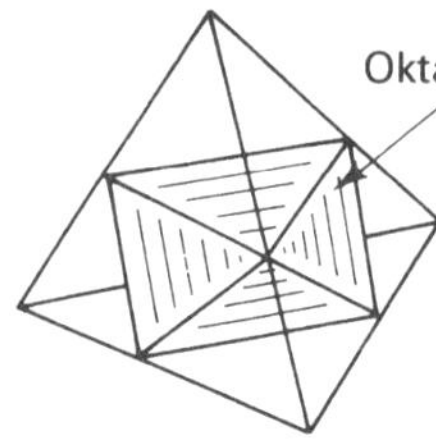

Das größere Tetraeder kann nicht aus kleineren zusammengebaut werden. Wenn Sie von jeder Ecke des großen Tetraeders ein kleineres entfernen, stellt die in der Mitte verbleibende Figur ein Oktaeder mit quadratischem Querschnitt dar, das nicht aus den kleineren Tetraedern gebildet werden kann.

Aufgabe 102

Wenn h der größte gemeinsame Teiler von l und b ist, ergibt sich folgendes Verhältnis

$$d = l + b - h$$

Wenn z. B. $l = 15$ und $b = 10$, dann $h = 5$, und demnach beträgt die Anzahl der von der Diagonalen durchkreuzten Quadrate

$$15 + 10 - 5 = 20$$

Aufgabe 103

Anzahl der Geraden *(n)*	0	1	2	3.	4	5	6	7
Anzahl der Gebiete *(g)*	1	2	4	7	11	16	22	29

Wenn die Tabelle erst einmal vervollständigt wird, läßt sich ersehen, daß die Abstände zwischen den g-Zahlen 1, 2, 3, 4, 5, usw. betragen, daraus läßt sich nicht allzu schwer ableiten, daß für 1) gilt: wenn $n = 10$, dann $g = 56$. Der Wert für g, wenn $n = 100$ (Teil 2)) kann in ähnlicher Weise abgeleitet werden, doch läßt sich der Wert 5051 mit Hilfe der Formel

$$r = 1 + \tfrac{1}{2} n \ (n + 1)$$

leichter berechnen.

Beachten Sie, daß $\frac{1}{2}\, n(n + 1)$ die Summe der Zahlen 1, 2, 3, ..., n ist, was die Formel für g erklärt. Um zu erkennen, woher $\frac{1}{2}\, n\,(n + 1)$ stammt, schreiben Sie

$$S = 1 + 2 + 3 + 4 + \ldots + (n - 1) + n$$

auch in umgekehrter Reihenfolge.

$$S = n + (n - 1) + (n - 2) + \ldots + 1.$$

Demnach ist

$$2S = (n + 1) + (n + 1) + (n + 1) + \ldots (n + 1) \text{ durch Addition}$$
$$= n(n + 1),$$

woraus folgt $S = \frac{1}{2}\, n(n + 1)$

Die Differenzenbildung, mit deren Hilfe Zahlenfolgen fortgesetzt werden können, wird in der nächsten Aufgabe untersucht und kann Ihnen ganz hilfreich sein, wenn Sie die größtmögliche Anzahl an Gebieten (g) herausfinden wollen, in die ein Raum durch Ebenen e unterteilt werden kann.

Anzahl der Ebene *(e)*	0	1	2	3	4
Anzahl der Gebiete *(g)*	1	2	4	8	15

Bei mehr als vier Ebenen ist es schwer, sich vorzustellen, wie es weitergehen könnte, doch die Differenzenbildung legt es nahe.

	1	2	4	8	15 /	26	42
1. Differenz		1	2	4	7 /	11	16
2. Differenz			1	2	3 /	4	5

Aufgabe 104

Die zehnte Zahl wäre 120

1) 2 5 9 15 23 (33)

2 4 6 8 10

2) 3 8 18 33 53 (78)

5 10 15 20 25

3) 2 3 8 17 30 (47)

1 5 9 13 17

4) 4 6 10 18 34 (66)

2 4 8 16 32

Die beiden nächsten Zahlen der ursprünglichen Folge sind 62 und 87,
5) 67 6) 96 7) 238 8) 275

Aufgabe 105

1) 4 8 12 16 20 24 28 32 36 40
2) 1 5 13 25 41 61 85 113 145 181

Die erste dieser Folgen bildet die Differenzen für die zweite Folge.
Die hundertste Zahl der ersten Folge ist 400.
Die hundertste Zahl der zweiten Folge entspricht

$$\begin{aligned}
& 1 + 4 + 8 + 12 + 16 + \ldots + 369 \\
= {} & 1 + 4(1 + 2 + 3 + 4 + \ldots + 99) \\
= {} & 1 + 2(1 + 2 + 3 + \ldots + 97 + 98 + 99 \\
& \quad + 99 + 98 + 97 + \ldots + 3 + 2 + 1) \\
= {} & 1 + 2(100 + 100 + 100 + \ldots + 100 + 100 + 100) \\
= {} & 1 + (2 \cdot 99 \cdot 100) \\
= {} & 19\,801
\end{aligned}$$

Die zehnte Dreieckszahl kann leicht über Differenz-Bildung gefunden werden:

1 3 6 15 21 28 36 45

2 3 4 5 6 7 8 9

Die Summe der ersten zehn ungeraden Zahlen beträgt $10^2 = 100$.
Die Summe der ungeraden Zahlen 1, 3, 5, …, 39 beträgt $20^2 = 400$, da 39 die zwanzigste ungerade Zahl ist.
Die Summe der ungeraden Zahlen zwischen 60 und 100 entspricht der Summe der ungeraden Zahlen von 1 bis 99 minus der Summe der ungeraden Zahlen von 1 bis 59. Da 99 die fünfzigste ungerade Zahl ist und 59 die dreißigste, ist die gesuchte Summe $50^2 - 30^2 = 1600$.

Aufgabe 106

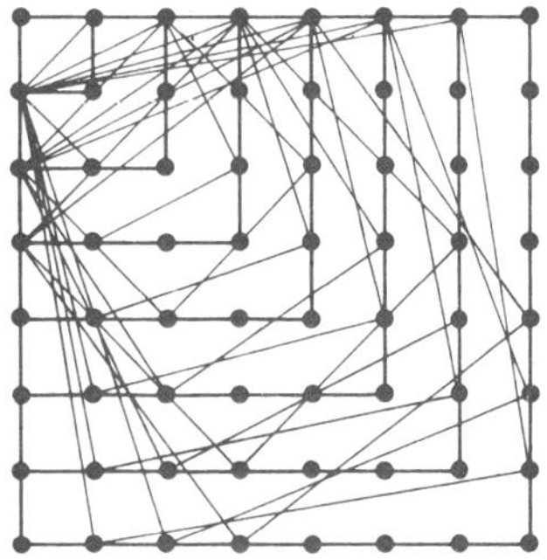

Pinboard Größe	Anzahl der Quadrate
2 x 2	1
3 x 3	3
4 x 4	5
5 x 5	8
6 x 6	11
7 x 7	15
8 x 8	18

Sie mögen gedacht haben, daß die Anzahl verschiedener Quadratgrößen auf einem 8 x 8-Pinboard 19 betragen würde, doch wird in diesem Fall die Tatsache übersehen, daß eines der diagonalen Quadrate auf dem 8 x 8-Brett auf einem 3-4-5-Dreieck beruht. Das Quadrat besitzt demnach eine Seite mit der Länge 5 und gleicht dem Grenz-Quadrat auf einem 6 x 6-Brett. Bis zu dieser Stelle läßt sich somit die Anzahl der Quadrate (N) entsprechend der Anzahl (n) der Nägel entlang einer Kante des Brettes durch

$$N = \frac{1}{8}\left[2n^2 + 4n - 7 - (-1)^n\right]$$

ausdrücken.

Die Flächeninhalte der Quadrate, die auf einem 8 x 8-Brett gebildet werden können, sind

1 2 4 5 8 9 10 13 16 17 18 20 25 26 29 36 37 49

Die Betrachtung der Differenzen zwischen den Zahlen läßt auf kein offensichtliches Schema schließen, das es einem ermöglichen würde, die Zahlenfolge fortzusetzen.

Aufgabe 107

1) Dreieck, Viereck, Fünfeck, Sechseck.
   Einige andere sind: Siebeneck, Achteck, Neuneck, Zehneck.
2) 17 Diagonalen.
3) (a) 2 (b) 5 (c) 9
   Mit n Seiten ist es möglich $\frac{1}{2}n(n-3)$ Diagonalen einzuzeichnen. Die Beweisführung dieser Formel läuft dahingehend, daß sich von jedem Eckpunkt aus $(n-3)$ Diagonalen abtragen lassen. Da es n Eckpunkte gibt, gibt es auch $n(n-3)$ Diagonalen, doch da jede Diagonale doppelt gezählt wird, da sie zwei Eckpunkten entspringt, muß diese Anzahl halbiert werden.
4) (a) 2 (b) 3 (c) 4
   Im allgemeinen können $n-3$ Diagonalen ohne Überschneidungen in ein n-seitiges Vieleck eingezeichnet werden.

Die Abbildungen (a) und (b) zeigen zwei grundsätzlich verschiedene Wege, das Sechseck in Dreiecke zu zerlegen.

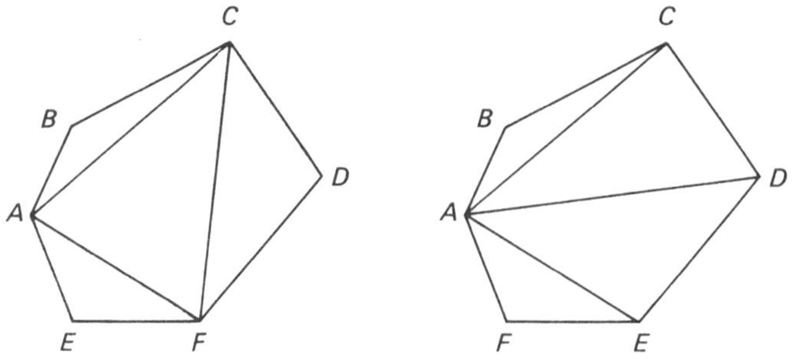

(a) (b)

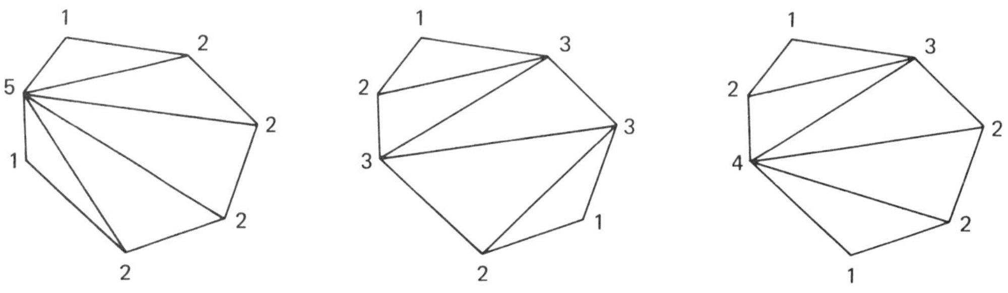

(c) (d) (e)

Den Abbildungen (c), (d) und (e) lassen sich drei weitere Möglichkeiten der Dreiecksbildung in einem Siebeneck entnehmen.

$$1 + 5 + 1 + 2 + 2 + 2 + 2 = 15$$
$$1 + 2 + 3 + 2 + 1 + 3 + 3 = 15$$
$$1 + 2 + 4 + 1 + 2 + 2 + 3 = 15$$

Die Dreiecksbildung in Siebenecken ergibt immer fünf Dreiecke. Jedes Dreieck erscheint in drei Eckpunkten, so daß bei der angewendeten Zählweise alle Dreiecke dreimal gezählt werden. Deshalb auch immer das gleiche Ergebnis von $5 \cdot 3 = 15$.
Je mehr Seiten ein Vieleck besitzt, desto mehr verschiedene Dreiecksbildungen sind möglich. Jedoch konnte der Autor bis jetzt noch keinen Weg finden, um die Anzahl der unterschiedlichen Dreiecksbildungen in einem Vieleck mit vorgegebener Seitenzahl vorhersagen zu können.
Abgesehen von dem Problem der Unkenntnis über die Anzahl der jeweils zu erwartenden Dreiecksbildungen, war einer der Gründe für die Bearbeitung dieser Aufgabe, eine Zahlenfolge zu entwickeln, die den Grundstein für ein Fries bilden würde. Diese Muster wurden erst vor relativ kurzer Zeit entdeckt und sind noch immer wenig bekannt. Wenn Sie erst einmal herausgefunden haben, wie neue Zeilen gebildet werden müssen, ist der Rechenvorgang als solcher sehr einfach, und die Muster sind wirklich interessant.

Aufgabe 108

Lochbrett-Spiele sind sehr zeitintensiv, aber vielleicht werden sie auch unterschätzt, da sie verführerisch leicht aussehen.
Bei "Bocksprung" sind mindestens fünfzehn Schritte vonnöten. Numerieren Sie die Löcher von links nach rechts mit 1 bis 7. Die Lösung mit fünfzehn Zügen sieht dann wie folgt aus, wobei die Zahlen den jeweils freien Löchern entsprechen:

3 5 6 4 2 1 3 5 7 6 4 2 3 5 4

Die Strategie liegt darin, die Anzahl der Sprünge zu maximieren, in dieser Lösung sind es neun.
Bei x schwarzen und y roten Holzpins, die die Plätze tauschen sollen, kann die Lösung mit $xy + x + y$ Schritten erreicht werden, wobei xy der Anzahl der Sprünge entspricht.
Die hier beschriebenen Spiele und viele andere sind in *Mathematical Recreations and Essays* von W. W. Rouse Ball analysiert; lesenswerte Empfehlungen für Solitaire-Problemstellungen sind *Winning Ways* Vol. 2 von Berlekamp, Conway und Guy, sowie *Further Mathematical Diversions* von Martin Gardner.

Aufgabe 109

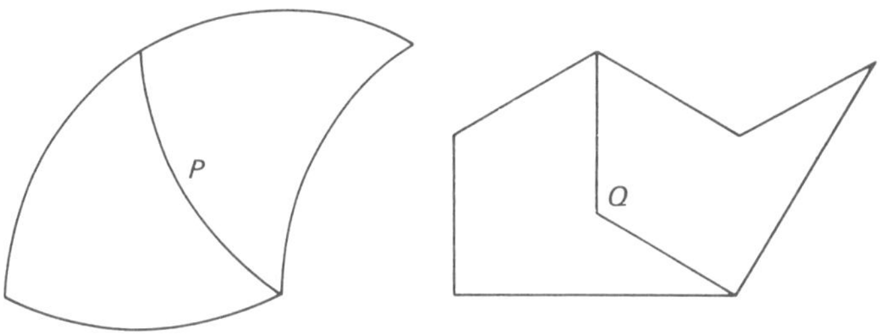

Aufgabe 110

Es werden mindestens drei Farben benötigt, da immer die drei in einer Ecke des Würfels zusammentreffenden Seiten verschiedenfarbig sein sollen. Wenn also gegenüberliegende Seiten die gleichen Farben aufweisen, dann sind keine aneinanderstoßenden Seiten gleich.
Bei vier verfügbaren Farben A, B, C und D gibt es vier Möglichkeiten, jeweils drei zu kombinieren, nämlich ABC, ABD, ACD und BCD; bei jeder Farbzusammenstellung läßt sich der Würfel immer nur in einer Weise färben. Alle weiteren Kombinationen resultieren dann aus der gleichzeitigen Benutzung aller vier Farben. Es ist nicht einfach, ohne ein Würfelmodell alle Möglichkeiten herauszusortieren, doch bevor Sie beginnen, sollten Sie bedenken, daß nicht drei Seiten mit der gleichen Farbe bemalt werden können, ohne daß zwei aneinandergrenzende Seiten gleich sind.

Wenn also sechs Seiten mit allen vier Farben gefärbt werden sollen, zwei Farben zweimal und die anderen beiden je einmal benutzt werden. Hierbei gibt es sechs Lösungen, die durch die hier gezeigten Netze dargestellt sind.

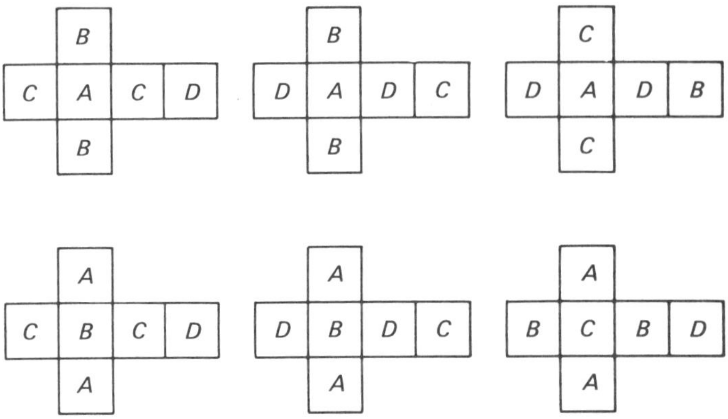

Die zwei Farben, die nur einmal benutzt werden, müssen sich auf gegenüberliegenden Seiten befinden.
Diese sechs Lösungen und die vorherigen vier für die Benutzung von jeweils nur drei Farben ergeben insgesamt zehn verschiedene Möglichkeiten, den Würfel zu färben.

Aufgabe 111

Die Zahlenfolge legt 32 als Lösung nahe. Tatsächlich lautet die Antwort aber 31. Dies ist ein gutes Beispiel, um zu zeigen, daß man nicht mit Sicherheit die nächste Zahl einer Folge vorhersagen kann, es sei denn, man hat noch mehr Hinweise.
Für diejenigen, die sich in der Kombinatorik auskennen, sei gesagt, daß die Zahl der Teile, die durch n Punkte gebildet werden können, sich ausdrücken läßt durch

$$\binom{n}{4} + \binom{n}{2} + 1$$

Aufgabe 112

Dies ist eine gute Übung für die Benutzung eines Taschenrechners. Eine Methode ist es, eine Tabelle zu erstellen mit

$$n \quad n^2 \quad n^2 - 1 \quad \tfrac{1}{2}\,(n^2 - 1)$$

wobei eine Lösung gefunden ist, wenn eine Zahl aus der $n^2 - 1$ Spalte auch irgendwo in der $\frac{1}{2}\,(n^2 - 1)$ Spalte auftritt.
Die Lösung dieser Aufgabe lautet 840, da

$$840 + 1 = 841 = 29^2$$

und $(840 \cdot 2) + 1 = 1681 = 41^2$

Aufgabe 113

Wie auch schon bei der vorherigen Aufgabe, brauchen Sie eine Tabelle mit Quadratzahlen. Das Problem liegt darin, ganzzahlige Lösungen zu finden für

$$a^2 + b^2 = c^2 + d^2$$

Die erste Lösung lautet

$$6^2 + 7^2 = 2^2 + 9^2 = 85$$

Andere mögliche Lösungen sind

$$8^2 + 11^2 = 4^2 + 13^2 = 185$$

$$15^2 + 20^2 = 7^2 + 24^2 = 625$$

Aufgabe 114

Dieses Problem läßt sich am schnellsten durch "trial and error" lösen.

Bei 1, 2, 3, 4, 5, 6, sind die vier Möglichkeiten:

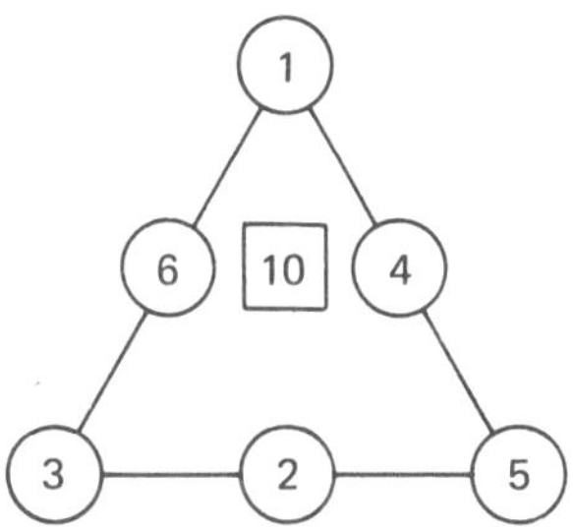

und

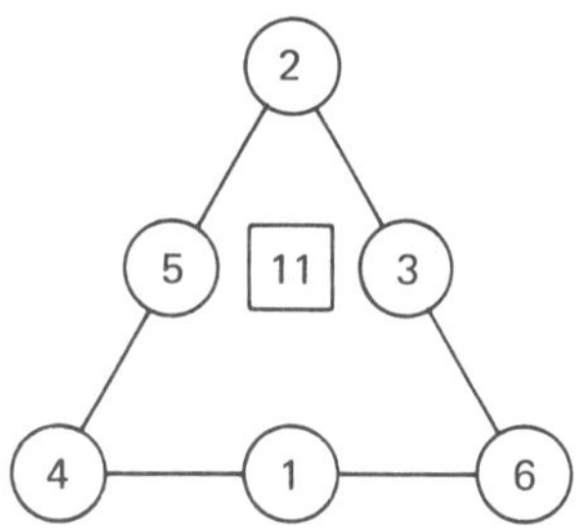

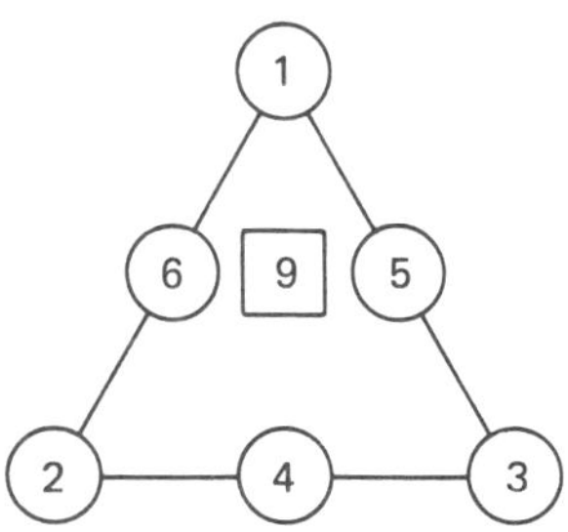

und

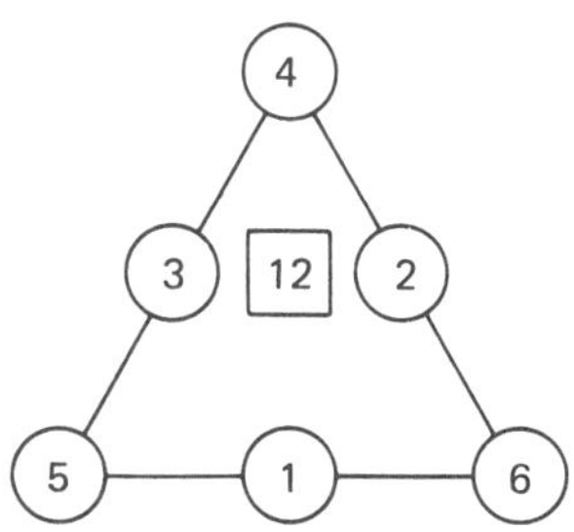

Beachten Sie, wie die Lösungen paarweise auftreten, wobei die Zahlen an den Ecken der Dreiecke mit den Zahlen in der Mitte der gegenüberliegenden Seite die Plätze tauschen.

Bei 1, 2, 3, 5, 6, 7 sind die Lösungen:

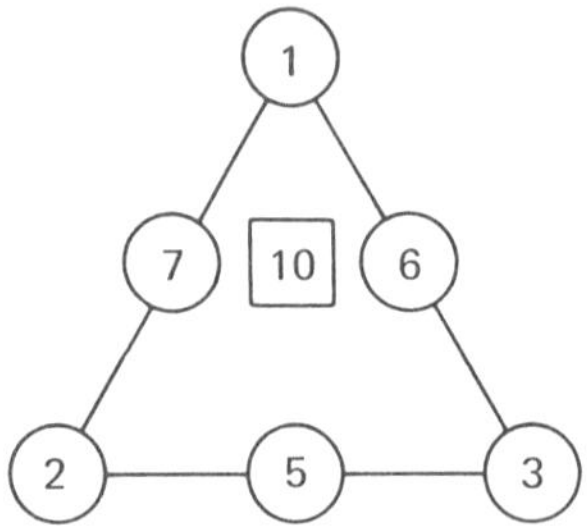

und

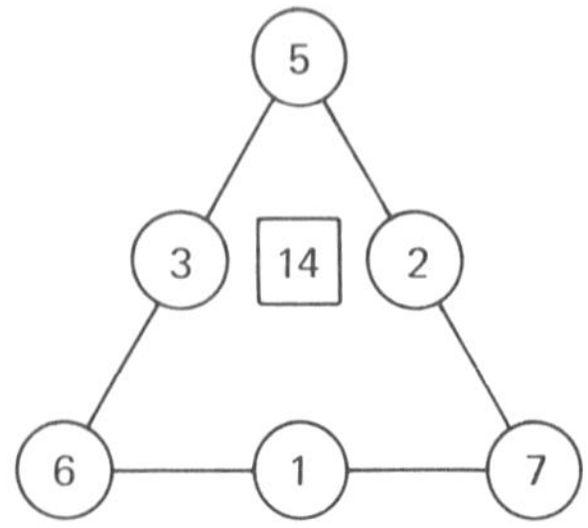

die mit den letzten beiden oberen eng verwandt sind. Inwiefern?
Bei 1, 2, 3, 4, 6, 7 sind die Lösungen:

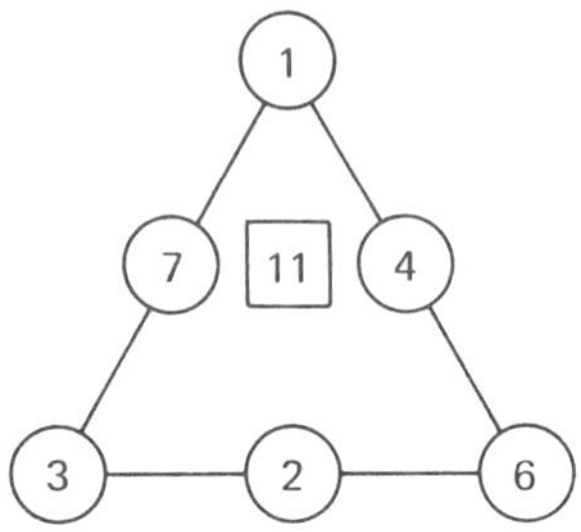

und

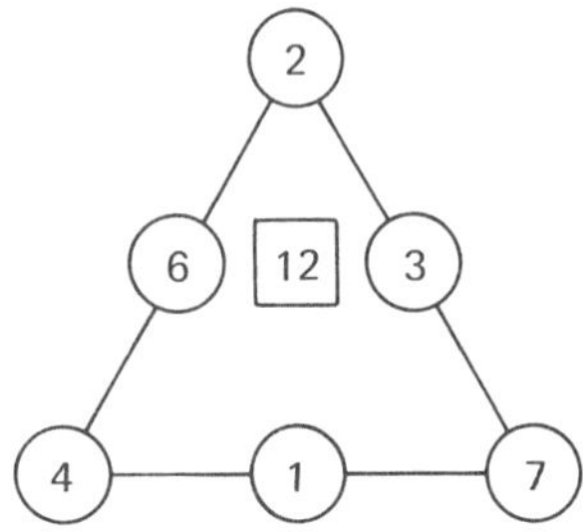

Aufgabe 115

1 Wenn *d* die Ziffer darstellt, lautet die Antwort *ddd ddd ddd*. Das resultiert daraus, daß
$12345679 = 111\,111\,111 : 9$.

2 Wenn *d* die Ziffer darstellt, lautet die Antwort *ddd ddd*. In diesem Fall ist
$15873 = 111\,111 : 7$.

3 $143 \cdot 7 = 1001$, demnach ist $143 \cdot d \cdot 7 = 1001 \cdot d = d00d$.

4 Es gibt wahrscheinlich verschiedene logische Erklärungen für jedes von ihnen:

1) $1234 = 1111 + 111 + 11 + 1 + 0$

$$(1111 \cdot 9) + 1 = 10000$$
$$(111 \cdot 9) + 1 = 1000$$
$$(11 \cdot 9) + 1 = 100$$
$$(1 \cdot 9) + 1 = 10$$
$$(0 \cdot 9) + 1 = 1$$

$$(1234 \cdot 9) + 5 = 11111$$

Dieses Beispiel zeigt wie das Muster entsteht.

2) $$66 \cdot 67 = 2 \cdot 3 \cdot 11 \cdot 67 = 22 \cdot 201 = 4422$$

$$666 \cdot 667 = 2 \cdot 3 \cdot 111 \cdot 667 = 222 \cdot 2001 = 444222$$

und so weiter.

Aufgabe 116

Es ist überraschend, daß, egal mit welchen vier Zahlen Sie beginnen, das Ergebnis immer 6174 lautet.

1) 7432	2) 8550	3) 9972	4) 7731
– 2347	– 558	– 2799	– 1377
5085	7992	7173	6354

5) 6543	6) 8730	7) 8532	8) 7641
– 3456	– 378	– 2358	– 1467
3087	8352	6174	6174

Der Autor fand Ketten, die aus acht Schritten bestanden, bevor die Zahl 6174 erschien, doch wäre er daran interessiert, von jemandem zu hören, der eine längere Kette entdeckt.
Es empfiehlt sich, die Ergebnisse der jeweiligen Subtraktionsschritte zu notieren, da man bei einer langen Kette leicht den Ausgangspunkt vergessen hat, bis endlich 6174 herauskommt.
Versuchen Sie einmal ein ähnliches Verfahren mit fünf Ziffern oder längeren Zahlen.

Aufgabe 117

Ordnen Sie die Ziffern in abnehmender Reihenfolge:

9 7 5 4 3 2

Nun brauchen Sie für die größte Summe nur noch die ersten beiden Ziffern an die Stelle der Hunderter, die nächsten zwei an die Stelle der Zehner und die letzten zwei Ziffern an die Stelle der Einer zu setzen. Dieses Vorgehen erlaubt vier mögliche Kombinationen:

953	943	952	942
+ 742	+ 752	+ 743	+ 753
1695	1695	1695	1695

Das größte Produkt dagegen läßt sich erzielen, indem man von den vier hier gezeigten Zahlenpaaren das auswählt, dessen Zahlen am dichtesten beieinander liegen, in dem Fall

$942 \cdot 753 = 709326$

Um dies zu verstehen stellt man sich die vier oberen Kombinationen als Seiten eines Rechteckes vor.
Da jeweils die Summen der Kombinationen identisch sind, müssen die Rechtecke alle den gleichen Umfang besitzen. Die Produkte der Zahlen entsprechen dann den Flächeninhalten der Rechtecke. Bei Rechtecken mit gleichem Umfang besitzt diejenige Figur den größten Flächeninhalt, die einem Quadrat am nächsten kommt.

Aufgabe 118

Eine Methode ist es, einfach verschiedene Stammbrüche zu addieren oder zu subtrahieren und dann das Ergebnis zu betrachten. Wie auch immer, um sinnvolle Fortschritte zu erreichen, müssen bestimmte Muster erkannt werden.

$\frac{1}{3} - \frac{1}{4} = \frac{1}{12}$ ist ein spezieller Fall von $\frac{1}{n} - \frac{1}{n+1} = \frac{1}{n(n+1)}$

dem entspricht $\quad \frac{1}{3} = \frac{1}{4} + \frac{1}{12}$

und daher $\quad \frac{2}{3} = \frac{1}{2} + \frac{1}{6}$

Diese Methode kann auf alle Brüche der Form $\frac{2}{n}$ angewendet werden.
$\frac{3}{4}$ hätte auch als $\frac{1}{2} + \frac{1}{4}$ oder $1 - \frac{1}{4}$ ausgedrückt werden können. Doch erläutert das folgende Beispiel ein interessantes Muster:

$$\frac{3}{4} = \frac{1}{4} + \frac{1}{5} + \frac{1}{6} + \frac{1}{4 \cdot 5} + \frac{1}{5 \cdot 6} + \frac{1}{4 \cdot 5 \cdot 6}$$

Dies ergibt sich aus

$$(1 + \tfrac{1}{4})\,(1 + \tfrac{1}{5})\,(1 + \tfrac{1}{6}) = \tfrac{5}{4} \cdot \tfrac{6}{5} \cdot \tfrac{7}{6} = \tfrac{7}{4} = 1 + \tfrac{3}{4}\,.$$

Ähnlich ist auch

$$\frac{3}{5} = \frac{1}{5} + \frac{1}{6} + \frac{1}{7} + \frac{1}{5 \cdot 6} + \frac{1}{5 \cdot 7} + \frac{1}{6 \cdot 7} + \frac{1}{5 \cdot 6 \cdot 7}$$

oder

$$\tfrac{3}{5} = 1 - \tfrac{2}{5} = 1 - \tfrac{1}{5} - \tfrac{1}{6} - \tfrac{1}{30}\,.$$

Aufgabe 119

Es ist wirklich lohnend, sich für diese Aufgabe etwas Zeit zu nehmen. Als Schulaufgabe ist es interessant, die Ergebnisse an die Tafel zu schreiben und die Schüler zu ermuntern, über einen Zeitraum von z. B. einer Woche nach anderen Lösungsmöglichkeiten zu suchen. Von Person zu Person werden unterschiedliche Zahlen als schwierig auszudrücken empfunden, aber es gibt auch ein oder zwei wirklich schwere. Freuen Sie sich, wenn sie 95 oder mehr korrekte herausgefunden haben!

$$71 = \frac{4! + 4.4}{\cdot 4} \qquad 73 = \frac{\sqrt[\cdot 4]{4} + \cdot\overline{4}}{\cdot\overline{4}} \qquad (\text{NB} \quad \sqrt[\cdot 4]{4} = 4^{\frac{5}{2}} = 2^5 = 32\,)$$

$$85 = \frac{4!}{\cdot\overline{4} \cdot \sqrt{\cdot\overline{4}}} + 4 \qquad 89 = \frac{4! + \sqrt{4}}{\cdot 4} + 4\,!$$

Aufgabe 120

ZIEgELEI
Ein Rechner schreibt nie mehr als eine ZEILE.
ELSE ging in EILE zum nachbarlichen Bauernhof, mit dem ZIEL, den ESEL zu besuchen, fand aber zu ihrer Enttäuschung nur die ZIEgE.
BILL kauft in EILE eine hELLE leichte hOSE. Zu Hause im SESSEL ist er BOESE über diese ESELEI, denn ihm ist ihr gELB nun doch zu grell, und außerdem zwickt und zwackt sie wie die hOELLE.

Ziffer	0	1	2	3	4	5	6	7	8	9
Buchstabe	O	I	Z	E	h	S	g	L	B	b

Aufgabe 121

Da einem der Rechner die arithmetische Arbeit abnimmt, werden Untersuchungen wie diese hier verhältnismäßig einfach.

1) $237 \cdot 238$. Berechnen Sie erst $\sqrt{(56406)}$.
2) Mit "trial and error" sollten Sie bald herausfinden, daß
   $69 \cdot 71 \cdot 73 = 357406$
3) $26^2 + 27^2 = 1405$
4) Ziel ist es hier, verschiedene Zahlen auszuprobieren und dabei eine schrittweise Annäherung an die tatsächliche Länge zu erreichen.
   $5 \cdot 5 \cdot 5 = 125$ und $6 \cdot 6 \cdot 6 = 216$.
   Demnach muß die gesuchte Länge zwischen 5 und 6 liegen, aber näher an 6.

   Probieren Sie

5,9	$: 5{,}9 \cdot 5{,}9 \cdot 5{,}9$	$= 205{,}379$
5,8	$: 5{,}8 \cdot 5{,}8 \cdot 5{,}8$	$= 195{,}112$
5,85	$: 5{,}85 \cdot 5{,}85 \cdot 5{,}85$	$= 200{,}20162$
5,845	$: 5{,}845^3$	$= 199{,}68872$
5,848	$: 5{,}848^3$	$= 199{,}99636$
5,8481	$: 5{,}8481^3$	$= 200{,}00661$
5,84804	$: 5{,}84804^3$	$= 200{,}00045$
5,848035	$: 5{,}848035^3$	$= 199{,}99994$

Bei vielen Rechnern ist

$$5{,}8480355^3 = 200$$

Das ist nicht unbedingt die *exakte* Antwort, obwohl sie innerhalb der Rechengenauigkeit als solche gilt.

Aufgabe 122

	1 Z		2 S	O		3 E	4 L		
5 H	O	S	E		6 E	G	7 O	L	
	B		S		I	O	G	E	
8 Z	E	I	S	9 I	G		10 E	G	11 O
	12 L	I	E	B	E		13 L	O	B
14 E			15 L	I	L	I	E		O
16 S	O	G		17 S	B		18 I	S	E

Aufgabe 123

Diese Tüftelei ist besonders in einer Gruppe von Leuten interessant zu spielen, wenn jeder bemüht ist, die profitabelste Route herauszufinden. Die Idee dazu stammt von einem Artikel in der *Mathematical Gazette* Nr. 418 und wurde weiter beeinflußt durch einen Werbetrick eines australischen Reinigungsmittelfabrikanten. Es hat sich gezeigt, daß es in einer Konkurrenzsituation besonders motiviert, aber bis jetzt hat noch niemand die beste Lösung ohne die Hilfe eines Rechners gefunden. Das liegt wahrscheinlich daran, daß die beste Route,

28 74 45 83 57 72 52 73 41 70 44 81 56

die einen Profit von 776 Millionen Dollar abwirft, keines der elf Quadrate berührt, die einen Gewinn von über 83 Millionen Dollar versprechen.
Indem man diese Zahlenaufstellung benutzt, ist es leicht, ähnliche und doch verschiedene Aufgaben zu erstellen. Zum Beispiel, welches ist der kürzeste Weg, der alle Quadrate mit einem Gewinnversprechen von mindestens 80 Millionen Dollar aufsucht?

Aufgabe 124

Die Antwort lautet immer 1089, es sei denn bei der Ausgangszahl entsprechen sich die Hunderter- und die Einer-Ziffer, wie beispielsweise 525, da in einem solchen Fall die erste Subtraktion mit Null endet.

Aufgabe 125

Alle möglichen Lösungen basieren auf der Tatsache, daß $1 + 6 = 2 + 5 = 3 + 4 = 7$. Das Quadratpaar an den Schnittpunkten zweier Kreise muß immer ein Zahlenpaar enthalten, das sich zu 7 addieren läßt. Die magische Zahl eines jeden Kreises ist demnach 14.

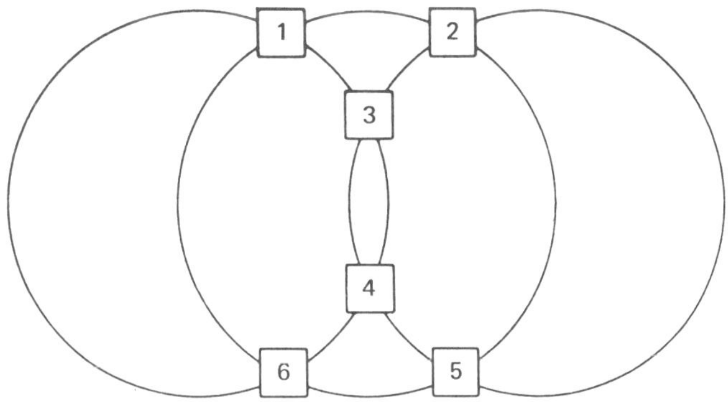

Um eine andere Kombination aus sechs Zahlen für den Aufbau magischer Kreise zu finden, gehen Sie von einer Zahl N aus und suchen drei Zahlenpaare (a,b), (c,d), (e,f), deren Summe jeweils N ergibt. Wenn, beispielsweise, $N = 15$, dann könnten die drei Zahlenpaare folgendermaßen lauten:

$$(5, 10) \quad (7, 8) \quad (2, 13)$$

Eine Lösung wäre dann:

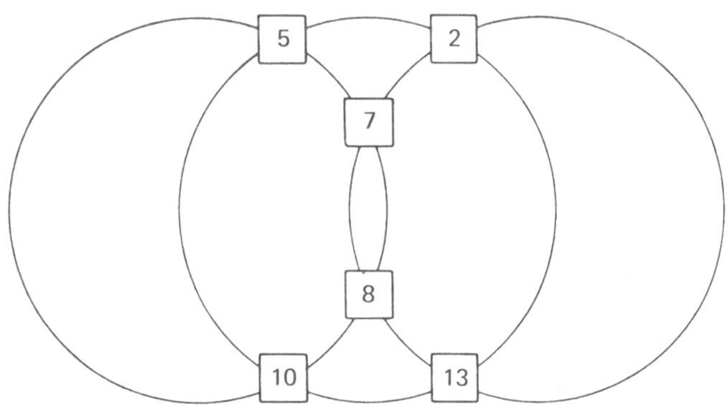

Die magische Zahl ist $2N = 30$.

Die Lösung der Aufgabe mit vier Kreisen beruht auf der Tatsache, daß
$1 + 12 = 2 + 11 = 3 + 10 = 4 + 9 = 5 + 8 = 6 + 7 = 13$ ist.

Jedes Kreispaar schneidet sich in nur zwei Punkten. Demnach müssen Sie an die zwei Punkte ein Zahlenpaar setzen, das sich zu 13 addiert. So ist es leicht, eine Lösung zu finden. Eine ist hier dargestellt.

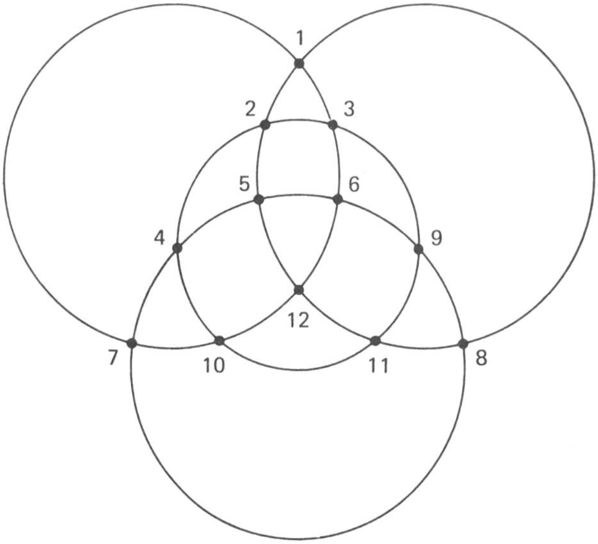

1 + 2 + 5 + 12 + 11 + 8 = 39
2 + 3 + 9 + 11 + 10 + 4 = 39
1 + 3 + 6 + 12 + 10 + 7 = 39
7 + 4 + 5 + 6 + 9 + 8 = 39

Aufgabe 126

In der unteren Kante sind alle Zahlen eingetragen und ergeben zusammen 23. Die Zahl in der Mitte kann nun als 23 – 15 – 2 = 6 herausgefunden werden, und die restlichen Zahlen folgen unmittelbar.

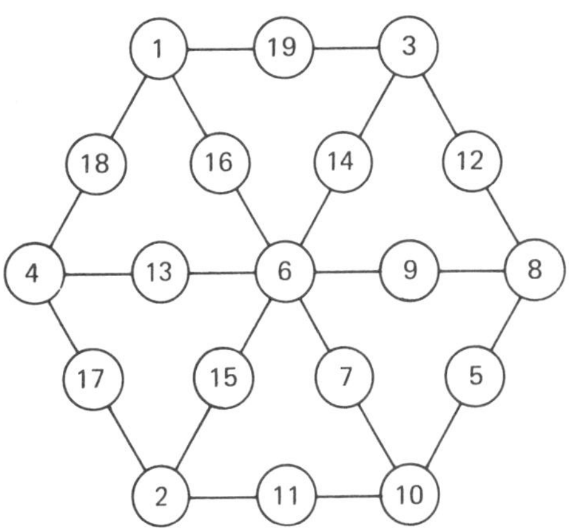

Magische Zahl 23

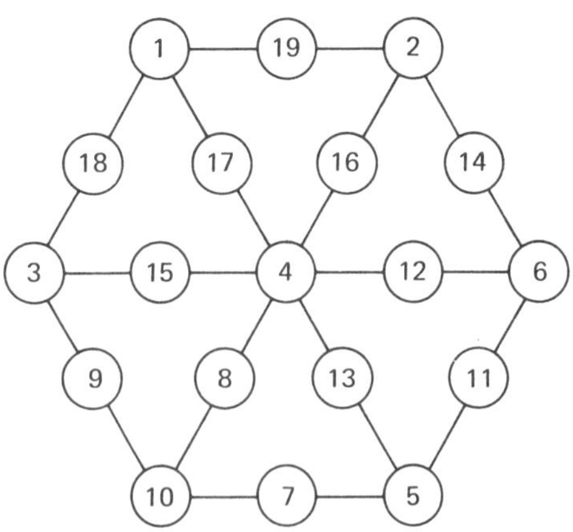

Magische Zahl 22

Aufgabe 127

Hier sind vier Lösungen.

$$123 - 4 - 5 - 6 - 7 + 8 - 9 = 100$$
$$123 - 45 - 67 + 89 = 100$$
$$(1 \cdot (2 + 3) \cdot 4 \cdot 5) + 6 - 7 - 8 + 9 = 100$$
$$(1 \cdot 2 \cdot 3) - (4 \cdot 5) + (6 \cdot 7) + (8 \cdot 9) = 100$$

Aufgabe 128

Weil man in der Vergangenheit ohne Rechner arbeitete, wurden längere Divisionen in der Regel oft nur mit 4 wesentlichen Dezimalen durchgeführt, und nur bei Zahlen wie 3 und 11 mit kurzer Periodenlänge, war man sich der Existenz einer wiederkehrenden Zahlenfolge bewußt. Die Tatsache, daß alle Divisionsaufgaben, wenn sie lang genug durchgeführt werden, zu einer Periode führen, wurde zur Überraschung.

1 Bei Divisionen durch 7 zeigt sich die Periode immer als eine sich wiederholende Zahlenfolge aus sechs Ziffern.

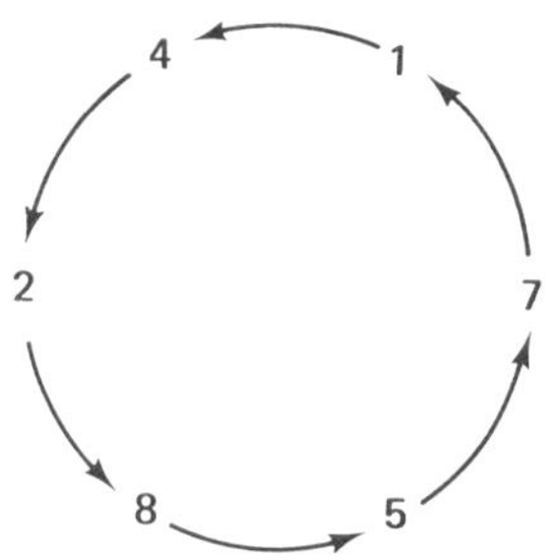

$$\frac{8}{7} = 1\,\frac{1}{7} = 1{,}142857$$

$$\frac{9}{7} = 1\,\frac{2}{7} = 1{,}285714$$

$$\frac{16}{7} = 2\,\frac{2}{7} = 2{,}285714$$

$$\frac{1}{7} = 0{,}142857\;142857\ldots$$

Divisionen durch Zahlen wie 64 oder 320 gehen immer auf. Dies wird am besten mit einem Beispiel verdeutlicht.

$$\frac{73}{64} = \frac{73}{2^6} = \frac{73 \cdot 5^6}{2^6 \cdot 5^6} = \frac{1140625}{1000000} = 1{,}140625$$

Läßt sich die Zahl nicht als Potenz von 2 und 5 schreiben, so kann sie nicht als Zehnerpotenz ausgedrückt werden.
Wenn durch eine Zahl wie beispielsweise 31 dividiert wird, gibt es 30 mögliche Reste, nämlich 1, 2, …, 30, die alle auftauchen können, bevor sich eine wiederholt. Die Untersuchung von Perioden im Quotienten ist somit eigentlich eine Untersuchung der Restefolgen.

2 Bei Divisionen durch 17 ist die Ziffernfolge

2 9 4 1 1 7 6 4 7 0 5 8 8 2 3 5

$$\frac{5}{17} = 0{,}29411764705882352941\ldots$$

$$\frac{6}{17} = 0{,}35294117647058823529\ldots$$

$$\frac{7}{17} = 0{,}41176470588235294117\ldots$$

3 Bei Divisionen durch 19 ist die Ziffernfolge

3 6 8 4 2 1 0 5 2 6 3 1 5 7 8 9 4 7

4 Divisionen durch 11 führen immer zu einer Folge aus zwei Ziffern, die so aussehen kann:

09	18	27	36	45
90	81	72	63	54

5 Divisionen durch 13 führen zu einer der zwei Sechs-Ziffern-Folgen

0 7 6 9 2 3 oder 1 5 3 8 4 6

Aufgabe 129

29 und 31 sind die einzigen Primzahlen zwischen 23 und 37.
127 ist die nächste Primzahl nach 113.
Zwischen 190 und 200 liegen vier Primzahlen, nämlich 191, 193, 197 und 199.

1
$28 = 5 + 23 = 11 + 17$
$50 = 13 + 37 = 3 + 47$
$100 = 3 + 97 = 29 + 71$
$246 = 7 + 239 = 23 + 223$

Die Darstellung ist natürlich nicht eindeutig.

2
$5 - 3 = 2$
$11 - 7 = 4$
$29 - 23 = 6$
$97 - 89 = 8$
$149 - 139 = 10$
$211 - 199 = 12$
$127 - 113 = 14$

3 Hier sind die ersten zehn ungeraden Zahlen.

$3 = 2 + 2^0$
$5 = 3 + 2^1$
$7 = 3 + 2^2 = 5 + 2^1$
$9 = 5 + 2^2 = 7 + 2^1$
$11 = 3 + 2^3 = 7 + 2^2$
$13 = 5 + 2^3 = 11 + 2^1$
$15 = 7 + 2^3 = 11 + 2^2 = 13 + 2^1$
$17 = 13 + 2^2$
$19 = 3 + 2^4 = 11 + 2^3 = 17 + 2^1$
$21 = 5 + 2^4 = 13 + 2^3 = 17 + 2^2 = 19 + 2^1$

4 179, 181; 191, 193; 197, 199

5 2) Schreiben Sie die Zahlen folgendermaßen in sechs Spalten.

1	2	3	4	5	6
7	8	9	10	11	12
13	14	15	16	17	18
19	20	21	22	23	24
.	.	.	.	.	.
.	.	.	.	.	.

Die Zahlen in der zweiten, vierten und sechsten Spalte sind alle gerade und können daher außer der 2 nicht prim sein. In der dritten Spalte stehen die Vielfachen von 3, so daß sie außer der 3 nicht prim sind. Demnach verbleiben nur die erste und die fünfte Spalte, in denen die Zahlen alle $6n + 1$ und $6n - 1$ entsprechen.

3) z.B. $5 = 2^2 + 1^2$
$13 = 3^2 + 2^2$
$17 = 4^2 + 1^2$

Für diese und die nächste Aufgabe mag es vorteilhaft sein, eine Tabelle mit Primzahlen zu erstellen. Ein geschickter Weg dorthin ist eine Methode, die Eratosthenes, einem frühen griechischen Mathematiker, zugeschrieben wird. Notieren Sie sich in einer handlichen Anordnung alle Zahlen, die Sie berücksichtigen wollen, sagen wir von 1 bis 50.

1	2	3	~~4~~	5	~~6~~	7	~~8~~	~~9~~	~~10~~
11	~~12~~	13	~~14~~	~~15~~	~~16~~	17	~~18~~	19	~~20~~
~~21~~	~~22~~	23	~~24~~	~~25~~	~~26~~	~~27~~	~~28~~	29	~~30~~
31	~~32~~	~~33~~	~~34~~	~~35~~	~~36~~	37	~~38~~	~~39~~	~~40~~
41	~~42~~	43	~~44~~	~~45~~	~~46~~	47	~~48~~	~~49~~	~~50~~

Nun streichen Sie jede zweite Zahl hinter der 2 durch. Es bleiben dann alle ungeraden Zahlen und die 2 übrig. Gehen Sie zur ersten Zahl nach der 2, die nicht durchgestrichen ist, 3. Dann streichen Sie jede dritte Zahl nach der 3, wie 6, 9, 12, etc, durch. Gehen Sie weiter zur nächsten Zahl hinter der 3, die nicht durchgestrichen ist, 5, und streichen Sie jede fünfte Zahl nach der 5 durch. Dann streichen Sie jede siebte Zahl nach der 7 durch, usw. Die übrigbleibenden Zahlen sind Primzahlen.
Als weitere Lektüre über Primzahlen empfehlen wir die folgenden Bücher: *What is Mathematics* von R. Courant und H. Robbins und *Recreations in the Theory of Numbers* von A. H. Beiler.

Aufgabe 130

1 Sie bricht erst mit dem Term $121 = 11^2$ ab.

2 Die Formel gilt nicht mehr, wenn $n = 40, 41, 44, 49, 56, 65, 76$.
Für $n = 40$, $n^2 + n + 41 = 40^2 + 40 + 41 = 40\,(40 + 1) + 41$

$$= 40\,(41) + 41$$
$$= \underline{41^2}$$

3 Für $n = 80$, $n^2 - 79n + 1601 = 80^2 - (79 \cdot 80) + 1601$

$$= 80\,(80 - 79) + 1601$$
$$= 1681$$
$$= \underline{41^2}$$

Die beiden quadratischen Gleichungen sind sehr eng miteinander verbunden. Ersetzt man in $n^2 + n + 41$ das n durch $n - 40$, ergibt sich $n^2 - 79n + 1681$.

4 $n = 29$, $2 \cdot 29^2 + 29 = 29\,(58 + 1) = 29 \cdot 59$

5 Die ersten fünf Fermat-Zahlen sind 3, 5, 17, 257 und 65537.

Aufgabe 131

Palindromische Zahlen

Die kleinste palindromische Primzahl ist 11, und die kleinste palindromische Quadratzahl lautet 121. Es gibt nur noch zwei weitere palindromische Quadratzahlen, die kleiner sind als 1000:

$484 = 22^2$ und $676 = 26^2$

Die palindromischen Primzahlen zwischen 100 und 200 sind

101 131 151 181 191.

Jede palindromische Zahl
- zwischen 400 und 500 muß mit 4 enden und wäre demnach eine gerade Zahl;
- zwischen 500 und 600 muß eine 5 am Ende haben und demnach 5 als Teiler besitzen;
- zwischen 600 und 700 muß mit 6 enden und wäre demnach gerade. Es gibt tatsächlich keine palindromischen Primzahlen zwischen 383 und 727.

Vollkommene Zahlen

1) 1 2 3 4 5 7 8 9 10 11 13
14 15 16 17 19 21 22 23 25
26 27 29
12 18 20 24
vollkommene Zahlen: 6 28

2) Ist $n = 5$, dann ergibt sich $2^5 - 1 = 31$ demnach ist $16 \cdot 31 = 496$ vollkommen.
$496 = 1 + 2 + 4 + 8 + 16 + 31 + 62 + 124 + 248$
Ist $n = 7$, dann ergibt sich $2^7 - 1 = 127$, eine Primzahl, und demnach ist $64 \cdot 127 = 8128$ vollkommen.

Aufgabe 132

1 $x^2 - y^2 = (x + y)(x - y)$
In diesem Fall ist $x - y = 1$ und demnach $x^2 - y^2 = x + y$.

2 Wenn die zu quadrierende Zahl n ist, dann sind die beiden anderen miteinander zu multiplizierenden Zahlen $n - 1$ und $n + 1$.
Da $(n - 1)(n + 1) = n^2 - 1$, ist das Produkt immer um 1 kleiner als n^2.

3 Die Potenzen von 3 wiederholen in den letzten Ziffern 3, 9, 7, 1 periodisch.
Potenzen von 2 enden auf 2, 4, 8, 6.
Potenzen von 4 enden auf 4, 6.
Potenzen von 5 bzw. 6 enden gerade auf 5 und 6.
Potenzen von 7 enden auf 7, 9, 3, 1.
Potenzen von 8 enden auf 8, 4, 2, 6.
Potenzen von 9 enden periodisch auf 9, 1.
Beachten Sie die enge Verbindung zwischen den Mustern von 3 und 7, sowie denen von 2 und 8.

4 Die $n$te Zeile besteht aus n aufeinanderfolgenden ungeraden Zahlen, endet mit der $\frac{1}{2} n (n + 1)$ten ungeraden Zahl, und ihre Summe entspricht n^3.

5 Die Summe der 3. Potenzen der ersten n Zahlen entspricht dem Quadrat der Summe der ersten n Zahlen. Beispielsweise

$$1^3 + 2^3 + 3^3 + 4^3 = (1 + 2 + 3 + 4)^2$$

Aufgabe 133

Die wichtigsten Zahlentripel kleiner als 50 sind

3	4	5	
5	12	13	
7	24	25	
8	15	17	
9	40	41	
12	35	37	Die beiden letzten ergeben einen
20	21	29	Dreiecksflächeninhalt von 210.

Es gibt noch weitere Tripel als Vielfache der oberen, wie

6 8 10 oder 15 36 39 oder 16 30 34

Aufgrund der Gleichheit von

$(m^2 - n^2)^2 + (2mn)^2 = (m^2 + n^2)^2$

können neue pythagoreische Zahlen leicht gefunden werden, indem man m und n ganze Zahlenwerte zuordnet und dann die Zahlen berechnet

$m^2 - n^2 \quad 2mn \quad m^2 + n^2$

Einige dreidimensionale Beispiele sind

2	3	6	7
1	4	8	9
3	16	24	29

Aufgabe 134

Diese Spiele haben sich als sehr anregend gezeigt und führen zu kreativem mathematischen Denken. Sie können ebensogut von einem Lehrer mit einer Klasse wie auch in einer kleinen Gruppe gespielt werden.

Aufgabe 135

$138 \cdot 42 = 5796$	$198 \cdot 27 = 5346$
$483 \cdot 12 = 5796$	$297 \cdot 18 = 5346$
$186 \cdot 39 = 7254$	$1738 \cdot 4 = 6952$
$157 \cdot 28 = 4396$	$1963 \cdot 4 = 7852$

Ebenso $51249876 \cdot 3 = 153749628$
und $32547891 \cdot 6 = 195287346$

Eine gute Lektüre-Empfehlung zu diesen Problemen mit vielen faszinierenden Zahlenverhältnissen ist *Recreations in the Theory of Numbers* von A. H. Beiler.

Aufgabe 136

$$1^2 + 5^2 + 6^2 = 2^2 + 3^2 + 7^2$$
$$2^2 + 4^2 + 9^2 = 1^2 + 6^2 + 8^2$$
$$3^2 + 7^2 + 8^2 = 4^2 + 5^2 + 9^2$$

Beachten Sie in jedem dieser Fälle die zusätzliche Eigenschaft, daß die Gleichung, auch wenn nicht quadriert würde, korrekt wäre, z. B.

$$1 + 5 + 6 = 2 + 3 + 7$$

Aufgabe 137

Die magische Zahl ist jedesmal 40.

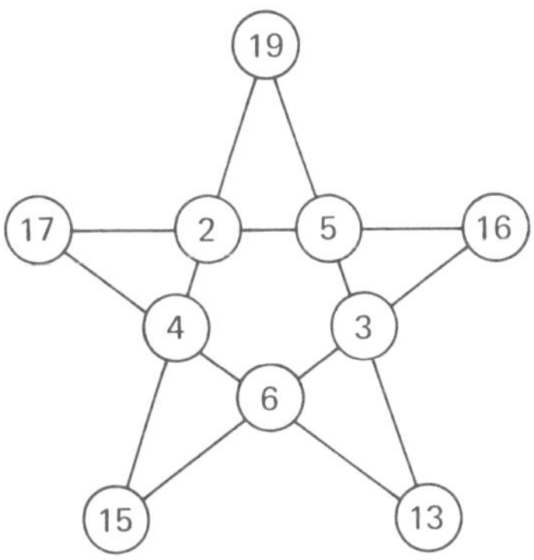

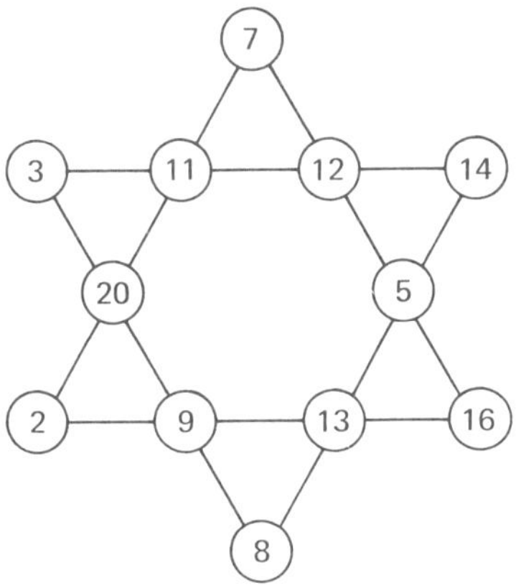

"Trial and error" mag hier weiterhelfen, aber auch die Anwendung linearer Gleichungssysteme.

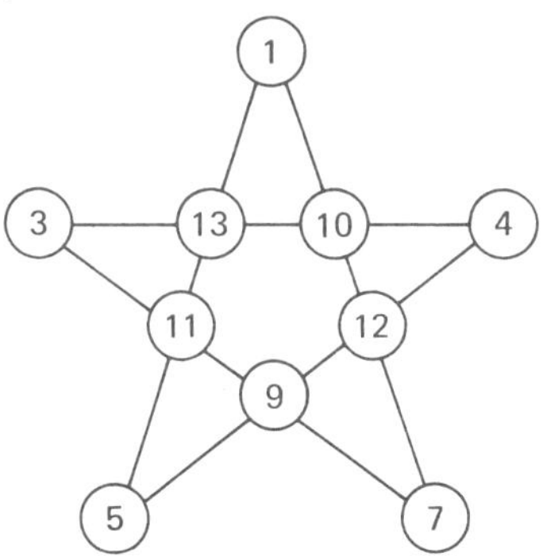

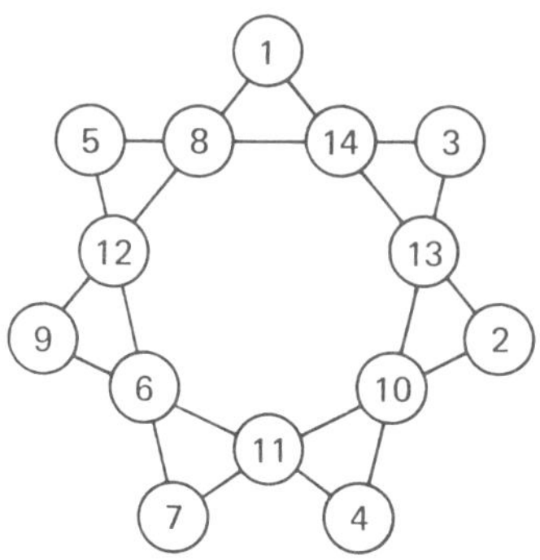

Eine gute Empfehlung als Lektüre über magische Sterne ist *Magic Squares and Cubes* von W. S. Andrews.

Aufgabe 138

Diese beiden Tüftelaufgaben sind allgemein verbreitet, doch sollten sie Ihnen noch nicht begegnet sein, so bieten sie eine kleine Herausforderung an Ihre Kombinationsfähigkeiten. Der Schlüssel zur Lösung liegt "ganz links", da die in Frage kommenden Werte für D (oder M) stark eingeschränkt sind.

weitere ähnliche Aufgaben

a)	b)		
96233	9567	T H R E E	T H I S
+ 62513	+ 1085	+ T H R E E	+ I S
		+ F O U R	+ V E R Y
158746	10652	E L E V E N	E A S Y

Aufgabe 139

Wenn der Gegner rot wählt, nimmt der Spieler blau.
Wenn der Gegner blau wählt, nimmt der Spieler gelb.
Wenn der Gegner gelb wählt, nimmt der Spieler rot.
Im Durchschnitt hat der Spieler bei jeder Komination die Chance, fünf von neun Würfeldurchgängen zu gewinnen.
Die Zahlen auf den Seiten eines jeden Würfels ergeben in allen drei Fällen die gleiche Endsumme, und es ist auch kein Würfel besser als jeder der beiden anderen. Um zu erkennen, warum der blaue Würfel dem roten überlegen ist, gilt es alle würfelbaren Zahlen der beiden Würfel zu beachten:

Der rote Würfel zeigt:	*Möglichkeiten des blauen Würfels:*		
2	<u>3</u>	<u>5</u>	<u>7</u>
4	3	<u>5</u>	<u>7</u>
9	3	5	7

Die Situationen, in denen der blaue die höhere Punktzahl erzielt, wurden unterstrichen, und bei diesen neun Kombinationen, jede von ihnen ist gleichwahrscheinlich, übertrifft blau den roten Würfel in fünf Fällen. Auf ähnliche Weise kann gezeigt werden, warum der gelbe dem blauen und der rote dem gelben Würfel überlegen ist.

Aufgabe 140

	P	*Q*	*R*	*S*
A	4			5
B	1	5		
C	3		7	

oder

	P	*Q*	*R*	*S*
A		4		5
B	5	1		
C	3		7	

Beide Zuteilungen erfordern nur 67 Kilometer Fahrtstrecke.
Diese Tüftelei entstammt einem Aufgabentypus, für den es eine spezifische Lösungsmethode gibt, obwohl in diesem Fall "trial and error" zum Ziel führte.
Als weitere Lektüre zu diesem Aufgabentypus sei z. B. *An Introduction to Linear Programming and the Theory of Games* von S. Vajda (Methuen/Wiley) oder *Mathematics in Management* von A. Battersby (Pelican) empfohlen.

Aufgabe 141

Die anderen vier Karten sind

2	3	6	7
10	11	14	15
18	19	22	23
26	27	30	31

4	5	6	7
12	13	14	15
20	21	22	23
28	29	30	31

8	9	10	11
12	13	14	15
24	25	26	27
28	29	30	31

16	17	18	19
20	21	22	23
24	25	26	27
28	29	30	31

Diese Karten beruhen auf der binären Darstellung von Zahlen.
Eines ist sicher, sie rufen immer großes Interesse hervor, selbst wenn beide Parteien wissen, wie die Karten funktionieren.

Aufgabe 142

6	1	8
7	5	3
2	9	4

(b)

9	2	10
8	7	6
4	12	5

(c)

14	3	10
5	9	13
8	15	4

(d)

11	1	12
9	8	7
4	15	5

(e)

Bei Benutzung der genannten Methode, um neue magische Quadrate zu entwerfen, ist einige Vorsicht geboten, wenn es um die Wahl der Differenzen geht, damit letztendlich auch alle gebildeten Zahlen verschieden sind. Diese Methode funktioniert bei allen Zahlen nach folgender Methode.
Die Ausgangszahl sei a, p und q die Differenzen. Die gebildeten Zahlen und das daraus resultierende magische Quadrat sind

a	$a + p$	$a + 2p$
$a + q$	$a + p + q$	$a + 2p + q$
$a + 2q$	$a + p + 2q$	$a + 2p + 2q$

$a + p + 2q$	a	$a + 2p + q$
$a + 2p$	$a + p + q$	$a + 2q$
$a + q$	$a + 2p + 2q$	$a + p$

Die magische Zahl ist $3\,(a + p + q)$, was zeigt, daß 3 x 3-magische Quadrate aus ganzen Zahlen immer ein Vielfaches von 3 als magische Zahl aufweisen.
Können Sie a, p und q so bestimmen, daß alle Zahlen in dem Quadrat prim sind?

Aufgabe 143

Andere Kombinationen von vier Zahlen in Dürers magischem Quadrat, die ebenfalls die Gesamtsumme 34 ergeben, sind

3	2	15	14	5	9	8	12
10	11	6	7	2	12	15	5
16	3	10	5	2	13	11	8
9	6	4	15	7	12	14	1
9	4	13	8	16	5	12	1
16	3	14	1	2	13	4	15
3	10	7	14	6	15	2	11
5	10	7	12	9	6	11	8

Es überrascht nicht, daß man solchen Quadraten geheimnisvolle Kräfte zugesprochen hat.
Im Nasik finden sich auch die meisten der Symmetrien des Dürerschen Quadrates wieder, aber zusätzlich kommen noch einige diagonale Muster vor wie

15	14	2	3	10	11	7	6
10	4	7	13	11	16	6	1
14	9	3	8	15	5	2	12

Die beste Empfehlung als Lektüre über magische Quadrate ist wahrscheinlich *Magic Squares and Cubes* von W. S. Andrews, aber es findet sich auch viel Interessantes in *Mathematical Recreations and Essays* von W. W. Rouse Ball und in *Amusements in Mathematics* von H. E. Dudeney.

Aufgabe 144

Die Eigenschaft gilt für alle 3x3-magischen Quadrate, denn sie kann algebraisch bewiesen werden und zwar über die allgemeine Form des Quadrates, die schon im Lösungstext zu Aufgabe 142 besprochen wurde. Indem allen Zahlen eines magischen Quadrats eine konstante Zahl k hinzuaddiert wird, entsteht ein magisches Quadrat der gleichen Ordnung. Angenommen,

$$A + B + C + D = a + b + c + d$$

und $$A^2 + B^2 + C^2 + D^2 = a^2 + b^2 + c^2 + d^2$$

somit $$(A + k) + (B + k) + (C + k) + (D + k) = A + B + C + D + 4k$$
$$= a + b + c + d + 4k$$
$$= (a + k) + (b + k) + (c + k) + (d + k)$$

und $$(A + k)^2 + (B + k)^2 + (C + k)^2 + (D + k)^2$$
$$= A^2 + B^2 + C^2 + D^2 + 2k(A + B + C + D) + 4k^2$$
$$= a^2 + b^2 + c^2 + d^2 + 2k(a + b + c + d) + 4k^2)$$
$$= (a + k)^2 + (b + k)^2 + (c + k)^2 + (d + k)^2$$

Ich bin meinem Kollegen Donald Cross zu Dank verpflichtet, der mich mit den Gedanken über magische Quadrate vertraut machte und der über sie schon viele Artikel geschrieben hat.

Aufgabe 145

Die nächsten beiden Zeilen des Pascalschen Dreiecks sind

1	6	15	20	15	6	1	
1	7	21	35	35	21	7	1

Die Zahlen sind, abgesehen von den 1en am Rand, durch Zusammenzählen angrenzender Zahlenpaare der darüberstehenden Zeile entstanden. Die Summe der Zahlen jeder Reihe ist eine 2er-Potenz. Die 12te Zeile hat die Summe $2^{11} = 2048$.

Potenzen der Zahl 11

Die Potenzen der Zahl 11 entsprechen dem Muster nur bis 11^4. 11^5 würde eine Verschiebung bedingen, denn die entsprechende Zeile des Dreiecks ist 1, 5, 10, 10, 5, 1, was das Muster über den Haufen wirft.

Sechseckirrgarten

1 4 6 4 1

Setzen Sie $a = 1$, um zu erkennen, warum die Zahlen in einer Reihe des Pascalschen Dreiecks einer 2er-Potenz entsprechen. Indem man die Zahlen des Pascalschen Dreiecks als rechtwinkliges Dreiecksmuster nimmt und sich nach oben arbeitet, wird schnell klar, daß auch das Muster für die Koeffizienten von $(1 + a)^{-1}$ und $(1 + a)^{-2}$ etc. in Erscheinung tritt.

1	– 3	6	– 10	15	– 21	$(1 + a)^{-3}$
1	– 2	3	– 4	5	– 6	$(1 + a)^{-2}$
1	– 1	1	– 1	1	– 1	$(1 + a)^{-1}$
1	0	0	0	0	0	$(1 + a)^{0}$
1	1	0	0	0	0	$(1 + a)^{1}$
1	2	1	0	0	0	$(1 + a)^{2}$
1	3	3	1	0	0	$(1 + a)^{3}$
1	4	6	4	1	0	$(1 + a)^{4}$
1	5	10	10	5	1	$(1 + a)^{5}$

Aufgabe 146

Eine interessante Lektüre über die Fibonaccisequenz ist *Riddles in Mathematics* von E. P. Northrop, das Verbindungen zur Natur herstellt. Für eine ernsthafte Beschäftigung sei ein Buch, wie *An Introduction to the Theory of Numbers* von G. H. Hardy und E. M. Wright (Oxford University Press) empfohlen.

Aufgabe 147

Die Regel, nach der die Zahlen in einer Fibonacci-Folge gebildet werden, wird beschrieben durch:

$$a_{n+2} = a_{n+1} + a_{\mathrm{n}}$$

und eine Lösung für die Folge, die mit zwei 1en beginnt, ist:

$$a_n = \frac{1}{\sqrt{5}} \left\{ \left(\frac{1+\sqrt{5}}{2} \right)^n - \left(\frac{1-\sqrt{5}}{2} \right)^n \right\}.$$

Von der oberen Gleichung

$$\frac{a_{n+2}}{a_{n+1}} = 1 + \frac{a_n}{a_{n+1}}$$

Wenn nun n größer wird, nähern sich a_{n+2} / a_{n+1} und a_{n+1} / a_n, efn dmfkAhfo Esfogufsv α, so ergibt sich aus

$$\alpha = 1 + \frac{1}{\alpha},$$

daß sich im Grenzfall $\alpha^2 - \alpha - 1 = 0$ ergibt, aus dem $\alpha = \frac{1}{2}(1 + \sqrt{5})$ folgt.

Der Schlüssel für die Konstruktion eines regelmäßigen Fünfecks liegt der Konstruktion einer Länge, die $\frac{1}{2}(1 + \sqrt{5})$ entspricht. Dies kann wie folgt geschehen. Zeichnen Sie einen rechten Winkel, und nehmen Sie Ihren Zirkel, um AB in 2 Einheiten zu teilen und um auf BC entsprechend 1 Einheit abzutragen. Verbinden Sie A mit C, und verlängern Sie die Gerade. Nach dem Satz von Pythagoras entspricht $AC = \sqrt{5}$ Einheiten. Tragen Sie mit Hilfe Ihres Zirkels D um 1 Einheit von C ab, womit AD dann $1 + \sqrt{5}$ Einheiten entspricht, und es verbleibt nurmehr AD in der Mitte zu teilen, um die Länge $\frac{1}{2}(1 + \sqrt{5})$ zu erhalten.

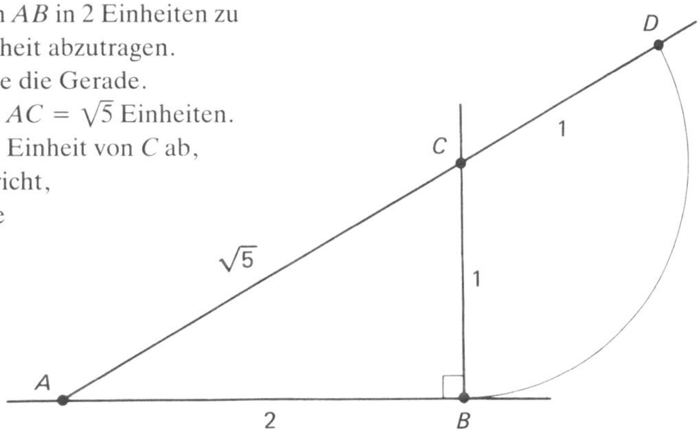

Mit der gegebenen neuen Folge nähern sich die Brüche mehr und mehr der 2 an.
Ein anderer interessanter Weg, Fibonacci-Folgen zu entwerfen, führt über die fortgesetzte Matrizenmultiplikation.

$$\begin{pmatrix}0 & 1\\1 & 1\end{pmatrix}\begin{pmatrix}1\\1\end{pmatrix} = \begin{pmatrix}1\\2\end{pmatrix}, \quad \begin{pmatrix}0 & 1\\1 & 1\end{pmatrix}^2\begin{pmatrix}1\\1\end{pmatrix} = \begin{pmatrix}2\\3\end{pmatrix}, \quad \begin{pmatrix}0 & 1\\1 & 1\end{pmatrix}^3\begin{pmatrix}1\\1\end{pmatrix} = \begin{pmatrix}3\\5\end{pmatrix}$$

Wenn die geordneten Paare als Vektoren eingetragen sind, nähert sich der Quotient ihrer Koordinaten dem Goldenen Schnitt.
Es gibt reichlich weitere empfehlenswerte Lektüre über die Fibonacci-Folge und den Goldenen Schnitt. Versuchen Sie einmal *Mathematical Snapshots* von H.Steinhaus oder *Symmetrie* von Hermann Weyl oder *Pattern and Design with Dynamic Symmetrie* von Edward B.Edwards.

Aufgabe 148

Die Gewichte sind 1 kg, 3 kg, 9 kg und 27 kg. Indem die Gewichte auf beide Waagschalen gelegt werden, können alle Kilogrammzahlen von 1 bis 40 erreicht werden. Beispielsweise

$$11 = 9 + 3 - 1 \qquad 20 = 27 + 3 - 9 - 1$$

Aufgabe 149

Die Längen müssen im Verhältnis $\sqrt{2} : 1$ stehen, da

$$\frac{x}{1} = \frac{1}{\frac{x}{2}}$$

$$x^2 = 2$$

$$x = \sqrt{2}$$

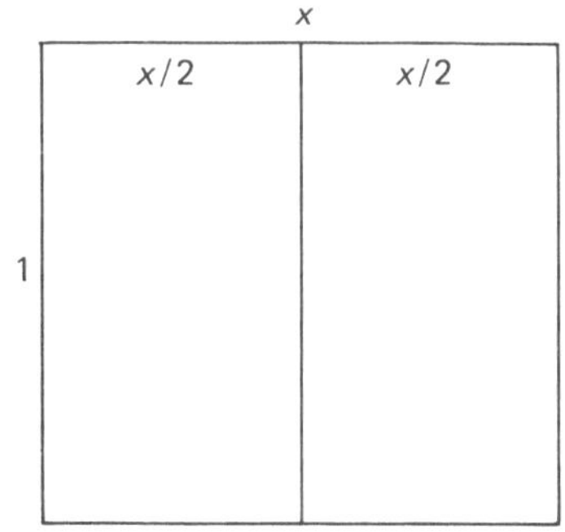

Aufgabe 150

Mittlere Lage

23	3	16
7	14	21
12	25	5

Untere Lage

18	22	2
20	9	13
4	11	27

Über magische Würfel finden Sie mehr in *Magic Squares and Cubes* von W. S. Andrews.

Aufgabe 151

Vergleichen Sie 9 Kugeln mit 9 anderen, und lassen Sie 9 in der Schachtel. Wenn die Waage ins Gleichgewicht kommt, befindet sich die schwere Kugel noch in der Schachtel, wenn nicht, dann befindet sich die schwerere der 9 Kugeln in der tiefer liegenden Waagschale. Auf diese Weise ist nach einem Wiege-Durchgang die fehlerhafte Kugel auf eine Gruppe von 9 beschränkt. Teilen Sie diese in drei Gruppen mit je 3 Kugeln. Danach haben Sie die fehlerhafte Kugel auf 3 eingeschränkt, und ein weiterer Wiegevorgang wird sie aussortieren.
Eine ähnliche, aber viel schwerere Aufgabe ist es, eine einzelne Kugel aus 13 in drei Wiegedurchgängen zu isolieren, wenn Sie lediglich wissen, daß diese einzelne Kugel ein anderes Gewicht als die anderen 12 aufweist.

Aufgabe 152

1) Dividieren Sie, subtrahieren Sie den ganzzahligen Anteil des Quotienten, und multiplizieren Sie diese Dezimalzahl wiederum mit 729.
   Ein Rechner-Beispiel

   $$89328 : 729 \quad = 122{,}53497$$

   $$0{,}53497 \cdot 729 \quad = 389{,}99313$$

   Aufgrund der Kapazitätsbeschränkungen eines Rechners sind Fehler bei den letzten Ziffern möglich, doch kann der Rest getrost als die nächste ganze Zahl, 390, genannt werden.
   Überprüfen Sie, daß $(729 \cdot 122) + 390 = 89328$.
   Alternativ zur Division läßt sich der Rest als

   $$89328 - (729 \cdot 122) = 390$$

   finden, wodurch die Notwendigkeit des Abrundens umgangen wird.

2) Da $\alpha^3 = 200$ auch als

$$\alpha^2 = \frac{200}{\alpha}$$

geschrieben werden kann, aus dem $\alpha = \sqrt{\frac{200}{\alpha}}$ folgt, daß, wenn x eine Annäherung an die Kubikwurzel von 200 ist, $\sqrt{(200/x)}$ eine bessere Annäherung ist.
Wenn, z. B., $x^1=6$ als die erste Annäherung an $\sqrt[3]{200}$ gewählt wird, dann nehmen Sie

$$x_2 = \sqrt{\frac{200}{6}} \approx 5.7735$$

$$x_3 = \sqrt{\frac{200}{5.7735}} \approx 5.885\,66$$

$$x_4 = \sqrt{\frac{200}{5.885\,66}} \approx 5.829\,31$$

$$x_5 = \sqrt{\frac{200}{5.829\,31}} \approx 5.857\,42 \text{ usw.}$$

Diese Methode konvergiert automatisch zu der gewünschten Zahl.

3) Was ist schon Unendlichkeit für Ihren Rechner!
Beginnen Sie mit einer Kette von 9en, und fahren Sie solange fort, sie zu reduzieren, bis Sie etwas anderes als 0 als Antwort erhalten.

Aufgabe 153

Dieses magische Sechseck wurde zuerst von dem Engländer T. Vickers entdeckt, der es im Dezember 1958 in der *Mathematical Gazette* veröffentlichte.

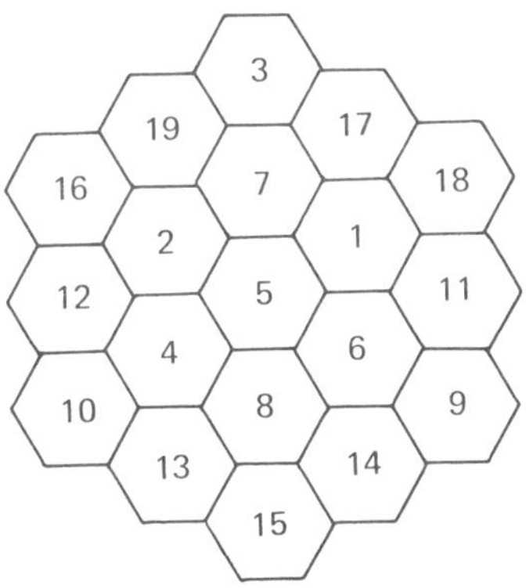

Aufgabe 154

Dieses Spiel Nim wurde von W. W. Rouse Ball in *Mathematical Recreations and Essays* analysiert, und es gibt ein interessantes Kapitel in *We Built our Own Computers* von A. B. Bolt, in dem eine Maschine beschrieben wird, die dieses Spiel spielen könnte.
Dieses Spiel ist deshalb interessant, weil jeder Spielstand als "sicher" oder "unsicher" klassifizierbar ist.
Ein Spieler kann von einer sicheren Position aus nur eine unsichere erzeugen, egal wieviel Spielsteine er bewegt. Jedoch kann man aus einer unsicheren Position sowohl zu einer sicheren als auch zu einer unsicheren Position gelangen. So kann ein Spieler, der die Regeln erkannt hat, stets von einer unsicheren Position zu einer sicheren wechseln und so seinen Gegner schlagen.
Es gibt deutlich mehr unsichere Positionen, als sichere, aber für die Spielweise ist es wichtig zu wissen, welche Situation gerade vorliegt.
Nehmen wir das in der Beschreibung gegebene Beispiel.
Zunächst wird die Anzahl der Steine in jedem Haufen in Dualzahlen umgewandelt, und dann werden die Ziffern jeder Spalte ohne Rücksicht auf den Übertrag addiert.

	Dualzahl
7	111
9	1001
6	110
Summe	1222

In einer sicheren Position muß die Summe der Ziffern in jeder Spalte eine gerade Zahl sein. Demnach ist diese Position unsicher.
Um zu einer sicheren Position zu gelangen, könnte der zweite Haufen auf 1 reduziert werden,

dann ist	7	111	eine sichere Position
	1	1	
	6	110	
		222	

Ist dies der einzig sichere Schritt aus dieser Position? Andere sichere Positionen sind beispielsweise (2, 4, 6) (2, 5, 7) (1, 2, 3) (7, 10, 13).
Ein Spieler, der die beschriebene Strategie anwenden kann, gewinnt in einem Spiel gegen einen uneingeweihten Gegner in neun von zehn Fällen, doch kann er nicht gewinnen, wenn die Ausgangsposition unsicher ist, und der Gegner sich von da aus und bei jedem folgenden Schritt zu einer sicheren Position begibt.
Angesichts einer sicheren Position ist die beste Strategie, nur gerade einen Spielstein zu bewegen (d. h. so wenig wie möglich zu tun), in der Hoffnung, daß der nächste Zug des Gegners in eine unsichere Position führt.

Weitere Quellen

Während in den Lösungshinweisen die englischsprachigen Originaltitel aufgeführt sind, finden Sie hier eine Fülle von deutschsprachigen Titeln, die den angeregten Appetit auf weitere Rätsel bestimmt stillen können.

Rüdeger Baumann
Spiel, Idee und Strategie – programmiert in PASCAL
Vogel 1983

Berlekamp / Comway / Guy
Gewinnen. Strategien für mathematische Spiele
(4 Bände)
Vieweg 1985

Otto Botsch
Hirnverzwirner
dtv

Otto Botsch
Neue Hirnverzwirner
dtv

Bundeswettbewerb Mathematik 1972 – 1982
Klett 1987

Bundeswettbewerb Mathematik 1983 – 1987
Klett 1988

M. C. Escher
Graphik und Zeichnungen
Moos

Erwein Flachsel
Hundertfünfzig Matherätsel
Klett 1982

Erwein Flachsel
Hundertfünfzig Physikrätsel
Klett 1986

Erwein Flachsel
Die nächsten hundertfünfzig Matherätsel
Klett 1987

Martin Gardner
a) Mathematische Hexereien 1979
b) Unsere gespiegelte Welt 1982
c) Mathematischer Zirkus 1984
d) Rätsel und Denkspiele 1981
alle Ullstein

Martin Gardner
a) Aha! Oder das wahre Verständnis der Mathematik 1981
b) Gotcha. Paradoxien für den Homo Ludens 1985
Hugendubel

L. A. Graham
Mathematik aus dem Hinterhalt
Vieweg 1981

Willy Hochkeppel
Denken als Spiel
dtv 1983

B. A. Kordemski
Köpfchen muß man haben
Aulis Verlag Deubner 1982

Sam Loyd / Martin Gardner
Mathematische Rätsel und Spiele
DuMont 1978

Sam Loyd / Martin Gardner
Noch mehr mathematische Rätsel und Spiele
DuMont 1979

Mathematikwettbewerb
des Landes Hessen
Klett 1979

Mathematische Olympiadeaufgaben
Aulis Verlag Deubner 1979

Eberhard Oettinger
Kaleidoskop – Ein mathematischer Almanach
Klett 1988

PinBoard (Geobrett)
(mit Begleitheft)
Klett 1980

Zusatzheft PinBoard
Klett 1981

Sid Sackson
Spiele anders als andere
dtv

Geometrische Perlen

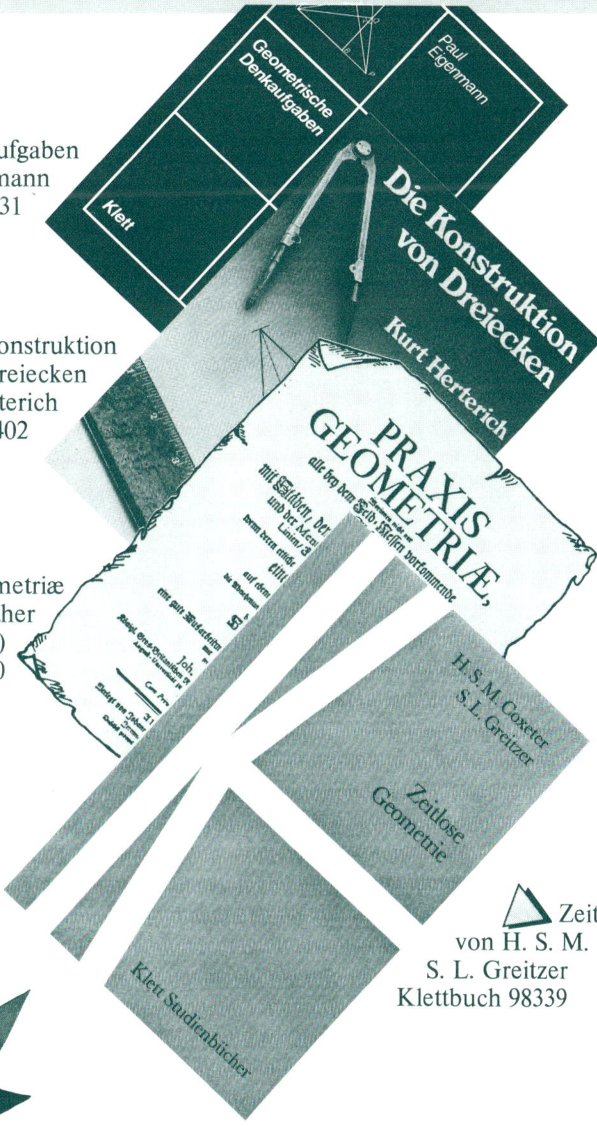

Geometrische Denkaufgaben
von Paul Eigenmann
Klettbuch 72231

Die Konstruktion
von Dreiecken
von Kurt Herterich
Klettbuch 7402

Praxis Geometriæ
von Johann Friedrich Penther
(Ein originalgetreues Reprint)
Klettbuch 98180

Zeitlose Geometrie
von H. S. M. Coxeter und
S. L. Greitzer
Klettbuch 98339

Diapaket Symmetrie

48 Dias vermitteln einen farbigen Eindruck von der Ästhetik symmetrischer Gebilde; mit je 12 Dias zu Translationen, Achsensymmetrie, Punktsymmetrie und Punkt-/Drehsymmetrie. Klett-Bestellnummer 78305.

Ernst Klett Verlag
Postfach 809, 7000 Stuttgart 1

Klett Aufgabensammlungen

Aufgaben mit K(n)öpfchen

Aufgaben und Problemstellungen aus Industrie und Technik, für Ihren Unterricht aufbereitet von Werner Schmidt (mit ausführlichen Lösungen):

Physik-aufgaben
Klettbuch **77019**

Mathematik-aufgaben
Klettbuch **7111**

Knobel- und Denkaufgaben (mit ausführlichen Lösungen) und gleichzeitig Geschichten, persönliche Anmerkungen und Illustrationen des Autors. Von Erwein Flachsel:

Hundertfünfzig Physik-Rätsel
Klettbuch **77017**

Hundertfünfzig Matherätsel
Klettbuch **72232**

Erwein Flachsel hat weitere 150 Matherätsel angerichtet, wieder verpackt in interessante, amüsante, wissenswerte Geschichten und Anekdoten. Viel Spaß beim Knobeln:

Die nächsten hundertfünfzig Matherätsel
Klettbuch **72234**

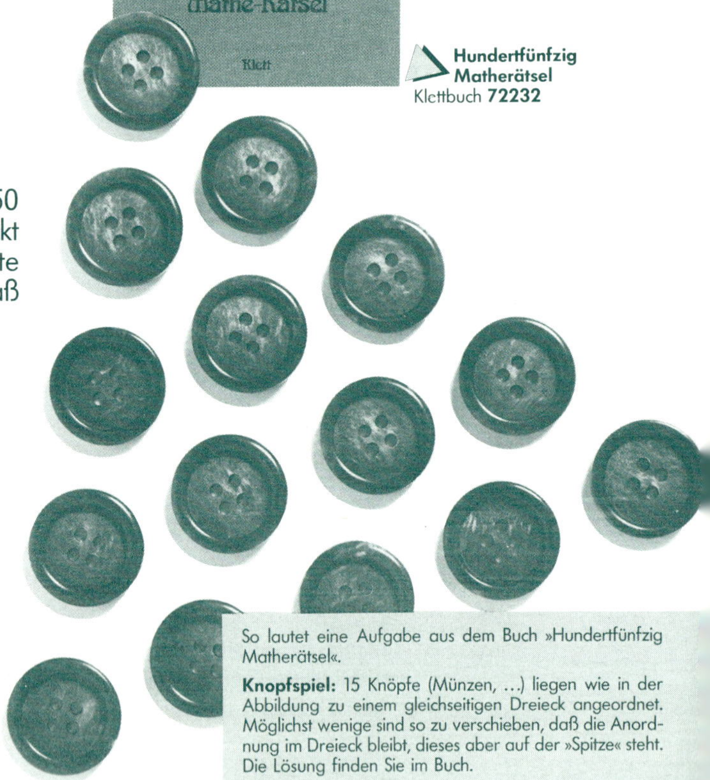

So lautet eine Aufgabe aus dem Buch »Hundertfünfzig Matherätsel«.

Knopfspiel: 15 Knöpfe (Münzen, ...) liegen wie in der Abbildung zu einem gleichseitigen Dreieck angeordnet. Möglichst wenige sind so zu verschieben, daß die Anordnung im Dreieck bleibt, dieses aber auf der »Spitze« steht. Die Lösung finden Sie im Buch.

Ernst Klett Verlag, Postfach 809, 7000 Stuttgart 1